土木工程机械

主　编　管会生

副主编　吴向东　黄松和　董大伟

主　审　王海波　郭立昌

西南交通大学出版社

·成　都·

图书在版编目（CIP）数据

土木工程机械 / 管会生主编. —成都：西南交通
大学出版社，2018.1（2020.6 重印）
ISBN 978-7-5643-6039-9

Ⅰ. ①土… Ⅱ. ①管… Ⅲ.①建筑机械 – 教材 Ⅳ.
①TU6

中国版本图书馆 CIP 数据核字（2018）第 024934 号

土木工程机械

主编　管会生

责任编辑　　王　旻
封面设计　　何东琳设计工作室

出版发行　　西南交通大学出版社
　　　　　　（四川省成都市金牛区二环路北一段 111 号
　　　　　　　西南交通大学创新大厦 21 楼）
邮政编码　　610031
发行部电话　028-87600564　　028-87600533
官网　　　　http://www.xnjdcbs.com
印刷　　　　成都中永印务有限责任公司

成品尺寸　　185 mm×260 mm
印张　　　　19.25
字数　　　　479 千
版次　　　　2018 年 1 月第 1 版
印次　　　　2020 年 6 月第 3 次
定价　　　　48.80 元
书号　　　　ISBN 978-7-5643-6039-9

/前　言/

如今，高速铁路、跨海大桥、海底隧道等现代化大型土木工程无一不依赖于现代工程机械的运用。机械化施工不仅可以节省人力、降低劳动强度、完成人力难以承担的高强度工程施工，而且可以大幅度地提高工程施工效率和经济效益，对于降低工程造价，加快工程建设速度，确保工程质量和施工安全起着十分重要的作用。

本书是根据土木、建筑类专业学生和工程技术人员的特点和需要所编写的，包括机械基础、内燃机与底盘、典型工程机械等内容，以介绍常用土木工程机械为主。书中配有大量插图，力求简明扼要、通俗易懂。

了解和熟悉各种工程机械，正确掌握土木工程机械的运用方法是高等工科院校土木、建筑专业学生和工程技术人员必须具备的专业技能。本书编写的目的，就是让读者了解国内常用工程机械的类型、基本工作原理、施工中应用和选型方法。

本书内容分为三篇，包括土木工程机械基础、内燃机与工程机械底盘、典型工程机械与运用等部分。

土木工程机械基础篇包括绪论、土木工程机械基础知识和液压传动。本篇涉及工程机械的一般基础。绪论部分首先介绍了工程机械的概念、分类及基本组成，进而介绍工程机械的技术参数、国内外现状和发展趋势。土木工程机械基础知识部分介绍了机械的定义和分类，常用机械传动，常见机构和机械零件；液压传动部分主要以介绍液压元件和基本回路为主。

内燃机与工程机械底盘篇重点介绍了内燃机和底盘的基本构造（包括传动系统、车架与走行系统、制动系统、转向系统等）、工作原理及运用。

典型工程机械篇分章阐述了通用土方工程机械及压实机械、通用石方工程机械、隧道工程机械、桥梁工程机械、大型养路机械等设备的主要类型、基本构成和工作原理，并介绍了其适用范围、典型结构、技术特点、型号编制和主要技术规格等内容。在本篇工程机械选型配套部分，介绍了在不同工程条件下，工程机械的选型原则及方法。

本书由西南交通大学编写，参与编写的人员：吴向东（第一章至第三章，第五章第二～四节）、董大伟（第四章）、管会生（第五章第一节，第六章第一～二节，第四～六节，第七章至第八章，第九章第二～三节，第十至十二章）、黄松和（第六章第三节，第九章第一节）。感谢研究生刘成在本书编写过程中为本书所做的大量基础工作。

由于编者水平所限，疏忽、不妥之处在所难免，恳请读者批评指正。

编　者

2018 年 1 月

/目　录/

第一篇　土木工程机械基础

第二篇　内燃机与工程机械底盘

第三篇　典型工程机械与运用

第一篇

土木工程机械基础

第一章 绪 论

第一节 土木工程机械的概念及作用

机械是人类进行生产斗争的重要武器，是用来减轻体力劳动和提高劳动生产率的工具，又是衡量社会生产发展的重要标志。

通常把各类基本建设工程中施工作业的机械和设备，统称为工程机械。概括地讲，凡土石方工程、路面建设与养护、流动式起重装卸作业和各种建筑工程，综合机械化施工所必需的机械设备，称为工程机械。

工程机械是机械工业的一个重要组成部分，在国民经济建设中占有极其重要的作用。提高基础建设机械化施工水平，可以大幅度提高劳动生产率、节省大量人力、降低劳动强度、完成靠人力难以承担的高强度工程施工，加快工程建设速度，是确保工程质量、降低工程造价、减轻繁重体力劳动、提高经济效益和社会效益的重要手段。

工程机械广泛用于城市建设、交通运输、能源开采、港口码头、农田水利和国防建设中。有一些大型工程，对施工强度和工程质量要求较高，如构筑大型水坝、抗洪抢险等，如果不依靠工程机械，仅靠人力是难以完成的；有一些工程的施工条件非常恶劣，如高原、沙漠、水下作业等，这些工程对工程机械的依赖也很大。

一个国家工程机械的拥有量和装备率、机械技术的先进性与管理水平、机械设备的完好率和利用率，标志着这个国家机械化施工水平的高低。工程机械的产值在国民经济总产值中所占的比例，在一定程度上反映了一个国家科学技术发展的水平和经济发达的程度。

第二节 土木工程机械的分类

土木工程机械种类繁多，根据产品结构特点、工作对象和主要用途的不同，分为以下 18 大类：

（1）挖掘机械：包括单斗挖掘机、多斗挖掘机、掘进机械、盾构机械等。

（2）铲土运输机械：包括推土机、装载机、铲运机、平地机、自卸车等。

（3）工程起重机械：通用工程起重机有臂式起重机、塔式起重机、履带式起重机、门式起重机和梁式起重机等；专用起重机有铁路架桥机、铺轨机、公路架桥机等。

（4）工业车辆：包括叉车、堆垛机、牵引车等。

（5）压实机械：按压实原理的不同有静力式压实机械、振动式压实机械和冲击式压实机械。

（6）路面机械：用于道路路面和广场地面的施工及维修养护，包括沥青喷洒机、摊铺机、拌和设备、路基养护机械等。

（7）桩工机械：包括打桩锤、压桩机、钻孔机、旋挖钻机等。

（8）混凝土机械：包括混凝土搅拌车、搅拌站、振动器、混凝土泵、混凝土泵车、混凝土制品机械等。

（9）钢筋和预应力机械：包括钢筋强化机械、钢筋加工机械、预应力机械、钢筋焊机等。

（10）装修机械：包括涂料喷刷机械、地面修整机械、高空作业吊篮、擦窗机等。

（11）凿岩机械：包括各种凿岩机、凿岩台车、破碎机等。

（12）气动工具：包括回转式及冲击式气动工具、气动马达等。

（13）铁路线路机械：铁道线路施工及养护机械，包括捣固机、清筛机、起拨道机、铺换钢轨机、道砟整形机、钢轨打磨机等。

（14）市政工程与环卫机械：包括市政机械、环卫机械、垃圾处理设备、园林机械等。

（15）军用工程机械：包括路桥机械、军用工程车辆、挖壕机等。

（16）电梯与扶梯：包括电梯、扶梯、自动人行道等。

（17）工程机械专用零部件：包括液压件、传动件、驾驶室等。

（18）其他专用工程机械：包括电站、水利专用工程机械等。

第三节　土木工程机械的基本组成

土木工程机械同一般机械一样，是把某种形式的能量（如热能、电能等）转换为机械能，从而完成某些生产任务的装置。一台完整的工程机械一般由动力装置、底盘及工作装置3部分组成。

一、动力装置

为工程机械提供动力的原动机称为动力装置，它是机械动力的来源。目前，在工程机械上常用的动力装置有电动机和内燃机。工程机械有的还应用液压和气动装置，它们一般也由电动机或内燃机驱动，故称这类动力装置为复合动力装置。

（一）电动机

电动机是将电能转变为机械功的原动机，常用作工程机械上作动力装置。它由电网取电，启动与停机方便、工作效率高、体积小、自重轻。当工程机械工作地点比较固定且有稳定的电源供应时，普遍采用电动机作为动力。电动机有直流和交流两类，工程机械上广泛采用交流电动机，常用的有 Y 系列（鼠笼式）和 YZR 系列（绕线式）三相异步电动机。

（二）内燃机

内燃机是燃料和空气的混合物在气缸内燃烧释放热能，并通过活塞往复运动，把热能转变为机械功的原动机。它的工作效率高、体积小、质量轻、启动较快，在工程机械中应用最广。内燃机只要有足够的燃油，就不受其他动力能源的限制。由于这一优点，内燃机广泛应用于需要经常作大范围、长距离移动的工作情况或无电源供应的地区。

（三）空气压缩机

空气压缩机是一种以内燃机或电动机为动力，将空气压缩成高压气流的二次动力装置。它的结构简单可靠、工作迅速、操作管理方便，常作为中小型工程机械气动装置的动力，如风动磨光机、风动凿岩机等。

二、底　盘

工程机械的底盘由传动系、转向系、行走系和制动系 4 个部分组成。底盘是整机的支承，并能使整机以所需的速度和牵引力沿规定的方向行驶。

（一）传动系

底盘中最主要的部分是传动系，它把动力装置输出的动力，传递给工作装置、行走装置、操纵和控制机构等。除传递动力外，传动系还兼有改变工程机械的行驶速度、牵引力及运动方向等作用。工程机械传动系有机械传动、液力机械传动、液压传动及电传动等不同的传动形式。

（二）转向系

转向系用以保持车辆稳定地沿直线行驶，并能按要求灵活地改变行驶方向。转向系由转向器和转向传动装置组成。

（三）行走系

行走系的主要作用是使工程机械行走，并可作为其他部件的安装基础。按行走装置的不同，行走系分为轮胎式、履带式、步行式和轨行式等。

（四）制动系

制动系的主要作用是使工程机械行走时减速或停止，制动系由制动器和制动驱动机构组成。

三、工作装置

工作装置是工程机械直接进行作业的部分，用来完成机器的预定功能。例如卷扬机的卷筒、装载机的动臂和铲斗等都是工作装置，工程机械的工作装置必须满足基本建设施工中各种作业的要求。

工作装置是根据各种工程机械的具体要求而设计的，故不同的工程机械，其工作装置不同。例如，推土机的推土装置是沿着地面来推送土壤，它是带刀片的推土板；挖掘机的挖掘装置是由铲斗、斗柄以及动臂组成的机构，由该机构将驱动力施于铲斗来实现挖掘、装卸土壤；自落式混凝土搅拌机是靠滚筒旋转来搅拌均匀混凝土拌和料；强制式混凝土搅拌机是靠旋转的叶片来搅拌。

第四节　土木工程机械的技术参数

土木工程机械的技术参数是表征机械性能、工作能力的物理量，简称为机械参数。工程机械的技术参数包括以下几类：

（1）尺寸参数。有工作尺寸、整机外形尺寸和工作装置尺寸等。

（2）质量（重量）参数。有整机质量、各主要部件（或总成）质量、机构质量、工作质量等。

（3）功率参数。有动力装置（如电动机、内燃机）的功率、力（或力矩）和速度、液压和气动装置的压力、流量和功率等。

（4）经济指标参数。有作业周期、生产率等。

一台工程机械有许多机械参数，其中重要的称为主要参数（或基本参数）。主要参数是选择或确定产品功能范围、规格和尺寸的依据，一般产品说明书上均需明确注明，以便于用户选用。主要参数中最重要的参数又称为主参数。工程机械的主参数是工程机械产品代号的重要组成部分，它反映出该机械的级别。

有关部门对各类工程机械都制定了相应的基本参数系列标准，使用或设计工程机械产品时应符合标准中的规定。

第五节　土木工程机械的国内外现状

一、国外状况

目前，世界上土木工程机械技术较先进的国家主要有美国、日本、德国、瑞典等，这些国家是工程机械的主要生产国，产品大多销往亚、非洲广大地区的发展中国家。

（一）美　国

美国是世界上最早发展工程机械的国家之一。从最初的蒸汽机驱动工程机械，到如今智能化工程机械，美国一直引领着世界工程机械的发展潮流。很多工程机械，例如挖掘机、装载机、平地机、推土机等都由美国人首次研制成功。

从美国工程机械主要企业的起源来看，大多萌芽于 19 世纪末，并与采矿业和农业有着密不可分的联系。美国最大的工程机械公司卡特彼勒公司在历史上起源于两家公司：贝斯特（Best）拖拉机公司和霍尔特（Holt）机械制造公司。这两家公司都成立于 19 世纪 80 年代，美国西部开发促进了这些公司的发展。19 世纪末、20 世纪初是美国工程机械的萌芽期，在第二次工业革命的直接推动下，随着柴油机的采用和人们对作业对象研究的深入，源于农业机械的工程机械终于诞生了。

美国现代工程机械的形成和批量生产开始于第二次世界大战之后。战后，包括美国在内的许多国家都将主要精力放在国内经济的恢复和发展上，基础设施的建设得到快速发展。大规模的基础设施建设，为美国工程机械技术和企业的发展带来前所未有的机遇。20世纪后期，面对世界经济现代化的第四次浪潮，美国开始进行产业结构调整并大力发展高新技术产业，在此背景下，美国工程机械产业进入了一个全新的发展阶段。

美国主要工程机械生产商有：

1．卡特彼勒公司（Caterpillar）

卡特彼勒公司总部位于美国伊利诺伊州，成立于1925年，当时主要生产拖拉机。1931年以后，逐步发展为以生产推土机、装载机、平地机、铲运机、压实机械和重型卡车为主的公司。现在，卡特彼勒公司已成为生产工程机械、运输车辆和发动机的跨国大公司，是世界上最大的土方工程机械和建筑机械生产厂家，也是全世界柴油机、天然气发动机和工业用燃气涡轮机的主要供应商，公司的产品质量、数量以及新技术开发等一直在世界上处于领先地位。

主要产品：推土机、铲运机、装载机、挖掘机、平地机、摊铺机、搅拌机、压实机械等。

2．约翰·迪尔（John. Deere）

约翰·迪尔公司于1837年成立，它由一家只有一个人的铁匠店，发展为现今在全世界160多个国家销售，在全球拥有约37 000位员工的集团公司，是世界领先的农业、林业产品和服务供应商。

主要产品：推土机、装载机、铲运机、平地机等。

3．特雷克斯公司（Terex）

特雷克斯公司是一家全球性多元化的设备制造商，总部设在美国康涅狄格州的西港（Westport），其前身是1933年Armington兄弟成立的"Euclid公司"。特雷克斯公司通过不断收购各类厂家，逐渐发展壮大，目前公司分5个产业部门：高空作业平台、建筑机械、起重设备、物料处理与采矿设备、筑路及其他产品，生产基地遍及北美、南美、欧洲和亚太地区。

主要产品：起重机、铲运机等。

4．凯斯公司（Case）

凯斯公司是一家农业及建筑设备制造商，总部位于威斯康星州瑞新郡（Racine）。1842年，发明家Jerome Increase Case在Racine建立凯斯公司，从事脱粒机的生产。1912年，凯斯公司定位于建筑工程机械设备业，生产公路建筑设备（如蒸汽压路机和公路平地机）。到1990年代中期，凯斯已经发展成为在世界上处于领导地位的中、小型建筑工程机械设备制造商。1999年，凯斯与纽荷兰合并成立CNH公司（Case New Holland），从事一系列世界领先品牌的建筑工程机械和农用机械设备的生产销售。

主要产品：推土机、装载机、挖掘机等。

（二）日 本

日本工程机械行业起步于20世纪50年代，目前为仅次于美国的第二大工程机械生产国。日本工程机械行业与日本经济发展状态密不可分，经济增长期也是工程机械行业增长期，经济低迷期，工程机械也进入了新的调整期。回看日本工程机械的发展，大致可分为3个阶段。

进口替代阶段：20世纪50~70年代。这个时期是日本经济的高速增长期，城镇化率快速提升，从50年代初的30%左右一举提升到70年代末的76%左右。在日本城镇化率加速上升期，房地产、铁路和公路等建设投资快速提高，工程机械的需求在建设投资拉动下大幅增长。同时，日本工程机械也在这一时期完成进口替代的过程。

出口拓展阶段：20世纪80年代。从80年代开始，日本城镇化率进入饱和阶段，建设投资增速逐步趋缓，20多年的年均增速仅为0.4%左右。此时，日本国内需求已缺乏动力，工程机械企业只有通过出口拓展，以缓解国内需求的下降。在80年代，日本工程机械出口额占总产值的比例一度在50%以上，日本工程机械产值也于1990年达到2万亿日元以上，这是迄今为止的最高纪录。

供应全球阶段：20世纪90年代至今。1991年以后，由于日本经济的持续衰退、日元升值以及不断加剧的贸易摩擦，日本工程机械产值急剧下降，出口也大幅减少，这迫使日本工程机械追求全球化发展，进行积极的海外扩张。

日本工程机械行业经历了一个从无到有、从弱到强、从模仿到创新的复杂过程，这其中包括行业诞生之初对国外生产技术的模仿和代工生产，还包括伴随日本工程机械行业生产规模和市场的扩大，以及自主创新能力增强带来的销售市场国际化、技术输出和所能获得的垄断优势。日本主要工程机械生产商有：

1．小松制作所（Komatsu）

小松制作所（即小松集团）是一家有着近百年历史的重化工业产品制造公司，成立于1921年，总部位于日本东京。小松制作所在美国、欧洲、亚洲、日本和中国设有5个地区总部，集团子公司143家，员工3万多人，2010年集团销售额达到217亿美元。该公司在日本重化工业器材制造公司中排名第一，世界排名是第二名。产品涉及工程机械、产业机械、地下工程机械、电子工程和材料工程以及环境工程等领域。

工程机械主要产品：挖掘机、推土机、铲运机、平地机等。

2．三菱重工业公司

三菱重工的创业可以追溯到1884年，最初叫长崎造船所，后改名为三菱造船株式会社，到1934年发展为包括造船、重型机械、飞机制造、铁路车辆的重工业制造集团，公司名称也改为三菱重工业株式会社。

主要产品：装载机、挖掘机、平地机、摊铺机、拌和机、铣削机。

3．川崎重工业公司

川崎重工起家于明治维新时代，从船舶建造起步，并以重工业为主要业务，其业务涵盖航空、航天、造船、铁路、发动机、摩托车、机器人等领域。

主要产品：航空宇宙、铁路车辆、建设重机、电自行车、船舶、机械设备等。

4．日立建机有限公司

日立建机是一家世界领先的建筑设备生产商，总部位于东京。日立建机株式会社（日立建机）隶属于日本日立制作所，凭借其丰富的经验和先进的技术开发生产了众多一流的建筑机械，成为世界上最大的挖掘机跨国制造商之一。日本最大的800吨级超大型液压挖掘机（即EX8000）就来自于日立建机。

主要产品：建筑机械、运输机械及其他机械设备等。

（三）德 国

德国是世界第三大工程机械制造国，工程机械产品种类繁多，市场细分程度高，拥有各种规格的挖掘机、装载机、起重机、升降机、搅拌机、压路机以及工程技术和系统方案等，满足各种自然和地理条件的建筑和道路工程要求。此外，还包括用于沙、石、水泥等各种建材加工的机械设备，可以说涵盖了建筑工程的方方面面。德国企业在产品设计和生产过程中注重与用户沟通，精于细节，保证了产品的针对性和售后满意度。

在不断提高性能的同时，安全、环保和人性化设计也是改进产品的重点，如德国正在研发的新型混合动力挖掘机，可降低能耗 40%，同时大幅度减小噪声，大大减少了对环境的污染。还有许多企业为机器配备高精度的燃料过滤器，从而提高使用寿命，将机械保养周期延长到 5 000 工时，既节省保养成本又利于环境保护。人性化设计是当今工程机械的发展趋势，也是德国工程机械企业追求的目标，例如让驾驶座椅和操作台 360° 随意转向，使驾驶员的视野更直观，从而提高使用安全性。

德国主要工程机械生产商有：

1．利勃海尔集团（Liebherr）

利勃海尔集团由汉斯利勃海尔在 1949 年建立，属于家族性企业，其拥有者全部是利勃海尔家族的成员，整个集团公司的母公司是位于瑞士布勒市（Bulle）的利勃海尔国际有限公司。利勃海尔集团是德国著名的工程机械制造商，其产品包括起重机、大型载重车、挖掘设备、飞机零部件、家用电器等。

主要产品：挖掘机、推土机、装载机、起重机等。

2．O&K（奥轮斯坦·科佩尔）

O&K 矿业公司最早可以追溯到 1876 年，刚开始时公司致力于使用窄轨铁路来有效搬运泥石。到 20 世纪，公司业务范围不断扩展，1949 年，公司的业务转向建设机械和露天采矿设备，尤其是挖掘机，在液压挖掘机方面 O&K 始终处于世界领先水平。1998 年，O&K 并入美国 TEREX 集团，其主打产品还是集中在矿业机械上。

主要产品：挖掘机、装载机、平地机等。

3．德马格（Demag）

德马格起重机械有限公司，被誉为"起重机械专家"。德马格起重机械的历史开始于 1819 年在魏特鲁尔区的机械工厂，公司在 1840 年已经开始生产桥式起重机，早期专注于生产起重机和起重机部件，1910 年开始生产包括电驱动的提升设备。2002 年，德马格起重机械被西门子（19%）和 KKR 财团（81%）的合资公司收购。

主要产品：H 系列挖掘机、起重机、摊铺机等。

4．克虏伯（Krupp）

克虏伯（Krupp）是 19 到 20 世纪德国工业界的一个显赫家族，其家族企业克虏伯公司是德国最大的以钢铁业为主的重工业公司。在第二次世界大战以前，克虏伯兵工厂是全世界最重要的军火生产商之一，第二次世界大战后以机械生产为主，1999 年合并 Thyssene 公司，成为 ThyssenKrupp 公司。

主要工程机械产品：起重机、挖掘机、凿岩机械等。

二、国内状况

我国工程机械的起步相对于其他发达国家而言较晚。自 20 世纪 50 年代开始，我国工程机械行业经过 60 余年的发展，目前已能设计制造各种工程机械产品达 18 类，基本能为各类建设工程提供成套工程机械设备，国内市场满足率达 75% 以上。

纵观我国工程机械行业的发展历史，大致可划分为 3 个阶段。

第一阶段为创业时期（1949—1960 年）。这个时期工程机械尚未形成独立行业，机械制造部门尚未建立工程机械专业制造厂，由其他行业兼产小部分中小型工程机械产品，性能很落后。

第二阶段为行业形成时期（1961—1978 年）。原第一机械工业部设立工程机械局（五局）之后，对全国工程机械行业开始统一规划，建立了工程机械研究所，并对十多个一般性的制造企业进行技术改造；在太原重型机械学院和吉林工业大学相继建立了工程机械系；产品系列有了雏形，部分产品开始采用液压、液力技术；1963 年原建工部机械局及所属 4 个直属厂和 1 个研究所（建筑机械研究所）与一机部工程机械局（五局）合并；比较先进的自行式工程机械年总产量约 3 000 台。以上情况标志着我国工程机械行业已初步形成。

第三阶段为全面发展时期（1979—至今）。改革开放以来，随着国民经济稳定高速发展，国家对交通运输、能源水利、原材料和建筑业等基础设施建设的投资力度不断加大，从而带动工程机械的快速发展。工程机械行业高速发展主要从"七五"计划开始，全国有 18 个省市都曾把工程机械产品作为本地区的支柱行业来发展，投资力度不断加大。20 世纪 80 年代以来，全国组建了 17 个工程机械集团公司。在"七五"到"九五"期间，行业累积完成投资近 100 多亿元。进入 21 世纪以来，工程机械保持了高速增长态势，工程机械行业创新理念得到了全面发挥，在企业体制、机制、管理改革、自主知识产权、营销理念和营销网络方面都取得了明显成效。科技投入的不断增长提高了企业核心竞争能力，在这个过程中涌现了一大批优秀的工程机械企业，下面介绍其中几个：

（一）徐　工

即徐州工程机械集团有限公司，始于 1989 年，中国工程机械行业排头兵，国内大型工程机械开发、制造、出口企业，是中国工程机械行业规模最大、产品品种与系列最齐全、最具竞争力和影响力的大型企业集团。徐工集团注重技术创新，建立了以国家级技术中心和江苏徐州工程机械研究院为核心的研发体系，徐工技术中心在国家企业技术中心评价中持续名列行业首位。

主要产品：系列塔式起重机、升降机、施工升降机、汽车吊、装载机等。

（二）三一重工

三一重工股份有限公司，创建于 1989 年，中国工程机械行业标志性品牌，全球享有盛誉的工程机械制造商。其产品中混凝土机械、挖掘机械、桩工机械、履带起重机械、港口机械为中国第一品牌，混凝土泵车全面取代进口，连续多年产销量居全球第一；挖掘机械一举打破外资品牌长期垄断的格局，实现中国市场占有率第一位。2012 年，三一重工并购混凝土机械全球第一品牌德国普茨迈斯特，改变了行业的竞争格局。

产品：混凝土机械、挖掘机械、起重机械、桩工机械、筑路机械等。

（三）中联重科

始于1992年的中联重科股份有限公司，主要从事建筑工程、能源工程、环境工程、交通工程等基础设施建设所需重大高新技术装备的研发制造。中联重科成立20年来，年均复合增长率超过65%，为全球增长最为迅速的工程机械企业。公司生产具有完全自主知识产权的13大类别、86个产品系列，近800多个品种的主导产品，是全球产品链最齐备的工程机械企业，公司的两大业务板块混凝土机械和起重机械均位居全球前两位。

主要产品：混凝土机械、塔式起重机、环卫机械、挖掘机等。

（四）柳 工

柳工集团前身为从上海华东钢铁建筑厂部分搬迁到广西柳州市而创建的柳州工程机械厂，始创于1958年，以装载机/挖掘机系列著称。1993年，柳工集团以工程机械板块设立柳工工程机械股份有限公司，并在深交所上市，是国内挖掘机行业最具代表性的上市公司。

主要产品：轮式装载机、挖掘机、压路机等。

（五）中国铁建重工

中国铁建重工集团有限公司成立于2007年，隶属于世界500强企业中国铁建股份有限公司，是集高端地下装备和轨道设备研究、设计、制造、服务于一体的专业化大型企业，中国铁建重工始终瞄准"世界一流、国内领先"的目标，坚持"科技创新时空，服务引领未来"的理念，通过"原始创新、集成创新、协同创新、持续创新"的自主创新模式，加强"产、学、研、用"的结合，掌握了多项具有世界领先水平和自主知识产权的核心技术，打造了掘进机、特种装备、轨道设备三大战略性新兴产业板块，成为全球领先的隧道施工智能装备整体解决方案提供商。先后被评为"国家重大技术装备首台（套）示范单位""中国最佳自主创新企业""国家863计划成果产业化基地""中国机械工业百强企业""中国工程机械制造商10强企业""中国轨道交通创新力TOP50企业"和"制造业向服务型制造业成功转型的典型企业"等称号。

中国铁建重工的主要产品：盾构、TBM掘进机，隧道凿岩台车、混凝土喷射机械手，混凝土机械，煤矿机械等。

我国是国际工程机械制造业的4大基地之一（其他3个基地为美国、日本、欧盟），工程机械在国内已经发展成了机械工业的10大行业之一，在世界上也进入了工程机械生产大国行列，但是离生产强国还有很长的一段路要走，工程机械的使用寿命和性能等方面还有很大的提升空间。从一定程度上来说，我国的工程机械还存在产品档次低、技术核心不达标、相关技术缺乏、产品创新能力不强、节能环保不达标等问题，造成了工程机械的发展缓慢，缺乏竞争力，在国际市场中所占的份额不高。

第六节 土木工程机械的发展趋势

进入21世纪后，工程机械进入了一个新的发展时期，新结构、新产品不断涌现。目前，工程机械的研究与发展主要致力于进一步改善操作者的劳动条件、提高机械的生产率和降低工作损耗，采用新技术、新方法、新工艺来提高机器的性能，完善产品的标准化、系列化和通用化，向节能、环保方向发展。工程机械的发展趋势体现在以下几个方面：

（1）向大型和小型两个方向发展。为满足大型工程的需要，工程机械正向着大功率、大容量方向发展，以提高作业效率，加快工程进度，降低生产成本；同时，为了适应市政工程和环境维护等小型工程的使用要求，小巧、灵活、多用途的工程机械也有了很大的发展。近年来，中型工程机械（发动机功率在 74.6～298 kW）基本没有大的发展且有下降趋势，开发大型化（功率超过 298 kW）与小型化（功率在 74.6 kW 以下）及微型化的工程机械呈快速发展之势。

（2）一机多用、作业功能多样化。一机多能是近年来工程机械出现的一个新技术特点。为完成更多的作业任务，工程机械主机作业功能尽可能扩大，从单一功能向多功能转化。一机多用、作业功能多样化扩大了工程机械的应用领域，使用户在不增加投资的前提下充分发挥设备本身的效能，完成更多的工作。例如，液压挖掘机作业机具的多样化，同一主机可完成挖掘、装载、破碎、剪切和压实等作业，提高了机械的通用性。

（3）采用新技术，智能化程度不断提高。目前，电子技术、液压技术、计算机技术、激光技术在工程机械上有了广泛的应用。以微电子、互联网技术为重要标志的信息时代，不断研制出集液压、微电子、电子监控及信息技术于一体的智能系统，并应用于工程机械中，进一步提高产品的性能及高科技含量，促进工程机械的发展。

（4）提高可靠性和耐用性。工程机械的作业条件比较恶劣，负荷性质特殊，超载、冲击时有发生，对发动机、底盘和工作装置的寿命和可靠性有很大的影响。一些特殊的工作环境如粉尘、高湿、严寒等，都对工程机械的寿命和可靠性有很大的影响。这些方面的研究目前也比较多。

（5）改善操纵性，提高舒适性。采用"以人为本"的设计思想，注重机器与人的相互协调，改善操纵性，减轻劳动强度，提高驾驶人员舒适性是工程机械的重要发展方向，也是提高劳动生产率的一个有力措施。例如，借助液压、电气和压缩空气等增力装置使操纵省力以及简化操纵；驾驶室设置空调装置，采取防尘隔振措施，座椅前后高低均可调整，最大限度地满足驾驶员的人性化要求。

（6）节能与环保。随着世界能源的日益紧缺和环境污染的不断加剧，节能减排、绿色环保成为每个行业不可回避的问题。工程机械是能耗高、排放差的典型机械，节能环保的重要性也愈发明显。开发节能减排增效的绿色产品，是工程机械今后技术发展的重要方向之一。在保证使用功能的前提下，工程机械应该从降低能源消耗、减小发动机的排放、减震、降噪各个方面入手，通过减量、增效、循环、利用等措施，推进绿色、循环和低碳发展，满足社会的节能减排要求。

第七节　本课程的性质和任务

根据工程机械的作用，土木工程专业开设本门课程是十分必要的，它是一门重要的技术基础课。对于从事工程施工与管理工作的工程技术人员来说，在施工过程中，必然会遇到机械设备的科学管理、合理使用、维护保养、充分发挥其效能的问题。从科学技术的发展来看，各种技术的相互渗透日益广泛与深入，为了保证施工生产的顺利进行、施工技术的不断提高、施工工艺的不断进步，都必须掌握有关机械方面的知识。

本课程的特点：涉及的理论范围广，机械零部件、机构及常用的工程机械类型多，实践性强。课程以介绍机械化施工中常用工程机械的结构、工作原理和运用为主，在学习的过程中，可适当安排参观施工现场，多接触一些机械，使学生真正了解工程机械在建筑和道路施工中的重要作用，理论联系实际学好本课程。

本课程学习的目的，是使学生掌握相关的机械基础知识，了解和正确使用工程机械，培养懂施工、懂机械的复合型人才。课程的任务和要求：

（1）了解工程机械中常用机构和主要通用零件的结构和工作原理、特点，并具有运用和分析简单传动系统的能力。

（2）掌握内燃机和工程机械底盘的功用、构造及基本原理。

（3）掌握常用工程机械的基本构造、工作原理、性能特点和适用范围。

（4）具有合理地选用工程机械的能力和定期维护保养知识，为学好施工技术和施工组织课程及毕业后从事施工管理工作打下良好基础。

思考题与习题

1. 机械化施工在国民经济中具有何种地位和作用？
2. 工程机械有哪些类型？
3. 工程机械由哪几部分组成？各有什么功用？
4. 现阶段工程机械的发展方向是什么？

第二章 土木工程机械基础知识

第一节 概　述

一、机械的定义及组成

（一）常用术语

（1）零件：组成机械或机器的不可分拆的单个制件，它是机械制造过程中的基本单元。零件可分为两类：凡在各种机器中经常使用、并具有互换性的零件，称为通用零件（如螺栓）；只在某种机器中使用的零件，称为专用零件（如吊钩）。

（2）部件：为完成同一任务并协调工作的若干零件的组成体，是机器的装配单元体。有时将若干个部件组成具有独立功能的更大部件，称为总成。

（3）构件：是机器中的运动单元。构件可能是一个零件，也可以是多个零件组成的组合体，但各零件间无相对运动。如自行车的车轮是一个构件，由钢丝、螺母、钢圈等零件组成。

（4）机构：是具有相对运动的许多构件的组合体，能传递、转换运动或实现某种特定的运动，比如钟表的齿轮机构、车床的走刀机构和起重机的变幅机构等。

（5）机器：以通过某种方式实现能量转变和形成一种能量流为主要目的的技术系统，机器一般由多个机构组成。

机械是各类机器、仪器、设备的总称。简单的机械只有少数零件组成，如夹钳、手电钻等；而复杂的机械则由许多零部件组成，如汽车、拖拉机、机床等。

机械的种类虽然繁多，但都有以下共同的特征：① 都是零件、部件的组合体；② 其组成件之间有确定的相对运动和力的传递；③ 进行机械能与其他能的转换或利用。

（二）机械的组成

一台完整的机械包括动力装置、传动装置和工作装置3部分。动力装置是机械的动力来源；传动装置是把动力装置的动力和运动传递给工作装置的中间环节，如齿轮传动、带传动、链传动等；工作装置是直接完成生产任务的部分，一台机械的名称通常由工作装置所负担的任务而定，如起重机、搅拌机、推土机等。

二、机械的分类

机械的种类繁多，按其功能和用途划分为动力机械、电气机械、农业机械、林业机械、矿山机械、冶金机械、化工机械、轻纺机械、各类加工机床、起重运输机械、工程机械、交通运输机械、通用机械和生活用机械等。

此外，还有一些是通过机械加工而制成的产品，其组成件之间既无相对运动，又无机械能的转换或利用，它们也被列为机械的范畴，如压力容器等。

第二节　机械传动

机械传动是原动机与执行机构之间传递运动与动力的子机械系统，常见的机械传动有带传动、链传动和齿轮传动。机械传动一般按传动件相互作用方式不同，分为摩擦传动和啮合传动。摩擦传动是利用传动件之间产生的摩擦力来传递动力。工程机械常用的摩擦传动有摩擦轮传动和皮带传动。啮合传动是依靠传动件的刚性啮合来传递转矩，可分为直接啮合的齿轮传动和通过挠性件啮合的链传动两种形式。

一、挠性传动

在机械传动中，带传动及链传动都是具有中间挠性件的传动，统称为挠性传动。挠性传动和其他机械传动相比，有许多独特的优点，应用广泛。

（一）带传动

带传动的典型结构如图 2.2.1 所示，它由主动带轮 2、挠性带 3、从动轮 4、机架 1 和张紧装置 5 组成。它的工作原理是利用摩擦传动，即张紧装置使从动轮的轴向外移动，从而使带张紧，带与带轮之间产生正压力，主动轮通过摩擦驱动带运动（紧边受力 F_1 大于松边受力 F_2），带又靠摩擦带动从动轮转动，所以带传动是一种摩擦传动。带传动的传动比按下面公式计算：

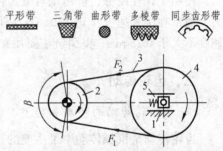

图 2.2.1　带传动的组成

1—机架；2—主动带轮；3—挠性带；
4—从动带轮；5—张紧装置

$$i_{24} = \frac{\omega_2}{\omega_4} = \frac{d_4}{d_2} \qquad (2.2.1)$$

式中　ω_2、ω_4——主、从动带轮转速；

d_2、d_4——主、从动带轮的直径。

相对转向根据带传动的形式而定，对于图示的开口传动，两轮的转向相同。由于带是弹性件，在运动过程中它的受力变形特性使它传递运动不稳定，因而带传动的传动比是不稳定的。但正是由于带有弹性，使它具有吸振的作用。此外，带传动利用摩擦传力的特性，使它的传力能力较低；但为此它又有过载打滑、起安全保护的作用。

按截面形状，传送带可分为：矩形截面的平带、梯形截面的三角带、圆形截面的圆形带和具有楔形截面的多楔带（见图 2.2.1）。

平带有橡胶布带、皮革带、缝合棉布带等。由于平带易打滑，传递功率小，结构又不紧凑，故机械中很少采用。为了增加皮带传动的摩擦力，提高其传动效果，普遍采用三角带传动。

三角带在有沟槽的带轮上工作，两个侧面是工作面。横截面做成梯形的目的，在于利用楔形增压原理，使在同样大的张紧力作用下能产生较大的摩擦力，传递较大的转矩。

圆带多用在传动功率较小的装置上。对于传动装置要求紧凑、两轮中心距小、传动转矩大的场合，普遍采用三角带传动，在工程机械中应用最广的是三角带传动。

带传动一般用于高速级传动，且功率不大的场合（一般不超过 75 kW），带的工作速度一般为 5~30 m/s，传动比 $i < 10$（少数可达 15）。

（二）链传动

链传动的典型结构如图 2.2.2 所示，由两个链轮、一根链条及机架组成，依靠链条和链轮轮齿相啮合来传递运动和动力。链传动属于具有中间挠性件的啮合传动，它与齿轮传动又有所不同，链轮轮齿与链齿不共轭，两者能正常啮合，但不能保证链条的速度是恒定值。链传动的平均传动比为

$$i_{12} = \frac{\omega_1}{\omega_2} = \frac{Z_2}{Z_1} \qquad (2.2.2)$$

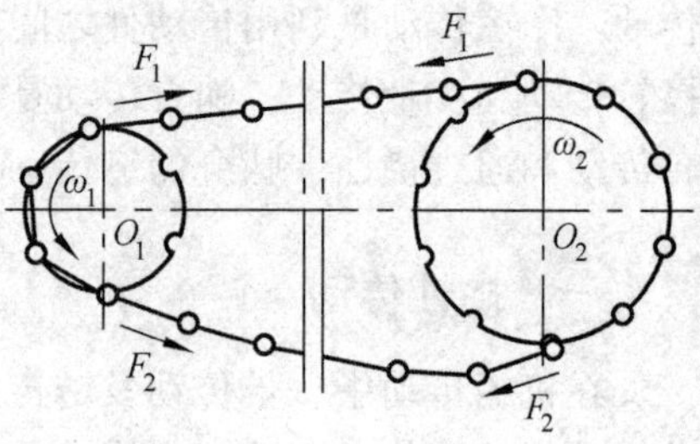

式中 Z_1、Z_2——主、从动链轮的齿数。

图 2.2.2 链传动的组成

链传动具有结构简单、传动功率大、效率高、环境适应性强、耐用和维修保养简单等优点，但工作过程中振动、噪声较大。

按照工作性质分，链传动可分为传动链、起重链及曳引链 3 种。传动链主要用来传递动力，通常在中等速度（$v \le 20$ m/s）下工作；起重链主要用在起重接卸中提升重物，其工作速度不大于 0.25 m/s；曳引链主要用在运输机械中去运送重物，其工作速度不大于 2~4 m/s。

二、齿轮传动

（一）齿轮传动的特点和类型

齿轮传动是机械传动中最主要的一种运动，它由主动齿轮和被动齿轮组成，利用齿轮轮齿之间的啮合来传递运动和动力。其主要优点是：① 适用的圆周速度和功率范围广；② 传动比准确；③ 机械效率高；④ 工作可靠；⑤ 寿命长；⑥ 可实现平行轴、相交轴、交错轴之间的传动；⑦ 结构紧凑。其主要缺点是：① 要求有较高的制造和安装精度，成本较高；② 不适宜远距离两轴之间的传动。

根据一对齿轮在啮合过程中传动比（$i_{12} = \omega_1 / \omega_2$）是否恒定，可将齿轮传动分为定传动比传动和变传动比传动两大类。定传动比齿轮传动在工程中应用非常广泛，而变传动比齿轮传动在工程中应用较少，主要用于一些特殊场合。

按照工作条件的不同，齿轮传动可分为闭式传动和开式传动。闭式传动的齿轮封闭在有润滑油的箱体内，因而能保证良好的润滑和洁净的工作条件，多用于重要场合。而开式传动的齿轮是外露的，不能保证良好的润滑和防止灰尘等的侵入，因此齿轮易于磨损，开式传动多用于低速级和不重要的场合。

齿轮传动的类型有很多，按照一对齿轮轴线的相互位置及齿形可按图 2.2.3 和表 2.2.1 所示分类。

（a）外啮合传动　　（b）内啮合传动　　（c）齿轮齿条传动

（d）人字齿传动　　（e）斜齿传动　　（f）直齿圆锥传动

（g）曲齿圆锥传动　　（h）螺旋齿传动　　（i）蜗杆传动

图 2.2.3　齿轮传动的形式

表 2.2.1　齿轮传动类型

齿轮传动	两轴线平行的齿轮传动（圆柱齿轮）	直齿传动	外啮合（a） 内啮合（b） 齿轮齿条（c）	两轴线不平行齿轮传动	圆锥齿轮传动（两轴线相交）	直齿（f） 斜齿曲齿（g）
		斜齿传动（e）	外啮合 内啮合 齿轮齿条		两轴线交错的齿轮传动	螺旋齿轮（h） 蜗杆传动（i） 双曲线齿轮
		人字齿传动（d）				

（二）齿轮传动的几个重要参数

如图 2.2.4 所示，为了便于齿轮各部分尺寸的计算，在齿轮上选择一个圆作为计算的基准，称该圆为齿轮的分度圆。分度圆的直径、半径、齿厚、齿槽宽和齿距分别用 d、r、s、e 和 p 表示，则 $p=s+e$。

设齿轮的齿数用 Z 表示，则在分度圆上，$d\pi=Zp$，于是得分度圆直径：

$$d = Zp/\pi \qquad (2.2.3)$$

上式中 π 为一无理数，由此式计算出的 d 若也为无理数，这将给齿轮的设计、制造和检验等带来很大的不便。所以，工程上将比值 p/π 规定为一些简单的数值，并使之标准化。这个比值称为模数，用 m 表示。即：

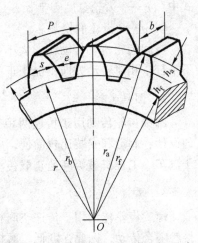

图 2.2.4　直齿圆柱齿轮的几何尺寸

$$m = p / \pi \tag{2.2.4}$$

模数 m 的单位为 mm，标准模数系列如表 2.2.2 所示。于是分度圆直径为：

$$d = Zm \tag{2.2.5}$$

表 2.2.2　标准模数系列表（摘自 GB/T 1357—2008）/mm

第一系列	...	1.5	2	2.5	3	4	5	6	8	10	12
	16	20	25	32	40	50					
第二系列	...	1.75	2.25	2.75	（3.25）	3.5	（3.75）	4.5	5.5	（6.5）	7
	9	（11）	14	18	22	28	36	45			

注：选用模数时，应优先选用第一系列，其次是第二系列，括号内的模数尽可能不用。

模数是决定齿轮尺寸的一个基本参数，齿数相同的齿轮，模数大则齿轮尺寸也大。基本的齿轮机构是单级齿轮机构，它们是三构件机构：一个机架和一对齿轮组成。

1．圆柱齿轮传动

圆柱齿轮传动用于传递平行轴转动（见图 2.2.3），是应用最广泛的齿轮传动，其传动比为：

$$i_{12} = \frac{\omega_1}{\omega_2} = \pm \frac{Z_2}{Z_1} \tag{2.2.6}$$

式中　ω_1、Z_1、ω_2、Z_2——齿轮 1 和齿轮 2 的转速和齿数。

符号 ± 分别表示内啮合和外啮合传动中两轮的转向相同或相反。齿轮齿条传动是将齿轮的转动变换成齿条的直线移动。齿轮 1 的转速 ω_1 与齿轮 2 的速度 v_2 的关系式如下：

$$v_2 = r_1 \omega_1 = \frac{mZ_1}{2} \omega_1 \tag{2.2.7}$$

式中　r_1——齿轮分度圆半径；

　　　m——齿轮的模数。

空间齿轮机构传动比的大小可以用式（2.2.6）计算，但要去掉 ± 号，因为它们的齿轮轴不平行，相对转动方向不能用正负号来表示。空间齿轮传动的相对转向用箭头表示。

2．圆锥齿轮传动

圆锥齿轮传动用于传递两相交轴之间的运动和动力[见图 2.2.3（f、g）]。直齿圆锥齿轮的设计、制造和安装比较简便，应用最广泛；曲齿圆锥齿轮传动平稳，承载能力较高，常用于汽车、工程机械等高速重载传动上。

3．螺旋齿轮传动

螺旋齿轮传动用于传递空间相错轴转动[见图 2.2.3（h）]。这种传动的齿轮轮齿之间是点接触啮合传动，因此强度低、磨损快，通常在操纵机构中使用。比如，在汽车和工程机械的驾驶操纵系统中作为转向传动机构使用。

4．蜗杆蜗轮传动

蜗杆蜗轮传动用于传递空间正交轴转动[见图 2.2.3（i）]。蜗杆为主动件，蜗轮为从动件。其传动比为：

$$i_{12} = \frac{\omega_1}{\omega_2} = \frac{Z_2}{Z_1} \qquad (2.2.8)$$

式中　　Z_2 ——蜗轮的齿数；

　　　　Z_1 ——蜗杆的（螺纹）头数。

由此可知，蜗杆蜗轮传动的传动比可以很大，在动力传动中一般 $i_{12} = 8 \sim 80$，作为分度传动可达 1 000。和螺旋副相似，蜗杆蜗轮传动亦可以具有反向自锁的功能，只需满足式（2.2.9），即其蜗杆的螺旋升角 λ 不大于其当量摩擦角：

$$\lambda \leqslant \varphi_{\mathrm{v}} = \arctan \frac{f}{\cos 20°} \qquad (2.2.9)$$

式中　　λ ——蜗杆的螺旋升角；

　　　　φ_{v} ——当量摩擦角；

　　　　f ——摩擦系数。

具有反向自锁功能的蜗杆蜗轮传动在卷扬机上广泛应用。

三、轮系和减速器

在齿轮传动中，由一对齿轮组成的齿轮机构是最简单的形式。在实际工程机械中，为了获得大的传动比，或实现输出轴的多种转速等目的，常采用一系列相互啮合的齿轮将主动轴和从动轴连接起来。这种由多级齿轮所组成的齿轮传动系统称为轮系，轮系分为定轴轮系和行星轮系两类。

（一）定轴轮系

当轮系运转时，各齿轮轴线均固定不动，称为定轴轮系，如图 2.2.5 所示。

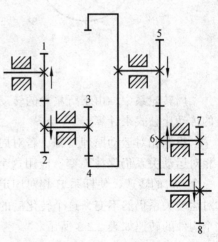

图 2.2.5　定轴轮系

在计算定轴轮系的传动比时做如下规定：对于轴线平行的齿轮传动，主动轮与从动轮转向相同时，传动比为正；两轮转向相反时，传动比为负。按图 2.2.5 所示的定轴轮系可以分别计算出各对齿轮的传动比：

$$i_{12} = \frac{n_1}{n_2} = -\frac{Z_2}{Z_1}, \quad i_{34} = \frac{n_3}{n_4} = -\frac{Z_4}{Z_3}, \quad i_{56} = \frac{n_5}{n_6} = -\frac{Z_6}{Z_5}, \quad i_{78} = \frac{n_7}{n_8} = -\frac{Z_8}{Z_7} \qquad (2.2.10)$$

总传动比：

$$i_{18} = \frac{n_1}{n_8} = i_{12} \cdot i_{34} \cdot i_{56} \cdot i_{78} = (-1)^3 \frac{Z_2 Z_4 Z_6 Z_8}{Z_1 Z_3 Z_5 Z_7} \qquad (2.2.11)$$

由此可见，定轴轮系的传动比为各对齿轮传动比的连乘积，它等于轮系中各对齿轮从动轮齿数的乘积与各对齿轮主动轮齿数的乘积之比，传动比的符号则取决于外啮合齿轮的对数。

$$i_{ik} = \frac{n_i}{n_k} = (-1)^m \frac{各对齿轮从动齿的齿数的乘积}{各对齿轮主动齿的齿数的乘积} \qquad (2.2.12)$$

式中　m——圆柱齿轮外啮合次数。

（二）周转轮系

当齿轮系运转时，有一个或几个齿轮的轴线是不固定的，而是绕另一齿轮的几何轴线转动，该齿轮系称为周转轮系。周转轮系主要由机架、中心轮、行星轮和导杆（或称行星架）组成。如图 2.2.6（a）所示，齿轮 1、3 为中心轮，其轴线固定不动；齿轮 2 既有自转又有公转，故称行星轮；支撑行星轮并使它获得公转的构件称为杆系，用 H 表示。若中心轮均不固定，称为差动轮系，如图 2.2.6（b）所示。若中心轮（如轮 3）固定，杆系 H 也固定，则为定轴轮系，如图 2.2.6（c）所示。

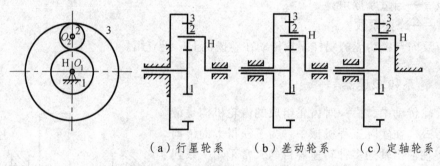

（a）行星轮系　　　（b）差动轮系　　　（c）定轴轮系

图 2.2.6　周转轮系的变化

周转轮系中，由于行星轮的转动既有自转又有公转，因此，它的传动比不能用定轴轮系的传动比公式来计算。

根据相对运动原理可知，若对周转轮系中各个构件都加一个公共转速后，各构件之间的相对运动关系仍保持不变。应用这个原理对图 2.2.6（b）所示的周转轮系的各个构件都加上一个 $-n_H$ 的转速，使杆系 H 相对固定不动，则周转轮系就转化为定轴轮系，而各个构件的相对运动关系仍然不变，这个转化后的定轴轮系称为周转轮系的转化机构。转化前后轮系中各个构件的转速如表 2.2.3 所示。

表 2.2.3　周转轮系及其转化机构的转速

构　件	周转轮系的转速	转化机构的转速
1	n_1	$n_1^H = n_1 - n_H$
2	n_2	$n_2^H = n_2 - n_H$
3	n_3	$n_3^H = n_3 - n_H$
H	n_H	$n_H = n_H - n_H = 0$

在转化机构中两中心轮的传动比为：

$$i_{13}^{H} = \frac{n_1^{H}}{n_3^{H}} = \frac{n_1 - n_H}{n_3 - n_H} = -\frac{Z_3}{Z_1} \tag{2.2.13}$$

上式等号右边的"–"表示在转化机构中主从动轮转向相反。推广为一般公式：

$$i_{ik}^{H} = \frac{n_i^{H}}{n_k^{H}} = \frac{n_i - n_H}{n_k - n_H} = (-1)^m \frac{\text{所有从动轮齿数的乘积}}{\text{所有主动轮齿数的乘积}} \tag{2.2.14}$$

应用上式时应注意：

（1）它只适于平行轴之间的传动比。即轮 1、轮 k 及杆系 H 的回转轴线必须平行。

（2）若周转轮系是圆锥齿轮构成，由于三者 n_1、n_k、n_H 不在同一平面内，故转向不能用 $(-1)^m$ 表示，而应用箭头表示转向。

（三）减速器

将具有减速功能的轮系封闭在刚性壳体内而组成的独立传动部件称之为减速器（亦称减速箱）。通常安装在机械的原动机和工作机之间，用于降低转速、增大转矩。而有些机械需要提速，则将其输入与输出端对换即成为增速器。

减速器有许多类型，按传动原理可分为普通减速器和行星减速器两大类；按齿轮传动的类型可分为圆柱齿轮减速器、圆锥齿轮减速器、蜗杆减速器、圆锥-圆柱齿轮减速器、蜗杆-圆柱齿轮减速器等；按传动的级数可分为单级、双级及多级减速器。

图 2.2.7 所示为单级圆柱齿轮减速器的结构图。减速器主要由齿轮（或蜗杆、蜗轮）、轴、轴承和箱体及其他附件组成。齿轮可为直齿（传动比 $i \leqslant 4$）、斜齿或人字齿（$i \leqslant 6$）。箱体常用铸铁铸造。支承多采用滚动轴承，只有高速、重型减速器才采用滑动轴承。为了避免减速器外廓尺寸过大，常限制单级减速器的最大传动比 $i \leqslant 10$，否则采用双级减速器。

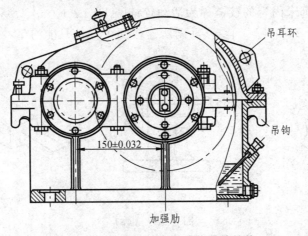

图 2.2.7 单级圆柱齿轮减速器的结构

齿轮（或蜗杆、蜗轮）和轴承的润滑对于减速器是非常重要的。润滑的目的是为了减少摩擦和磨损，提高传动效率。绝大多数减速器中的齿轮和蜗杆传动都采用油润滑，在润滑过程中润滑油带走热量，使热量通过箱体表面逸散到周围空气中去，因而润滑又是散热的重要途径。轴承和传动零件可以用同一种润滑油和润滑系统润滑，也可以分开单独进行润滑。

当齿轮的圆周速度 $v < 12\ \text{m/s}$（蜗杆传动的齿面相对滑动速度 $v' < 10\ \text{m/s}$）时，减速器中的齿轮（或蜗杆、蜗轮）一般采用浸油润滑。为了避免搅油及飞溅损失过大，齿轮的浸油深度一般不宜超过全齿高（对于下置式蜗杆传动，为蜗杆的全齿高），但不小于 10 mm。

减速器由于其结构紧凑、工作可靠、维护方便，因而应用广泛。实际中可根据工作条件、转速、载荷、传动比及在总体布局中的要求，参阅机械设计手册和有关产品目录查阅选用。

第三节　常用机构和零件

一、常用机构

机构是有确定相对运动的构件组合体，不同的机构间有不同的相对运动，形成不同的变换功能。常用的机构有：连杆机构、凸轮机构、齿轮机构、带传动机构、链传动机构、螺旋机构、步进机构等。

（一）运动副及机构运动简图

1. 运动副

机构是由很多构件组合而成，为了使构件组成具有确定运动的机构，各构件之间必须采用适当的方法连接起来。互相接触，能产生一定相对运动的两个构件之间的可动连接称为运动副。

1）低　副

两构件间以面接触而组成的运动副称为低副。低副可分为回转副和移动副两种。如图2.3.1 所示，回转副只允许两构件（1 和 2）之间在同一个平面内相对转动，故又称为铰链。其中，两构件都未固定的铰链称为活动铰链[见图 2.3.1（a）]；只有一个构件固定的称为固定铰链[见图 2.3.1（b）]。移动副所连接两个构件只能沿某一轴线相对移动[见图2.3.1（c）]。

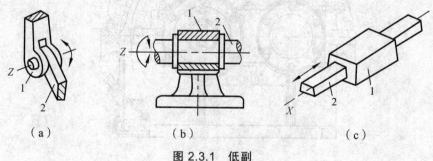

（a）　　　　　　　（b）　　　　　　　（c）

图 2.3.1　低副

2）高　副

两构件之间通过点或线接触所组成的运动副称为高副，如图 2.3.2（a）所示的凸轮 1与从动件 2 组成点接触的高副，而图 2.3.2（b）所示的一对相互啮合的齿轮组成线接触的高副。

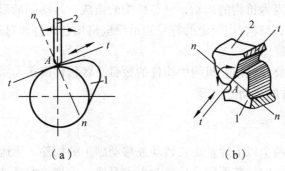

（a）　　　　　　　　　　　　　（b）

图 2.3.2　高副

此外，常用的运动副还有球面副和螺旋副，它们属于空间运动机构。

2．运动副的代表符号

为了便于研究机构的结构及运动特点，常绘制机构的构件及运动副。运动副通常的代表符号如表 2.3.1 所示。

表 2.3.1　运动副常见的代表符号

运动副		代表符号	运动副		代表符号
低副	转动副		高副	外啮圆柱齿轮传动	
	与固定支座组成的转动副			齿轮传动 / 内啮圆柱齿轮传动	
	移动副			圆锥齿轮传动	
	与固定支座组成的移动副			蜗杆蜗轮传动	
	螺旋副			凸轮传动	

3．机构运动简图

在分析和表达机构或机器运动和受力情况时，需要画出其图形。若画出各构件的详细结构，很麻烦也没必要。因为机构的运动，只与机构的组成、运动副的形式和位置有关，因此可撇开构件的具体形状和结构，用规定的符号绘出反应机构各构件相对运动关系的简单图形，这种简图称为机构运动简图。

在机构运动简图中要反映出：机构中构件的数目，各构件间运动副的形式，机构中的固定件（机架），主动构件的运动方向等。

（二）连杆机构

连杆是连接两个及两个以上运动副（转动或移动副）的构件。用运动副按顺序把几个构件连接起来则组成连杆机构，其作用是传递动力和完成一定规律的运动。连杆机构可分为平面连杆机构和空间连杆机构。

1．平面连杆机构

平面连杆机构是由若干个互相做平面运动的刚性构件用运动副连接起的机构，其运动副多为面接触的低副，所以又称为平面低副机构。平面连杆机构的基本形式是四杆机构，许多其他类型的机构，几乎都可以认为是四杆机构演变和派生而成的，因此四杆机构是机械学的重要组成部分，其分类如图 2.3.3 所示。

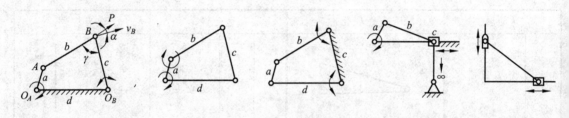

（a）曲柄摇杆机构   （b）双曲柄机构   （c）双摇杆机构 （d）曲柄滑块机构 （e）双滑块机构

图 2.3.3　铰链四杆机构的类型

（1）曲柄摇杆机构。在图 2.3.3（a）所示机构中，主动件杆 a 可做整周旋转，称为曲柄。杆 c 不做整周运动，只按某一角度往复转动，称为摇杆。设 a、b、c、d 既是各杆的符号，又代表各杆的长度。当满足最短杆和最长杆之和小于或等于其他两杆长度之和时，若将最短杆或其邻杆固定其一，则另一杆即为曲柄。这就是四杆机构有曲柄的条件。在满足曲柄存在的条件下，铰接四杆取不同的构件为机架（固定件），即可得到不同特性的机构。

（2）双曲柄机构。如图 2.3.3（b）所示，取 a 为机架，则 b 和 d 均为曲柄，称为双曲柄机构。若其中两曲柄长度相等，连杆与机架长度也相等，则称为平行四边形机构。它在机器中应用很广，如机车车轮的联动机构等。

（3）双摇杆机构。在图 2.3.3（c）中，取 c 为机架，若不满足曲柄存在的条件，则两连架杆 b、d 均为摇杆，故称为双摇杆机构。它应用也很广泛，如鹤式起重机、飞机起落架等。在双摇杆机构中，若两摇杆长度相等，则称为等腰梯形机构，在汽车、轮式拖拉机中常用这种机构操纵前轮的转向。

（4）曲柄滑块机构。如图 2.3.3（d）所示，将曲柄摇杆机构的摇杆长度增加至无穷大，则转动副 O_B 转化为移动副，从而成为曲柄滑块机构。这种机构广泛应用在内燃机、蒸汽机、空气压缩机和冲床等机械中。

（5）双滑块机构。图2.3.3（e）所示为有两个移动副的四杆机构，应用这种机构的有欧氏联轴节等。

在实际机器中，往往根据需要来改变某些杆件的形状和杆件的相对长度，改变某些运动副的尺寸或选择不同杆件作为机架。

2．空间连杆机构

空间连杆机构是由若干刚性构件通过低副连接，而构件上各点的运动平面互不平行的机构，又称空间低副机构（见图2.3.4）。为了表明空间连杆机构的组成类型，用R、P、C、S、H分别表示转动副、移动副、圆柱副、球面副、螺旋副。常用空间四杆机构的组成类型有$RSSR$、$RRSS$、$RSSP$和$RSCS$机构。它与平面连杆机构相比，结构紧凑，运动多样，工作灵活可靠，但设计困难，制造复杂。空间连杆机构常用于农业机械、轻工机械、交通运输机械、工业机器人、假肢和飞机起落架等。所有转动副轴线汇交于一点的球面四杆机构，应用较广，如万向联轴节机构。

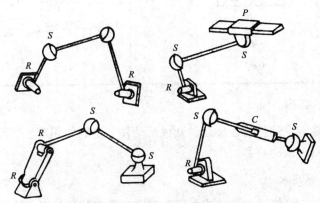

图2.3.4　空间四杆机构的类型

（三）凸轮机构

凸轮机构是由凸轮的回转或往复运动推动从动件做一定的往复移动或摆动的高副机构，如表2.3.2所示。凸轮具有曲线轮廓或凹槽，有平面凸轮和空间凸轮等。从动件（推杆）与凸轮作点接触或线接触，其接触端的形状有尖头式、滚子式和平底式等。为了保持推杆与凸轮始终相接触，可采用弹簧或依靠重力压紧。不同类型的凸轮与推杆组合起来，即可得到各种类型的凸轮机构。通常凸轮是主动件，但有时可作从动件使用。

1．推杆的运动规律

推杆运动规律取决于凸轮的外形，常用的运动规律有等速、等加速、等减速、正弦加速度和余弦加速度等几种。等速运动规律因有速度突变，会产生强烈的刚性冲击，故只能用于低速传动。等加速、等减速和余弦加速度也存在加速度突变，会产生柔性冲击，只适用于中、低速传动。正弦加速度曲线是连续的，不存在任何冲击，可用于高速传动。

2．凸轮机构的特点与应用

凸轮机构的特点是结构紧凑、运动可靠，但制造要求高，易磨损、有噪声。它最适用于从动件做间歇运动的场合，在自动机床、内燃机、印刷机、纺织机械中应用广泛。凸轮机构的类型见表 2.3.2。

表 2.3.2　凸轮机构的类型

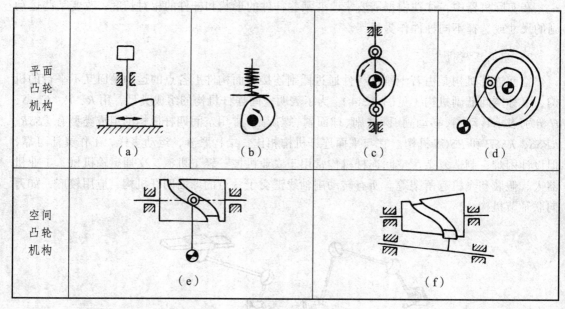

平面凸轮机构	（a）	（b）	（c）	（d）
空间凸轮机构	（e）		（f）	

（四）间歇运动机构

间歇运动机构是将主动件的连续运动变成从动件有停歇的周期性运动的机构，可分为单向运动和往复（双向）运动两类。

1. 单向间歇运动机构

（1）棘轮机构。它可将连续转动或往复运动变成单向步进运动。主要由棘轮和棘爪等组成，如图 2.3.5（a）所示。棘轮机构常伴有噪声和振动，故工作频率不易过高。棘轮机构常用在各种机床和自动机构的间歇进给或回转工作台的转位上，也常用在千斤顶中。在手动铰车中，棘轮机构常用来防止向某个方向转动。

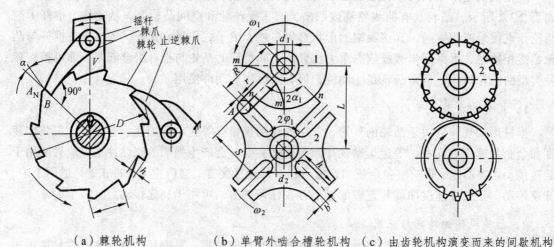

（a）棘轮机构　　　（b）单臂外啮合槽轮机构　（c）由齿轮机构演变而来的间歇机构

图 2.3.5　单向间歇运动机构

（2）槽轮机构。它有外啮合和内啮合两种形式。工程中最常见的是单臂外啮合槽轮机构，如图 2.3.5（b）所示。槽轮机构用在转速不高，要求间歇地转过一定角度的分度装置中，如转塔车床上的刀架转位机构、电影放映机中用以间歇移动胶片的机构。

（3）不完全齿轮机构。它是由齿轮机构演变而来的间歇机构，如图 2.3.5（c）所示，多用在专用机床中，如专用靠模铣床。

此外，单向间歇运动机构还有凸轮式单向间歇运动机构和擒纵机构等。

2．往复（双向）间歇运动机构

往复间歇运动机构应用最多的是凸轮机构，其次是往复摆动与往复移动间歇运动机构，如图 2.3.6 所示。

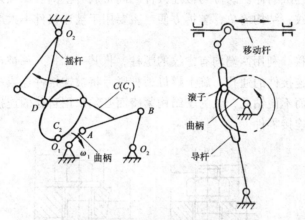

图 2.3.6　往复间歇运动机构

（1）往复摆动间歇运动机构。它利用连杆上 C 点运动轨迹中有一段近似圆弧 C_1C_2，来实现摇杆带停歇的往复摆动。构件 CD 的一端与连杆在 C 点处铰接，另一端与摇杆在 D 处铰接，且铰链 D 必须位于 C_1C_2 的圆心处。

（2）往复移动间歇运动机构。它利用导杆上一段圆弧导路来实现移动杆带停歇的往复运动。曲柄的长度等于圆弧导路的半径，它的转动中心与圆弧中心重合。

二、连接与连接件

机械是由许多零部件根据工作要求按照一定的方式组合在一起的，故需要许多不同的连接方法，以便于机械的制造、安装、维修和运输。

常用的连接有螺纹连接、键连接、销连接、铆钉连接、焊接、胶接、过盈配合连接及型面连接等。其中以螺纹连接、键连接、焊接在机械中应用最为广泛。

连接可分为可拆连接和不可拆连接。螺纹连接、键连接为可拆连接，焊接为不可拆连接。

在选择连接类型时，多以使用要求及经济要求为依据。一般来说，采用不可拆连接多是制造及经济上的原因；采用可拆连接多是结构、安装、运输、维修上的原因。不可拆连接的制造成本通常较可拆连接低廉。另外，在具体选择连接类型时，还需考虑到连接的加工条件和被连接零件的材料、形状及尺寸等因素。

下面介绍可拆的螺纹连接与键连接。

（一）螺纹连接

螺纹连接是机械中应用极为广泛的一种可拆连接，它具有结构简单、装拆方便、连接可靠、互换性强等特点。据统计，在现代机械中具有螺纹结构的零件约占零件总数的一半以上。

1. 螺纹连接的基本类型

螺纹连接的基本类型有螺栓连接[见图 2.3.7（a）]、双头螺柱连接[见图 2.3.7（b）]、螺钉连接[见图 2.3.7（c）]和紧定螺钉连接[见图 2.3.7（d）]4 种。

（1）螺栓连接。利用一端有头，另一端制有螺纹的螺栓，穿过被连接件的通孔，旋上螺母拧紧后将被连接件连成一体。螺母与被连接件之间常放置垫圈。螺栓连接的结构特点：被连接件上不必切制螺纹，结构简单，装拆方便。主要用于被连接件不太厚，并有足够装拆空间的场合。

（2）双头螺柱连接。利用两端均有螺纹的螺柱，将其一端拧入一被连接件的螺纹孔中，另一端则穿过另一被连接件的通孔，旋上螺母，拧紧后将被连接件连成一体。这种连接多用于被连接件之一太厚而不便钻孔，或为了结构紧凑而必须采用盲孔的连接。双头螺柱允许多次装拆而不会损坏被连接零件。

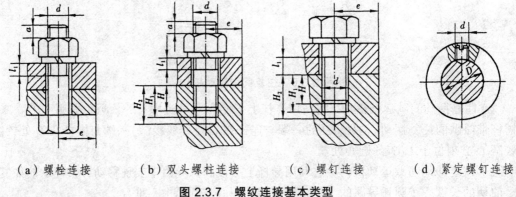

（a）螺栓连接　　（b）双头螺柱连接　　（c）螺钉连接　　（d）紧定螺钉连接

图 2.3.7　螺纹连接基本类型

（3）螺钉连接。不用螺母，而是利用螺钉穿过一被连接件的通孔，拧入另一被连接件的螺纹孔内而实现的连接。也用于被连接件之一较厚的场合，其结构上较双头螺柱简单，但不宜经常装拆，经常装拆易使被连接件的螺纹孔损坏。

2. 螺纹连接件（紧固件）

螺纹紧固件的品种很多，有螺栓、双头螺柱、螺钉、螺母和垫圈等。它们大都已标准化，设计时应尽量按标准选用。

（1）螺栓。螺栓的头部形状有很多形式，最常用的螺栓头部是六角形，螺栓杆部分可制出一段螺纹或全螺纹[见图 2.3.8（a）]。六角头螺栓的产品等级分为 A、B、C 3 级，A 级精度最高，C 级精度最低。C 级主要用在金属结构及其他不重要的连接中，而 A、B 级属精制普通螺栓，在机械中应用较广。A 级用于螺栓公称直径 $d \leqslant 24$ mm 的螺栓，B 级用于 $d > 24$ mm 的螺栓。精制铰制孔用螺栓（A、B 级）用于受横向荷载的连接中。

（2）螺母。螺母的类型很多，但以六角螺母应用最普遍，如图 2.3.8（b）所示。六角螺母也分 A、B、C 3 级，分别与相同级别的螺栓配用。圆螺母[见图 2.3.8（c）]常用于轴上零件的轴向固定。

（3）垫圈。垫圈放在螺母与被连接件之间，其作用是增加被连接件的支承面积，以减少接触处的压强，避免在拧紧螺母时擦伤被连接件表面。常用的多为平垫圈，它分为 A 级、C 级两种，并与相同级的螺栓、螺母配用。有的垫圈还可起到防松的作用，如弹簧垫圈，如图 2.2.8（d）所示。

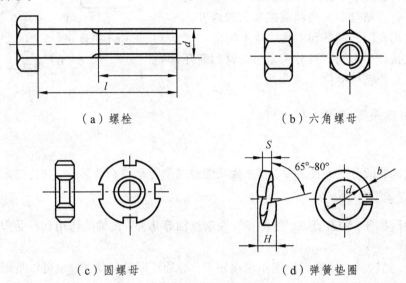

（a）螺栓　　　　　　　　　　　（b）六角螺母

（c）圆螺母　　　　　　　　　　（d）弹簧垫圈

图 2.3.8　螺纹连接件

为了保证螺纹连接的可靠性或被连接件的气密性，螺纹连接一般需要预紧，即在安装时必须把螺母或螺钉拧紧，以便在螺杆中产生一定的轴向预紧力 F_p。预紧力应有适当的大小，预紧力太小达不到预紧的目的，预紧力太大又易使螺纹连接件失效。预紧力 F_p 和拧紧力矩 T 的大小有关，对于常用的粗牙钢制螺纹连接可近似按下式计算：

$$T \approx 0.2F_p d \qquad\qquad (2.3.1)$$

式中　d——螺纹的公称直径，mm。

（二）键连接

安装在轴上的零件（如凸轮、飞轮、带轮、齿轮等），都是以它们的轮毂部分与轴连接在一起的。键连接主要用来实现轴、毂之间的周向固定，以传递扭矩。有些类型的键还可以实现其轴向固定。

键可分为平键、半圆键、楔键及花键等几大类，且大都是标准件。

1．平键连接

平键的两侧面是工作面，上表面与轮毂上键槽的底部之间留有空隙，如图 2.3.9（a）所示。键的上、下表面为非工作面，工作时靠键与键槽侧面的挤压来传递扭矩，故定心性较好。根据其用途，平键又可分为普通平键、导向平键和滑键等。

2．花键连接

将具有均布多个凸齿的轴置于轮毂相应的凹槽中所构成的连接称为花键连接，如图 2.3.9（b）所示。键齿的侧面是工作面，由于是多齿传递荷载，故花键连接比平键连接的承载能力高，定心性和导向性好，对轴的削弱小（齿浅、应力集中小）。花键连接一般用于定心精度要求高和荷载较大的地方，但花键加工需用专门的设备和工具，成本较高。

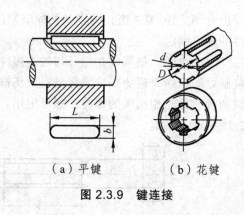

（a）平键　　　　　　（b）花键

图 2.3.9　键连接

花键连接按齿形不同，可分为矩形花键和渐开线花键两类，且均已标准化。

三、轴及轴系零部件

（一）轴

轴是组成机器的重要零件之一，其主要功能是支承传动件和旋转件，并传递运动和动力。

1．轴的分类

按轴线的形状分，轴有直轴、曲轴和挠性钢丝轴等几种。按轴的作用和承受载荷的不同，可将轴分为 3 类：

（1）心轴。这种轴只承受弯矩而不传递转矩。心轴可以是转动的，也可以是固定不动的。

（2）传动轴。传动轴仅传递运动和动力，即只承受扭矩而不承受弯矩或弯矩很小。

（3）转轴。转轴既支承回转零件又传递运动和动力，即同时承受弯矩和扭矩。转轴是机构中最常见的轴。

2．轴的结构

图 2.3.10 所示为一典型（两支承）转轴。轴上与轴承配合的部分（也是轴被支承之处）称为轴颈，与轴上零件轮毂的配合部分称为轴头，轴颈与轴头的过渡段称为轴身。此外，作为轴上零件轴向固定的台阶面称为轴肩，轴上凸出的环状部分称为轴环。

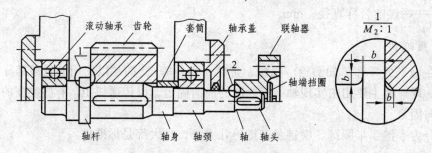

图 2.3.10　两支承转轴的结构

轴颈和轴头的直径应按标准直径选取，安装滚动轴承的轴颈直径选取应符合轴承的内圈系列。轴上螺纹部分、键槽部分也必须符合相应的标准。

为了便于轴上零件的装拆和固定，通常采用中间粗两头细的阶梯轴，这种结构对轴的弯曲强度也是有利的。

为了使轴上零件有确定的轴向位置，以及承受作用在零件上的轴向力，零件与轴之间应有可靠的轴向固定。为了传递扭矩并防止零件与轴之间产生相对转动，零件与轴之间应有可靠的周向固定。

3．轴的材料

轴的常用材料有优质碳素钢和合金钢等。优质碳素钢价格低廉，对应力集中的敏感性小，并有良好的热处理性能，故应用很广。一般机械的轴常用 35、40、45 和 50 钢，其中以 45 钢应用最广。合金钢比碳素钢具有更高的力学性能，但价格较高，一般多用于有特殊要求的轴。常用的合金钢有 20Cr、40Cr、40MnB 等。为保证钢材的力学性能，这些钢一般应进行调质或正火等热处理。

（二）轴　承

轴承是支承轴及轴上转动件的部件。按其表面相对运动的摩擦性质，轴承可分为滑动轴承和滚动轴承两大类；根据承受荷载方向的不同，轴承又可分为向心轴承、推力轴承和向心推力轴承。

1．滑动轴承

滑动轴承与轴颈成面接触，在接触面之间有油膜减振，工作时二者产生滑动摩擦，故具有承载能力大、抗振性能好、工作平稳、噪声小等特点。若采用液体摩擦滑动轴承时，则可长期保持较高的旋转精度。因此，在高速、高精度、重载和结构上要求剖分等场合，滑动轴承仍占有重要地位，是滚动轴承所不能完全替代的。另外，由于它结构简单、制造容易、成本低，故也广泛应用于各种简单机械中。

（1）向心滑动轴承的结构。图 2.3.11 所示为一剖分式向心滑动轴承，它由轴承座、轴承盖和剖分式轴瓦组成。这种滑动轴承装拆方便，轴瓦磨损后可减薄部分垫片组的厚度来调整间隙，所以应用很广。

（2）推力滑动轴承。推力滑动轴承用来承受轴向荷载，如图 2.3.12 所示。推力滑动轴承的轴颈有 3 种形式：实心推力轴颈、环形轴颈和多环形轴颈。

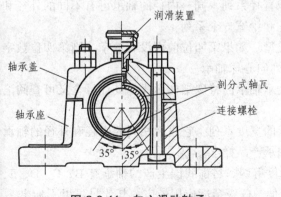

图 2.3.11　向心滑动轴承

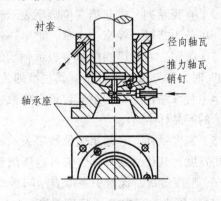

图 2.3.12　推力滑动轴承

2．滚动轴承

滚动轴承是一种常用的标准件，它与滑动轴承相比较，具有阻力小、效率高、径向尺寸大、轴向尺寸小、装拆及润滑方便等特点。

滚动轴承如图 2.3.13（a）所示，它由外圈（环）1、内圈（环）2、滚动体 3 和保持架 4 组成。内外圈上常制有凹槽，称为滚道。保持架的作用是把滚动体均匀隔开。滚动体是滚动轴承的主体，工作时沿滚道自转并公转。它的大小、数量和形状与轴承的承载能力密切相关。滚动轴承的常用滚动体形状如图 2.3.13（b）所示。

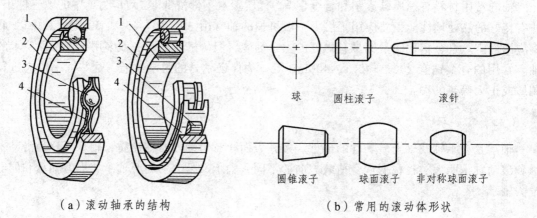

（a）滚动轴承的结构　　　　　　（b）常用的滚动体形状

图 2.3.13　滚动轴承

1—外圈（环）；2—内圈（环）；3—滚动体；4—保持架

使用时，滚动轴承的内圈与轴配合，外圈与轴承座孔配合；工作时，一般是内圈随轴转动而外圈不动，但也有外圈转动而内圈不动的。

滚动轴承的类型、规格繁多，为了便于设计、制造和选用，国家标准对轴承的类型系列、尺寸、结构特点、精度等级等用规定的代号（数字和字母）表示。通常是在轴承的端面打印其代号。

（1）内径。右起第一、第二位数字表示轴承内径，用代号 00（10）、01（12）、02（15）、03（17）、04～99 分别表示轴承内径，其中括号内为该代号所表示的内径值（单位：mm）；当轴承内径在 20～495 mm 时，其内径值为其代号的数值乘以 5。

（2）直径系列。右起第三位数字表示轴承直径系列。同一内径的轴承可有不同的外径和宽度，可分为特轻、轻窄、中窄、重窄、轻宽和中宽 6 个系列。

（3）类型。右起第四位数字表示轴承的类型。如果第四位前面没有数字，则第四位数字为"0"时，"0"可以不标出。其类型即为单列向心球轴承。

（4）特殊结构。右起第五、第六位数字表示轴承的特殊结构形式，其代号含义可查阅滚动轴承的产品样本。

（5）宽度系列。右起第七位数字表示轴承的宽度系列。它表示相同的内径和外径的轴承的不同宽度，其代号的具体含义可查阅滚动轴承产品样本。

（6）精度等级。代号中字母表示轴承的精度等级，目前我国生产的轴承有 B、C、D、E、G 5 个精度等级。其中 B 级精度最高，G 级最低。G 级精度应用最广，其代号可以不标出。

轴承代号举例：36312 轴承，表示单列向心推力球轴承，中系列，内径 $d=12\times5=60$ mm，G 级精度。

（三）联轴器与离合器

联轴器和离合器是用于连接两轴，使其一同转动并传递扭矩的部件。有时也可用作安全装置，防止机械过载。联轴器与离合器的区别在于：联轴器只有在机器停车后经过拆卸才能使被连接轴分开，离合器则可以在机器运转过程中根据需要使两轴随时接合与分离。

联轴器和离合器的类型有很多，下面简介具有代表性的几种。

1. 联轴器

联轴器按其内部是否有弹性元件，可分为刚性联轴器和弹性联轴器两大类。刚性联轴器根据结构特点又可分为固定式和可移式两类，可移式对两轴间的偏移量具有一定的补偿能力。弹性联轴器因内部有弹性元件，故可缓冲减振，并在一定程度上补偿两轴间的偏差。

1）凸缘联轴器

刚性联轴器中，应用最广泛的是凸缘联轴器，多用于不常拆的场合。凸缘联轴器是固定式刚性联轴器，它由两个带凸缘的圆盘1、2组成。两个圆盘用键分装在两轴端，再用螺栓3将它们联成一体，如图2.3.14所示。其中（a）图所示的结构利用两个半联轴器的凸肩和凹槽相配合来保证两轴同心，装拆时需要轴向移动。图（b）中所示结构用铰制孔螺栓对中，装拆较方便，但制造麻烦。

凸缘联轴器结构简单，使用方便，能传递较大转矩。但安装时连接的两轴必须严格对中，否则会由于两轴相对倾斜或不同心，将在被连接的轴和轴承中引起附加载荷，甚至发生振动。

凸缘联轴器一般用于荷载平稳、低速、无冲击振动及对中性要求高的两轴的连接。

2）十字滑块联轴器

十字滑块联轴器是可移式刚性联轴器，它由两个端面开有径向凹槽的半联轴器1、3和一个带十字榫头的中间浮动盘2组成，如图2.3.15所示。浮动盘两面凸榫的中线相互垂直并通过浮动盘的中心；如果两轴线不同心或偏斜，运转时中间浮动盘2将在1、3的沟槽内滑动，浮动盘作偏心回转，以补偿两轴线的偏移。它结构简单，径向尺寸小，但凸榫和凹槽容易磨损。一般用于两轴有一定径向偏移，工作时无大的冲击和转速不高的场合（工作转速 $n < 250 \, \text{r/min}$）。

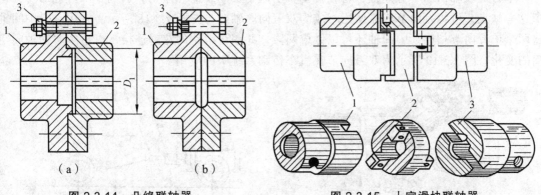

（a）　　　　　（b）

图2.3.14　凸缘联轴器　　　　　图2.3.15　十字滑块联轴器

3）弹性柱销联轴器

弹性柱销联轴器是一种可移式弹性联轴器，它主要由柱销1、弹性圈2和两个半联轴器

3、4 等组成，如图 2.3.16 所示。主动轴的运动通过半联轴器、柱销和弹性圈传递给从动轴。弹性圈的作用是利用其弹性补偿两轴偏斜和位移，而且能够缓冲和吸振。弹性柱销联轴器常用于启动频繁，高速运转，经常反向和两轴不便于严格对中的连接。

4）万向联轴器

万向联轴器简称万向节，是可移式刚性联轴器的一种。其结构如图 2.3.17 所示，图中十字形零件的四端用铰链分别与轴 1、轴 2 上的叉形接头相连。因此，当一轴的位置固定后，另一轴可以在任意方向偏斜 α 角，角位移 α 可达 40°～45°。为增加其灵活性，可在铰链处配置滚针轴承（图中未标出）。

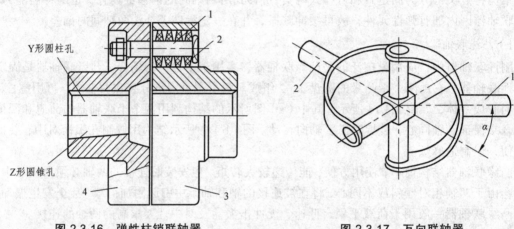

图 2.3.16　弹性柱销联轴器　　　　　图 2.3.17　万向联轴器

单万向联轴器的主动轴转一圈，从动轴也转一圈，但其角速度并非时时相等。可以证明，当主动轴以不变的角速度 ω_1 回转时，从动轴的角速度 ω_2 将在以下范围内作周期性变化：

$$\omega_1 \cos\alpha \leqslant \omega_2 \leqslant \frac{\omega_1}{\cos\alpha} \qquad (2.3.2)$$

式中　α——主动轴与从动轴轴线的交角。

单万向联轴器的不等速性，将在传动中引起附加动载荷和振动，影响零部件寿命。为避免这一缺点，可将万向节成对使用，成为双万向联轴器，如图 2.3.18 所示。它用一个中间轴将两个单万向节相连，中间轴还可以做成两段，并用可滑移的花键连接，以适应两轴轴向距离的变化。图 2.3.19 所示为双万向节在汽车传动系统中的应用。

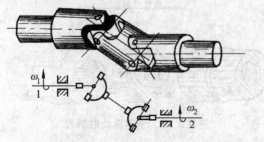

图 2.3.18　双万向联轴器

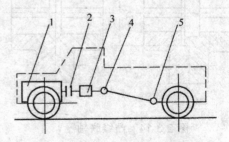

图 2.3.19　汽车传动示意图

1—发动机；2—离合器；3—变速器；4，5—万向联轴器为保证双万向节的传动比恒等于 1，中间轴两端的叉面应在同一平面内；同时，中间轴与主、从动轴之间的夹角应相等。

十字轴万向节能连接交角较大的相交轴或距离较大的两平行轴，而且允许两轴在工作中改变交角和距离，在汽车、工程机械、机床等许多机械中应用很多。

除上述十字轴万向节外，还有其他各种形式的同步万向节（又称等角速万向节），如球叉式万向节、球笼式万向节、凸块式万向节、三销轴式万向节等，既能连接交角较大的两轴实现等角速度传动，而且轴向尺寸又较为紧凑，在汽车、工程机械中也有较多应用。

2．离合器

由于离合器在工作时需要随时分离或接合，因此要求它动作准确且操作方便、运转可靠、接合时冲击振动小、耐磨性好等。

离合器种类很多，按工作原理可分为啮合式、摩擦式和电磁式等。啮合式是利用牙齿的啮合传递转矩，摩擦式是依靠工作面的摩擦力来传递转矩。电磁式是利用线圈通断电时产生的电磁力使离合器处于接合或分离状态。常见离合器的结构和原理参见工程机械底盘部分。

思考题与习题

1．机器、机构、机械有何区别？
2．什么叫运动副？什么叫机构运动简图？
3．轴有什么作用？有些轴为什么要制造成阶梯形状？
4．根据轴的受力情况，轴可分为几种？各种轴的受力性质如何？各举一实例。
5．滚动轴承与滑动轴承相比有哪些特点？
6．选择联轴器时，要考虑哪些因素？
7．带传动、链传动和齿轮传动各有什么特点？
8．什么是轮系？定轴轮系和周转轮系各有什么特点？
9．轴上零件的轴向与周向固定各有什么方法？

第三章 液压传动

液压传动是以液体为工作介质，利用流动液体的压力能来传递能量的一种传动方式。由于这种传动具有输出功率大、传动平稳、动作灵敏、容易获得大的传动比和易于控制等优点，20 世纪 60 年代以后得到迅速的发展，并在各种机械中得到了广泛的应用，在工程机械中尤为显著。本章将简要介绍液压传动的基本概念、液压元件、液压传动基本回路等内容。

第一节 液压传动基本知识

一、液压传动的工作原理

图 3.1.1 是常用油压千斤顶的原理示意图，它由手动柱塞泵和液压缸两大部分组成。工作时先关闭截止阀 11，向上提升手柄 1 时，小活塞 3 随之上升，油腔 6 的密封容积增大，腔内压力下降，形成局部真空，此时油箱 12 中的油液就在大气压的作用下，推开钢球 4 进入油腔 6（钢球 7 因受油腔 10 中油压的作用关闭通路），从而完成一次吸油动作；接着压下手柄，活塞 3 下移，油腔 6 的容积减少，腔内压力升高，这时钢球 4 自动关闭了油液流回油箱的通路，一旦油腔 6 内的油压超过油腔 10 中的油压，钢球 7 被推开，压力油挤入油腔 10 中，推动大活塞 9 连同重物（负载）一起上升一段距离。如此反复提压手柄，就可以使重物逐渐升起，达到起重的目的。

拧开截止阀 11，在重物自重的作用下油腔 10 中油液流回油箱，大活塞下降到原位。

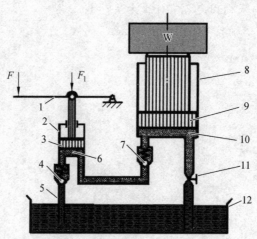

图 3.1.1 油压千斤顶工作原理图

1—手柄；2—小缸体；3—小活塞；4、7—钢球；5—吸油管；6、10—油腔；8—大缸体；
9—大活塞；11—截止阀；12—油箱

在液压传动系统中，有两个重要的基本参数：压力 p 和流量 q。

液压系统的压力是指液体静压力，即因外力作用而在单位面积上产生的推力。如上例油腔 10 中的压力为：

$$p = \frac{W}{A} \qquad (3.1.1)$$

式中　p——液体的压力，Pa；

　　　A——大活塞的有效作用面积，m^2；

　　　W——作用在大活塞有效作用面积上的外力合力，N。

由此可知，液压系统中的压力，决定于外界负载。

压力一般用 p 表示，在国际单位制（SI）中，压力的单位是 Pa（帕）（1 Pa = 1 N/m^2）。由于 Pa 的单位太小，工程上常用 MPa（兆帕）或 bar（巴），1 MPa = 10 bar = 1×10^6 Pa。

与液体流动方向相垂直的截面叫过流截面，单位时间内流过某一过流截面的液体体积称为流量。流量的国际单位为 m^3/s，常用单位为 L/min（升/分钟）。若在时间 t 内流过的液体体积为 V，则流量 q 为

$$q = \frac{V}{t} \qquad (3.1.2)$$

在上例中，设在某时间 t 内流入油腔 10 的油液体积为 $q \cdot t$，此时活塞 9 上移了一段距离 l，活塞面积为 A，则油腔 10 增大的体积为 $A \cdot l$，由于液体几乎不可压缩，因此：

$$q \cdot t = A \cdot l \qquad (3.1.3)$$

活塞的平均运动速度：

$$v = \frac{l}{t} = \frac{q}{A} \qquad (3.1.4)$$

式（3.1.4）表明，当油缸的有效面积一定时，活塞运动速度的大小由输入油缸的流量来确定。

根据式（3.1.1）和式（3.1.4），可得：

$$p \cdot q = \frac{F}{A} \cdot A \cdot v = F \cdot v \qquad (3.1.5)$$

因此，流过某一截面的流量 q 与油液的压力 p 之积具有能量的单位，此即液体的压力能。

油压千斤顶虽然是一个简单的液压传动装置，但是通过对它工作过程的分析，可知液压传动的工作原理是以油液作为工作介质，依靠密封容积的变化来传递运动，依靠油液内部的压力来传递动力。液压传动装置实质上是一种能量转换装置，它先将机械能转换为便于输送的液体压力能，然后又将压力能转换为机械能，驱动工作机构完成所要求的各种动作。

二、液压传动系统的组成及图形符号

（一）液压传动系统的组成

液压系统一般由多个液压元件通过管路连接而成。如挖掘机的挖斗部分油路，就是由油

箱、泵、溢流阀、控制阀、油缸等组成。图 3.1.2 所示为挖掘机挖斗油路组成。

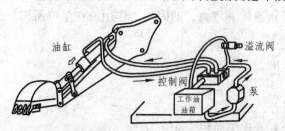

图 3.1.2　挖掘机挖斗油路组成

　　一个完整的液压系统，一般由以下 5 个部分组成：

　　（1）能源装置。指液压泵，其作用是将原动机（电动机或内燃机）的机械能转换成液体的压力能。

　　（2）控制调节装置。各类液压阀，主要有方向控制阀、压力控制阀和流量控制阀，其功能是对液压系统中油液的流动方向、压力、流量进行调节和控制。

　　（3）执行装置。指液动机，包括作直线运动的液压缸和作旋转运动的液压马达，其作用是将液体的液压能转换为工作装置需要的机械能，实现预定的工作目的。

　　（4）辅助装置。包括油箱、蓄能器、密封圈、滤油器、管道、管接头、压力表等，其作用是保证液压系统持久、稳定、可靠地工作。

　　（5）工作介质。指液压油，目前液压系统采用的液压油主要是矿物油，其他还有高水基液压油和合成型液压油等。

　　一个液压系统，是以液体作为工作介质，通过动力元件液压泵，将原动机的机械能转换成液体的压力能，然后通过管道、控制元件，借助执行元件将液体的液压能转换为机械能，驱动负载实现直线或回转运动。图 3.1.3 为液压系统组成的示意图，虚线框内的箭头线代表油液的流动方向。

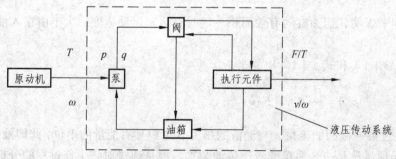

图 3.1.3　液压系统的组成示意图

　　（二）液压系统的图形符号

　　在液压系统图中，液压元件的表示方法有两种，一种是采用元件的半结构图（见图 3.1.1），另一种是采用图形符号。元件的半结构图直观性强，容易理解，但难于绘制，系统中元件数量多时更是如此。元件的图形符号是指用某一规定的简单图形来代表该元件，在液压系统图中，图形符号只反映各元件的职能和在油路连接上的相互关系，而不表示元件的具体结构和空间安装位置。使用图形符号既便于绘制，又可使液压系统简单明了，因此，在工程实际中，除某些特殊情况外，一般都是用图形符号来绘制液压系统原理图。常用液压元件的图形符号见表3.1.1。

表 3.1.1 部分常用液压元件图形符号（GB/T 786.1—93）

类别	名称	符号	类别	名称	符号
管路与连接	工作管路		控制机构和控制方法	手柄式人力控制	
	控制管路			滚轮式机械控制	
	连接管路			加压或卸压控制	
	交叉管路			电磁控制	
	柔性管路			电液先导控制	
液压泵与马达	单向定量液压泵			弹簧控制	
	双向定量液压泵		液压缸	单杆双作用活塞缸	
	单向变量液压泵			双杆双作用活塞缸	
	双向变量液压泵			单作用活塞缸（弹簧复位）	
	单向定量液压马达			单作用伸缩缸	
	双向定量液压马达			摆动缸	

类别	名称	符号	类别	名称	符号
液压泵与马达	单向变量液压马达		压力控制阀	直动式溢流阀	
	双向变量液压马达			先导式溢流阀	
方向控制阀	二位二通换向阀			直动式减压阀	
	二位三通换向阀			先导式减压阀	
	三位四通换向阀			直动式顺序阀	
	三位五通电液换向阀			直动式卸荷阀	
	四通电液伺服阀			先导式顺序阀	
	单向阀			压力继电器	
	液控单向阀		辅助元件	油箱	
流量控制阀	不可调节流阀			滤油器	
	可调节流阀			蓄能器	
	调速阀			压力表	

采用图形符号绘制的挖掘机挖斗部分液压系统原理图，如图 3.1.4 所示。

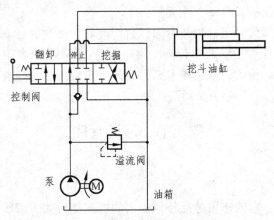

图 3.1.4　挖掘机挖斗液压系统原理图

三、液压油

液压油是液压系统中传递能量的介质，又能起到润滑、防锈、防腐和冷却等作用。液压系统能否可靠、有效地工作，在很大程度上取决于所选用的液压油。

（一）对液压油的要求

（1）合适的黏度，并有较好的黏温特性。

所谓黏性，是指液体分子间内聚力阻止分子相对运动的性质。表示液体黏性大小的物理量称为黏度。黏度是液压油最重要的物理性质，也是选择液压油的主要指标。黏度过高，液压元件中各部件的运动阻力增大，同时，管道压力降和功率损失增加；反之，黏度过低又会加大系统的泄漏。所以工作介质要有合适的黏度范围，同时在温度、压力变化下，油的黏度变化要小。

（2）润滑性能好，在压力和温度发生变化时，应有较高的油膜厚度。

（3）质地纯洁，杂质少。

此外，对液压油的防蚀性、防锈性、抗泡沫性、相容性和稳定性等也有相应的要求。

（二）选用原则

（1）先选择合适的液压油类型，再选择合适的液压油黏度。选择液压油的类型时，应综合考虑液压系统的类型、工作特点、使用经济性等因素，应满足环境条件（如是否有抗燃、抗凝等要求）和工作条件（如润滑性、抗磨、黏温特性等）的要求。

（2）黏度选择的一般原则。运动速度高或配合间隙小时宜采用黏度较低的油液以减小摩擦损失；工作压力高或温度高时宜采用黏度较高的油液以减小泄漏。

四、液压传动的优缺点

与其他形式的传动系统相比，液压传动具有以下优点：

（1）功率密度（单位体积所具有的功率）大，结构紧凑，质量轻。

（2）可实现无级调速，且调速范围大，其传动速比可达到 2 000。

（3）运动平稳，冲击小，工作可靠。

（4）易于实现过载保护和自动工作循环。

（5）工作介质绝大多数采用矿物油，因此自润性好，散热好，寿命较长。

但是，液压传动存在着传动效率较低（一般不超过80%），难于保证严格的传动比，工作性能受温度变化的影响较大，制造成本高，故障排除较困难等缺点。

第二节　液压元件

一、液压泵

液压泵是动力元件，它的作用是把外界输入的机械能转变为液压能，向系统提供具有一定压力和流量的液流。

（一）液压泵的工作原理与分类

图3.2.1是单柱塞液压泵的工作原理图，当凸轮1旋转时，柱塞2便在缸体3内往复移动。柱塞2向右移动时，缸体内柱塞孔和柱塞间构成的密封工作腔6容积增大，形成真空，油箱中的油液便在大气压作用下通过单向阀4流入泵内，实现吸油；柱塞向左移动时，工作腔6容积减小，腔内的油受挤压，便打开单向阀5排到系统中去，实现压油。由此可见，液压泵是靠密封工作腔的容积来进行工作的，所以又称为容积式泵。如果泵体内有多个柱塞交替进行吸、压油，便可输出连续流量的液体。

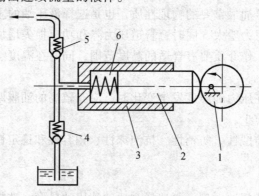

图3.2.1　单柱塞容积式泵

1—凸轮；2—柱塞；3—缸体；4、5—单向阀；6—密封工作腔

液压泵按照转轴每转一周所输出的油液体积能否调节，可以分为定量泵和变量泵两类；按其输油方向能否改变分为单向泵和双向泵；按照结构形式的不同，又可分为齿轮泵、叶片泵、柱塞泵、螺杆泵和凸轮转子泵等。但在工程机械液压系统中用得最普遍的是齿轮泵、叶片泵和柱塞泵。

（二）齿轮泵

齿轮泵具有结构简单，体积小，工艺性好，工作可靠，维修方便和抗油污能力强等优点，因而被广泛地应用于各种液压传动的机械上，特别是工作条件比较恶劣的工程机械。但由于齿轮泵的流量和压力脉动较大，噪声高，并且只能作定量泵，故应用范围受到了一定的限制。

齿轮泵按啮合方式分为外啮合式和内啮合式两种，其中外啮合式应用较广。

图 3.2.2 为外啮合齿轮泵的结构原理图。它是由泵体 2、一对相互啮合的渐开线齿轮 1 和 3、前后端盖 4 等主要零件组成。端盖和齿轮的齿槽组成了左右两个密封工作腔，并依靠轮齿的啮合线 k 将左右两腔隔开，形成吸、压油腔，分别与泵体上的吸油口和排油口相通。当主动轮按图示顺时针方向旋转时，从动轮则作逆时针方向旋转，左侧吸油腔内油液不断被轮齿带走，使吸油腔压力降低，形成部分真空。油箱中的油液在大气压的作用下，经吸油管路流入吸油腔。充入到齿槽的油液随着齿轮的旋转被强制送到右侧压油腔，并从排油口挤出输往液压系统。

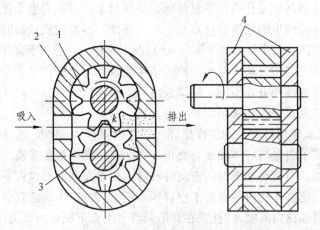

图 3.2.2　外啮合齿轮泵结构原理图

1—主动齿轮；2—泵体；3—从动齿轮；4—端盖

（三）叶片泵

叶片泵具有结构紧凑、转动平稳、噪声小、输出流量均匀性好等优点。但也存在着结构复杂、转速范围小、对油液的污染较敏感等缺点。

根据转子每转一圈完成的吸油或压油次数，可将叶片泵分为单作用式（每转吸、压油各一次）及双作用式（每转吸、压油两次）。工程机械上应用较多的是双作用叶片泵。

图 3.2.3 为双作用叶片泵的工作原理图。定子 1 和转子 2 同心安装，叶片 3 可在转子的叶片槽内滑动。定子的内表面形似椭圆，由两段大半径 R 圆弧 AD 和 $A'D'$、两段小半径 r 圆弧 EF 和 $E'F'$，以及它们之间的 4 段过渡曲线组成。在定子的两端各装有一块配流盘，配流盘上对应于定子 4 段过渡曲线的位置，开有 4 个腰形配油窗口（图中虚线所示），其中两个窗口与泵体的吸油口连通，另两个窗口与泵体的排油口连通。

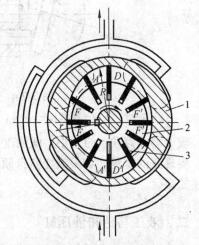

图 3.2.3　双作用叶片泵工作原理示意图

1—定子；2—转子；3—叶片

当转子由输入轴带动旋转时，叶片在离心力和根部压力油的作用下紧顶定子内表面，并随定子内表面曲线的变化而被迫在转子槽内往复滑动。叶片由短半径 r 向长半径 R 移动时两叶片间的工作容积由小变大，形成局部真空而吸入油液；叶片由长半径 R 向短半径 r 移动时工作容积由大变小，油液受挤压，经配油盘的压油窗口排出。为保证吸、排油腔互不相通，大、小圆弧的圆心角必须略大于两叶片间的夹角。转子每转一周，叶片间的每个油腔完成吸、压油各两次，因此称为双作用叶片泵。又因其吸、排油口对称分布，压力油作用在转子上的径向力平衡，故又称为平衡式叶片泵。

（四）柱塞泵

柱塞泵是利用柱塞在柱塞孔内作往复运动，使密封工作容积发生变化而实现吸油和压油的。由于其主要构件是圆形的柱塞和柱塞孔，加工方便，容易达到较高的配合精度，因此具有密封性能好、效率高、工作压力大（可达 45 MPa）的特点，适用于高压、大流量、大功率的液压系统中。缺点是结构复杂，对油液的清洁度要求高，价格较贵。

按柱塞在缸体内的排列方式不同，柱塞泵可分为轴向柱塞泵和径向柱塞泵。下面仅介绍工程机械中常用的斜盘式轴向柱塞泵。

图 3.2.4 是斜盘式轴向柱塞泵的工作原理图。泵由斜盘 1、柱塞 2、缸体 3、配流盘 4、传动轴 5 等组成，其中斜盘与缸体轴线有交角 γ，而柱塞靠机械装置或液压力的作用，保持头部和斜盘紧密接触。当传动轴按图示方向旋转时，柱塞在其沿斜盘自下而上回转的半周内逐渐向缸体外伸出，使缸体孔内的密封工作容积不断增大，产生局部真空，从而将油箱中的油液经配流盘上的吸油窗口 6 吸入；柱塞在其沿斜盘自上而下回转的半周内又逐渐向里缩回，使密封工作容积不断减小，将油液从压油窗口 7 向外排出。缸体每转一圈，每个柱塞往复运动一次，完成吸、压油各一次。

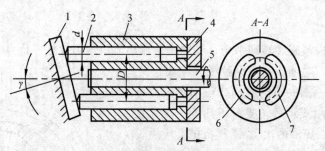

图 3.2.4　斜盘式轴向柱塞泵工作原理图
1—斜盘；2—柱塞；3—缸体；4—配流盘；5—传动轴；6—吸油窗口；7—压油窗口

改变斜盘倾角 γ 的大小，就能改变柱塞的行程长度，也就改变密封工作容积的有效变化量，实现泵的变量。如果改变斜盘倾角的方向，就能改变吸、压油的方向，成为双向变量轴向柱塞泵。

二、液压马达和液压缸

液压马达和液压缸都是液压系统的执行元件，前者实现连续的旋转运动，后者实现直线往复运动，或小于 360° 的回转摆动。

（一）液压马达

液压马达在结构上与液压泵基本相同，并且也是靠密封容积的变化进行工作的，常见的液压马达也有齿轮式、叶片式和柱塞式等几种主要形式。从原理上讲，向容积式泵中输入压力油，使其轴转动，就成为液压马达。但由于二者的任务和要求有所不同，故在实际结构上只有少数泵能作马达用。

液压马达的工作原理如图 3.2.5 所示。齿轮马达和叶片马达是根据压力油作用面积的不同而产生转动扭矩的，斜盘式轴向柱塞马达的柱塞受到液压力 F 的作用后，斜盘只能平衡其垂直于斜盘表面的分力 F_N，在平行于斜盘表面的分力 F_T 作用下，缸体带动输出轴一起旋转。

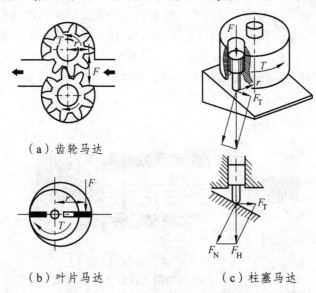

（a）齿轮马达

（b）叶片马达　　　　　（c）柱塞马达

图 3.2.5　液压马达的工作原理图

当液压马达的出口直通油箱时，如果不考虑泄漏和摩擦损失，马达所能输出的扭矩和转速计算公式为：

$$T = \frac{p \cdot V}{2\pi} \tag{3.2.1}$$

$$n = \frac{q}{V} \tag{3.2.2}$$

式中　T——马达输出的扭矩，N·m；

　　　n——马达输出的转速，r/s；

　　　p——马达的工作压力，Pa；

　　　V——马达的排量（每转可变容积的体积变化量），m^3/r；

　　　q——马达的输入流量，m^3/s。

由此可见，对于定量液压马达，排量 V 为定值，在流量 q 不变的情况下，其输出转速 n 不能改变，工作压力 p 可随负载扭矩 T 的变化而变化；对于变量液压马达，排量 V 的大小可调节，在 q 和 p 不变的情况下，若使 V 增大，则 n 减小，T 增大，即可起到减速增扭的作用。

（二）液压缸

液压缸是液压传动系统中应用最多的执行元件，在工程机械中也得到了广泛的应用。例如，推土机铲刀的提升和转动，挖掘机动臂、斗柄和铲斗的各种动作，起重机的动臂伸缩、变幅等都是采用液压缸。

液压缸的种类繁多，按其作用方式的不同分为单作用式和双作用式两种。单作用液压缸的压力油只通向液压缸的一腔，液压力只能使液压缸单向运动，反向运动必须依靠外力（如重力、弹簧力等）来实现，工程机械常用它作为液压制动器和离合器的执行元件；双作用液压缸的两腔都可通压力油，因此正、反两方向的运动都由压力油推动来实现。

根据液压缸的结构特点可分为活塞式、柱塞式、伸缩套筒式和摆动式 3 种。各类液压缸虽然内部构造不同，但工作原理是类似的。下面只介绍在工程机械中用得最多的活塞式液压缸（简称活塞缸）。

活塞缸按结构可分为单杆式和双杆式两种，其中单杆双作用活塞缸比较常见，其结构如图 3.2.6 所示。

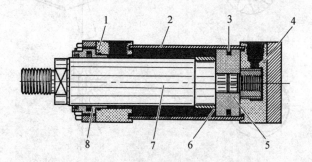

图 3.2.6　单杆双作用活塞缸工作原理图

1—前端盖；2—缸筒；3—密封圈；4—后端盖；5—活塞；6—缓冲凸台；7—活塞杆；8—导向套

图 3.2.7 是这种液压缸的工作原理示意图。它是双向液压驱动，由于两腔有效作用面积不等，若供油流量和压力不变，无杆腔进油时[见图 3.2.7（a）]牵引力大而速度慢，有杆腔进油时[见图 3.2.7（b）]牵引力小而速度快。

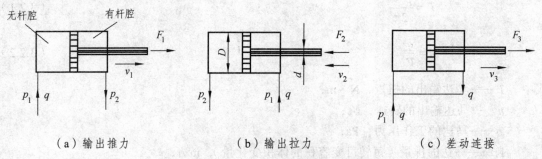

（a）输出推力　　　　　　　　（b）输出拉力　　　　　　　　（c）差动连接

图 3.2.7　单杆双作用活塞缸工作原理图

如果将液压缸的两腔同时接通压力油[见图 3.2.7（c）]，便形成了差动连接。虽然差动连接时两腔压力相等，但由于作用面积的不同而产生推力差，活塞杆相对于缸体外伸，这时有杆腔排出的油液（流量为 q'）也流入无杆腔，加速活塞移动。

三、液压阀

液压阀用于控制和调节液压系统中液体的流动方向、液体流量和压力，从而控制执行元件的运动方向、运动速度、作用力和动作顺序等，满足各类执行元件不同的动作要求。液压阀种类很多，按用途可分为方向控制阀、压力控制阀和流量控制阀，它们分别简称为方向阀、压力阀和流量阀。

（一）方向阀

方向阀主要用来控制液流的通断或切换油液流动的方向，以满足执行元件的启停和运动方向的要求。方向阀分为单向阀和换向阀两类。

1. 单向阀

单向阀用来控制油液的通或断。由于它关闭较严，常在回路中起保持局部压力的作用，也可与其他阀组合成单向复合阀。常用的单向阀有普通单向阀和液控单向阀。

1）普通单向阀

普通单向阀简称单向阀，是一种只允许油液正向流动，不允许逆向倒流的阀，相当于电子学中的二极管，正向导通，反向截止。普通单向阀由阀芯 1、弹簧 2 及阀体 3 组成，如图 3.2.8 所示。液流从 A 口进入时，油液压力克服弹簧力及阀芯的摩擦力，顶开阀芯，从油口 B 流出。油液反向流入 B 口时，油液压力使阀芯紧压在阀座上，油路断开。

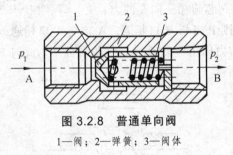

图 3.2.8　普通单向阀

1—阀；2—弹簧；3—阀体

2）液控单向阀

液控单向阀由普通单向阀和液控装置两部分组成，如图 3.2.9 所示。当控制油口 K 不通压力油时，相当于普通单向阀，油液只能从 A 向 B 流动。当 K 口通入一定压力的控制油时，活塞 1 推动顶杆 2 将阀芯 3 顶开，使 A 口与 B 口相通，油液便可反方向流动。

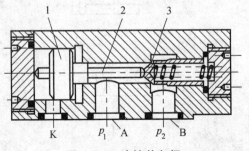

图 3.2.9　液控单向阀

1—活塞；2—顶杆；3—阀芯；4—弹簧；5—阀体

液控单向阀因其反向密封性能好，又称为液压锁，多用于保压、锁紧及平衡回路中，如在汽车起重机的支腿油路中便采用液控单向阀来实现长时间的保压。

2．换向阀

换向阀是利用阀芯与阀体之间的相对运动来改变阀体上各油口的连通情况，从而改变油液的流动方向和油路的通断，实现运动换向、启停及速度换接等。

根据阀芯的运动方式，换向阀可分为滑阀式（阀芯相对于阀体作轴向移动）和转阀式（阀芯相对于阀体作旋转运动）两种，滑阀式应用较多，因此下面只介绍换向滑阀。

1）换向滑阀的结构及工作原理

换向滑阀一般由阀体、阀芯及阀芯操纵机构 3 部分组成，如图 3.2.10 所示。阀体上有多个油口，与液压系统中的不同油路连通。阀芯为圆柱状，其上加工了几个台肩与阀体配合，使阀体内某些通道连通，而另一些通道被封闭。阀芯操纵机构可控制阀芯在阀体内作轴向移动。

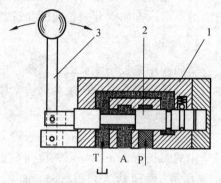

图 3.2.10　二位三通手动换向阀

1—阀体；2—阀芯；3—手柄（阀芯操纵机构）

换向滑阀工作原理如图 3.2.11 所示。该阀有 P、T、A、B 4 个油口，分别与油泵、油箱和油缸两油口相通。当阀芯处于中间位置时[见图（a）]，4 个油口互不相通，油缸闭锁；若给阀芯施加一向左的力，使阀芯停留在图（b）位置，则 P 口与 B 口相通，A 口与 T 口相通，在压力油的作用下活塞杆外伸；如果阀芯受到向右的力作用移动到图（c）位置停下，此时 P 口与 A 口相通，B 口与 T 口相通，活塞杆缩回。

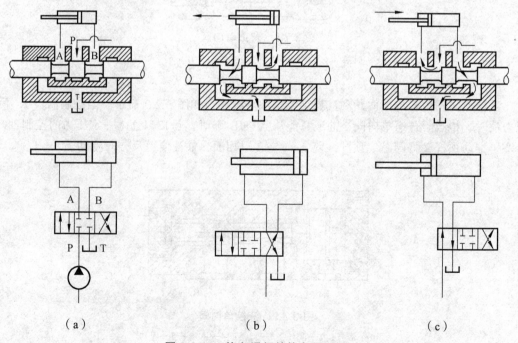

（a）   （b）   （c）

图 3.2.11　换向滑阀的换向原理图

2）换向阀的"位"与"通"

换向阀常用"几位几通"说明其职能特点。所谓"位"是指阀芯相对于阀体可处的工作位置，不同的工作位置应有不同的连通情况。"通"是指阀体上与系统中油路相连通的油口，一般用字母 P 表示与压力油路相通的进油口，T（或 O）表示通油箱的回油口，A 和 B 表示与执行元件相连通的油口。图 3.2.10 中，阀芯有两个不同的工作位置，阀体上有 3 个油口，因此称为二位三通阀。在阀的图形符号中，用一个方框来表示一位，箭头表示两油口连通（箭头方向不代表流向），"⊥"表示该油口不通流。

3）换向阀的操纵方式

换向阀的阀芯移动方式有手动、机动、液动、电磁式和电液动等，其图形符号见表 3.1.1。

手动换向阀是用手操纵手柄推动阀芯相对阀体移动，有弹簧复位和钢球定位（见图 3.2.10）两种。机动换向阀利用安装在运动部件上的挡块或凸轮推动阀芯实现换向，又称为行程换向阀。液动换向阀依靠控制压力油作用在阀芯的端面上，产生推力使阀芯移动。电磁换向阀利用电磁铁的吸力控制阀芯换位，电磁铁可通过电气系统的按钮开关、行程开关、压力继电器、限位开关等发出的电信号动作，所以很容易实现自动控制和远距离操纵。但由于受到电磁铁吸力较小的限制，电磁换向阀只适用于流量不大的场合。电液换向阀是电磁换向阀和液动换向阀的组合。其中，电磁换向阀起先导作用，控制液动换向阀的换向；液动换向阀为主阀，用于控制液压系统的执行元件。电液换向阀既有液动换向阀阀芯操纵力大的特点，又具有电磁换向阀操作方便、自动化程度高的优点，因此在需要大流量的自动化液压系统中被广泛应用。

4）滑阀中位机能

对于三位换向滑阀，阀芯在阀体内有左、中、右 3 个位置（见图 3.2.11）。左、右位置一般是使执行元件产生不同的运动方向；而阀芯在中间位置时，除了使执行元件停止外，利用油口间的多种连接方式，还可以实现其他一些功能。三位滑阀在中位时，各阀口的连通形式称为中位机能（中位机能用与油路连接情况相像的大写英文字母表示）。三位阀常见的中位机能见表 3.2.1。

表 3.2.1　三位四通阀的中位机能

机能形式	连通情况	中间位置的符号
O	互不相通	A B ⊥⊤ ⊤⊥ P T
H	全部相通	A B 卅 P T
M	P、T 口连通，A、B 口截止	A B ⊥⊤ P T
P	P、A、B 口连通，T 口截止	A B P T
Y	A、B、T 口连通，P 口截止	A B P T

（二）压力阀

在液压传动中，用来控制和调节液压系统的压力，或利用压力的变化作为信号来控制其他元件动作的阀，称为压力阀。压力阀包括溢流阀、减压阀和顺序阀等，它们都是利用压力油对阀芯的推力与弹簧力相平衡的原理来进行工作的。

1．溢流阀

在液压系统中，溢流阀的作用主要有两方面：一是用来限制系统的最高工作压力，起安全保护作用；二是用于维持系统压力近似恒定，起稳压作用。

根据结构的不同，溢流阀可分为直动式和先导式两种，前者用于低压系统，后者用于中、高压系统。

1）直动式溢流阀

直动式溢流阀主要由阀芯 1、阀体 2、弹簧 3 和调压螺钉 4 组成，如图 3.2.12 所示。弹簧有一定的预压缩量，当系统压力油经 P 口进入溢流阀后，阀芯同时受到弹簧力和液压力的作用。如果液压力小于弹簧力，则阀芯在弹簧力的作用下压在阀座上，阀口关闭；如果压力上升使得液压力大于弹簧力，则阀芯右移，阀口被打开，压力油经 T 口溢流回油箱。当阀芯上的所有作用力处于某一平衡状态时，阀口保持一定的开度，溢流压力也保持某一定值。

调压螺钉可调节弹簧的预紧力，从而调节溢流阀的溢流压力（即系统压力）。

2）先导式溢流阀

先导式溢流阀由主阀和先导阀两部分组成（见图 3.2.13）。先导阀是一个小流量的直动式溢流阀，用来控制压力；主阀用来控制溢流流量。

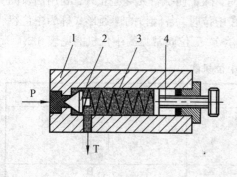

图 3.2.12　直动式溢流阀

1—阀芯；2—阀体；3—弹簧；
4—调压螺钉

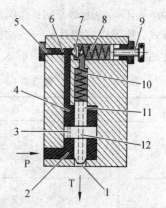

图 3.2.13　先导式溢流阀

1—主阀口；2、4、6—油腔；3—阻尼孔；5—外控口堵头；
7—先导阀芯；8—先导弹簧；9—调压螺钉；
10—主阀弹簧；11—主阀芯；
12—回油孔

先导式溢流阀的工作原理是：系统压力油从 P 口进入先导式溢流阀后，由于阻尼孔 3 的存在，2、4、6 三腔油压相等。当系统压力低于先导弹簧 8 所调定的压力值时，先导阀口关闭，主阀芯 11 上下两端液压力相等，在主阀弹簧 10 的作用下主阀芯压向阀座，使 P 与 T 口不通。当系统压力超过先导弹簧 8 所调定的压力值时，先导阀口打开，压力油通过阻尼孔 3、先导阀口及回油孔 12 流回油箱。由于液体的流动，油液通过阻尼孔后产生压降，造成油腔 4 的压力低于油腔 2 的压力，因此主阀芯上下两端的液压力不平衡。当这个液压力的差值超过主阀弹簧的作用力时，会使主阀芯上移，打开主阀口 1，实现溢流。

2．减压阀

减压阀是利用油液流过缝隙时产生压降的原理，使系统某一支油路获得比系统压力低而平稳的压力油。减压阀也有直动式和先导式之分，一般采用先导式。

图 3.2.14 是先导式减压阀的结构示意图，它也包括主阀和先导阀两部分，不过作用在导阀芯上的压力油是从阀的出口引入。

工作时压力油从进油口 A 流入，经主阀芯 1 与阀体间形成的减压阀口 B 后，再从 C 口流出。如果出口油压 p_c 小于减压阀的调定压力，则导阀口关闭，主阀芯上下两腔的压力相等，在主阀弹簧 4 的作用下主阀芯处于最下端位置，减压阀口全开，这时不起减压作用。如果出口油压 p_c 大于减压阀的调定压力，先导阀就被顶开，压力油通过阻尼小孔 E、先导阀口等溢流回油箱，此时主阀芯上端 F 腔的油压低于下端 D 腔的油压，阀芯失去平衡向上移动，阀口 B 的开度减小，起到节流减压的作用。

主阀弹簧 4 一般较软，而且阀口开度的变化量与弹簧预压缩量相比较小，因此当主阀芯处于不同的平衡位置时，D、F 两腔的压力差变化不大。由于 F 腔的压力为先导阀的调定压力，从而保证正常减压时 D 腔的压力（即阀出口压力）基本恒定。调节导阀弹簧 2 的预压缩量，即可调节减压阀的出口稳定压力。

3．顺序阀

顺序阀是利用油路中压力的变化控制阀口启闭，以实现执行元件顺序动作的压力阀。其结构与溢流阀类同，也分为直动式和先导式。先导式一般用于压力较高的场合。

图 3.2.15 是直动式顺序阀的结构示意图。它由调压杆 1、上阀盖 2、弹簧 3、阀体 4、阀芯 5、下阀盖 6 和控制柱塞 7 等组成。阀芯中的孔道将阀芯上下两腔连通，上腔中油液又经泄油口 T 与油箱相通。当 P 口流入的压力油低于弹簧的调定压力时，控制柱塞下端向上的推力小，

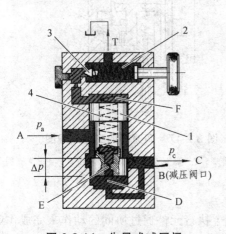

图 3.2.14　先导式减压阀

1—主阀芯；2—导阀弹簧；3—导阀芯；
4—主阀弹簧

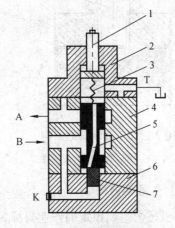

图 3.2.15　直动式顺序阀

1—调压杆；2—上阀盖；3—弹簧；4—阀体；
5—阀芯；6—下阀盖；7—控制柱塞

阀芯处于最下端位置，阀口关闭，油液不能通过顺序阀流出。当进油口油压达到弹簧的调定压力时，阀芯被抬起，阀口打开，压力油即可从顺序阀的出口流出，使阀后的油路工作。

（三）流量阀

流量阀是靠改变阀口通流面积的大小来调节通过阀口的流量，从而控制执行元件运动速度的液压阀。常用的流量阀有节流阀、调速阀、溢流节流阀、分流阀等。

1．节流阀

图 3.2.16 是一种节流阀的结构简图。压力油从 P 口进入，经过阀芯下端与阀体间形成的节流口后，从 A 口流出。调节旋转螺母，可以改变阀芯的轴向位置，进而使节流口的通流面积发生变化，实现流量的调节。

节流阀结构简单，使用方便，造价低，但流量稳定性差。一般用于负载变化不大或对速度稳定性要求不高的系统中。

2．调速阀

调速阀是由定差减压阀和节流阀串联而成的组合阀。节流阀用来调节通过的流量，定差减压阀使节流阀前后的压差为定值，消除负载变化对流量的影响。

图 3.2.17 是调速阀的工作原理图。压力为 p_1 的油液进入调速阀的入口，经减压阀口 1 后压力为 p_2，通过节流阀阀口 3 又降至与负载相适应的压力 p_3，节流阀两端的压差为 $\Delta p = p_2 - p_3$。定差减压阀的上下两腔分别与节流阀的出、进口相通，所以减压阀芯 2 受到的液压力等于阀芯面积与 Δp 之积。正常减压时，减压阀芯所受的液压力与弹簧预紧力相平衡。由于减压阀上的弹簧较软，当减压阀口开度变化时，弹簧的预紧力变化很小，因此可保持压差 Δp 的稳定，使通过调速阀的流量不随负载的变化而变化。

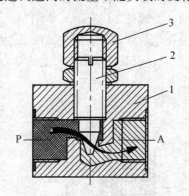

图 3.2.16　节流阀的结构

1—阀体；2—阀芯；3—旋转螺母

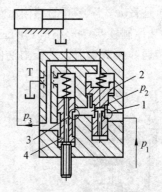

图 3.2.17　调速阀的工作原理图

1—减压阀口；2—减压阀芯；3—节流阀口；4—节流阀芯

（四）多路换向阀

工程机械为达到预定的作业目标，往往需要几个执行元件通过协同的动作来完成作业任务。为此，根据动作的需要，要将各个换向阀组合起来，再配以单向阀、过载阀、补油阀等，这种经组合而成、以换向阀为主的组合阀称为多路换向阀（简称多路阀），主要用于工程机械及其他一些要求集中操纵多个执行元件运动的行走机械。

1．多路阀结构形式

多路阀结构上有整体式和组合式两种。

整体式多路阀是在一个铸造的阀体内，按机器的作业要求，设置各换向阀和附加的单向阀等。整体式多路阀结构紧凑、质量轻、压力损失也小。缺点是通用性差，制造工艺复杂，废品率高。整体式多路阀一般用于联数较少的场合，如推土机、叉车和轮式装载机等。

组合式多路阀是由几个单片换向滑阀和附加阀按作业要求组合而成，并用连接螺栓加以固定。组合式多路阀由于各片阀的结合较为自由，因此能达到的功能也较多。各单片阀工艺较整体式简单，维修和更换方便，废品率相应较低。组合式多路阀的各片阀可以是铸造结构，也可以是锻造结构。其缺点是体积和质量较大，各片阀间的密封盒加工精度要求较高。

2．多路阀连通方式

多路换向阀本身的组合方式有并联、串联和串并联 3 种。下面用简单的三联多路阀加以说明（多于三联依此类推）。

图 3.2.18（a）所示为串联连接，特点是第一个阀的回油与第二个阀的压力油口连通，第二个阀的回油又与第三个阀的压力油口连通。3 个执行元件既可单独动作，也可同时动作。在同时操纵几个执行元件时，油路是串联的，泵的供油压力等于各执行元件负载压力之和。由于执行元件的压力是叠加的，所以克服外负载的能力将随执行元件数量的增加而降低。

图 3.2.18（b）所示为并联情况，特点是压力油并联地通向阀 1、2、3 的进油口，可以使 3 个换向阀各自控制的执行元件中任意一个单独运动；也可以同时操纵 3 个阀向 3 个执行元件同时供油，这时负载小的执行元件先动作，或各支路按各自的负载大小分配流量使执行元件按各自的速度运动，其速度比单个动作要慢。3 个阀都在中位时液压泵卸荷。

图 3.2.18（c）所示为串并联式，特点是操纵前一个阀使该阀所控制的执行元件动作时，切断通向后一个阀的进油路，使后面各阀所控制的执行元件不能动作。即各执行元件只能按阀的前后秩序单独动作。例如，阀 1 控制的执行元件动作时，阀 2、3 控制的执行元件就不能动作；阀 2 动作时，阀 3 不起作用。如要后一联阀工作，前一联阀必须处于非工作状态（中位）。

实际系统中，还可以采用并联、串联和串并联这 3 种组合方式的复合油路。

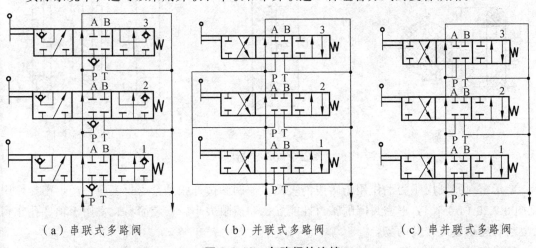

（a）串联式多路阀　　　　　（b）并联式多路阀　　　　　（c）串并联式多路阀

图 3.2.18　多路阀的连接

1—第一联；2—第二联；3—第三联

四、辅助元件

液压系统中的辅助元件有滤油器、密封件、油箱、油管与管接头等。这些元件从液压传动的工作原理来看，起辅助作用，但它们对保证液压系统可靠和稳定地工作，具有非常重要的作用。

（一）滤油器

滤油器的主要作用是滤去混入液压油中的各种杂质，保持油液的清洁，以提高系统工作的可靠性和液压元件的使用寿命。

（二）密封装置

密封装置用于防止液压油的内漏和外漏，保证建立起必要的工作压力。液压系统如果密封不良，会造成元件和系统的泄漏加大，使容积效率和工作油压降低，严重时将使液压系统不能工作。

密封的形式较多，目前常用的有间隙密封和密封圈密封等。

间隙密封依靠两配合面间的微小间隙来防止泄漏，如图 3.2.19 所示。

间隙密封结构简单，摩擦力小，但密封性能差，加工精度要求高。适用于尺寸较小、压力较低、运动速度高的场合。

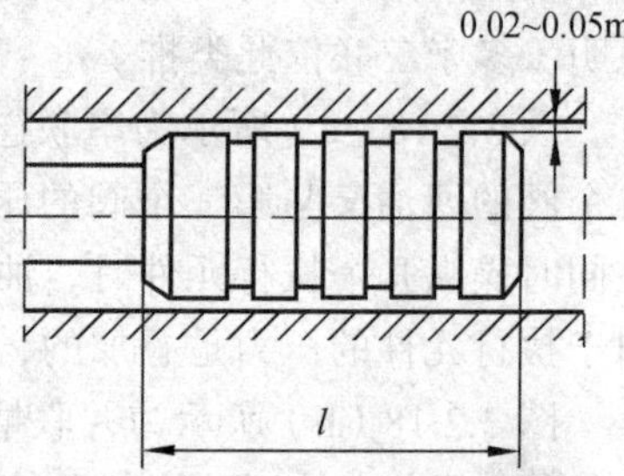

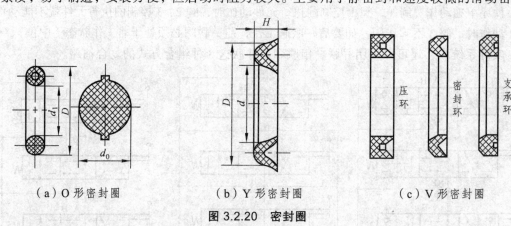

0.02~0.05mm

图 3.2.19　间隙密封

常用的密封圈有 O 形、Y 形、V 形密封圈等。

O 形密封圈一般用耐油橡胶制成，截面呈圆形，如图 3.2.20（a）所示。其特点是结构简单紧凑，易于制造，安装方便，但启动时阻力较大。主要用于静密封和速度较低的滑动密封。

（a）O 形密封圈　　　　（b）Y 形密封圈　　　　（c）V 形密封圈

图 3.2.20　密封圈

Y 形密封圈利用压力油作用于唇边内表面，使两唇边外张贴紧密封表面，产生密封作用[见图 3.2.20（b）]。Y 形密封圈的密封性能好，摩擦阻力小，安装简易，常用于轴、孔作相对滑动且运动速度较高的场合。

V 形密封圈由支承环、密封环和压环 3 部分组成[见图 3.2.20（c）]。压环的 V 形槽角度和密封环完全吻合，而支承环的夹角略大于密封环。当压环压紧密封环时，支承环使密封环变形而起密封作用。V形密封圈耐高压，密封性能好，但摩擦阻力大，结构较复杂。可用于压力高、往返速度不大的密封处。

Y形密封圈与V形密封圈属于唇形密封圈，只能实现单向密封。此类密封圈的唇边开口应迎着压力油的方向安装，并有少量的预压缩量，以保持自紧密封功能。

（三）油　箱

油箱的主要功用是存储油液，另外还有散热、分离油中的空气和沉淀油中的杂质等作用。

油箱按使用特点可分为开式油箱（液面与外部大气相通）和压力油箱（液面与压缩空气相接触的闭式结构）两种，工程机械中均有使用。

（四）管　件

管件包括油管和管接头。油管用来输送油液，管接头用于油管与油管、油管与元件之间的连接。为了保证液压系统工作可靠，要求油管及管接头应有足够的强度、良好的密封性，并且压力损失小，拆装方便。

常用油管有钢管、紫铜管、橡胶管以及塑料管、尼龙管等。

管接头按其与油管的连接方式不同，有管端扩口式、卡套式、焊接式、扣压式、快速管接头等。有些工程机械（如全液压挖掘机），需要把装在回转平台上的液压元件与下部行走机构的油路连接，就要采用中心回转接头。

第三节　液压基本回路

由相关液压元件组成，用来完成特定功能的简单油路，称为液压基本回路。任何一个液压系统，无论有多么复杂，都是由一些基本回路组成。熟悉这些基本回路，对于将实际的工程机械液压系统变复杂为简单地去认识和分析，是非常有帮助的。

常用的基本回路，按其功能可分为速度控制回路、压力控制回路和方向控制回路3大类。

一、速度控制回路

速度控制回路研究的是液压系统的速度调节和速度变换问题，可分为调节工作行程速度的调速回路、获得快速空行程的增速回路和实现不同工作速度间平稳换接的速度换接回路等。下面只介绍调速回路。

（一）节流调速回路

节流调速回路是在定量泵系统中利用节流阀或调速阀来改变进入执行元件的流量，以实现速度调节的方法。根据流量阀在回路中位置的不同，分为进油节流调速回路、回油节流调速回路和旁路节流调速回路3种，如图3.3.1所示。

节流调速回路结构简单，使用维护方便，调速范围大，低速微调性能好。但存在节流损失和溢流损失，系统效率低，发热多，常用在功率不大的液压系统中。

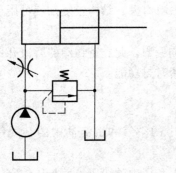 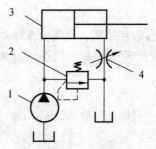 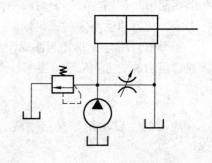

（a）进油节流调速回路　　　（b）回油节流调速回路　　　（c）旁路节流调速回路

图 3.3.1　节流调速回路

1—定量泵；2—溢流阀；3—液压缸；4—可调节流阀

（二）容积调速回路

容积调速回路是通过改变变量泵或变量马达的排量来调节执行元件运动速度的。按液压泵与执行元件组合方式的不同，容积调速回路有 4 种形式，它们的组成如图 3.3.2 所示。

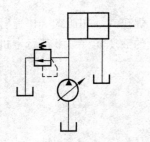 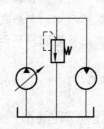 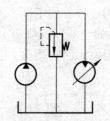 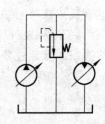

（a）变量泵-液压缸容积　　（b）变量泵-定量马达　　（c）定量泵-变量马达　　（d）变量泵-变量马达
　　调速回路　　　　　　　　容积调速回路　　　　　容积调速回路　　　　　容积调速回路

图 3.3.2　容积调速回路

容积调速回路无溢流损失和节流损失，因此效率高，发热少，在大功率工程机械的液压系统中获得广泛的应用。其缺点是变量泵和变量马达的结构复杂，价格较高。

二、压力控制回路

借助于压力阀对系统整体或系统某一支路的压力进行控制的回路，称为压力控制回路。它包括调压、减压、增压、卸荷、平衡等多种回路。

（一）调压回路

调压回路一般是利用溢流阀来控制系统的工作压力，使之保持基本恒定或限定其最高值。

1. 定量泵系统

系统采用定量泵供油时，常在其进油路或回油路上设置流量阀，使油泵的一部分压力油进入执行元件，而多余的油须经溢流阀流回油箱[见图 3.3.1（a）、（b）]。在这种情况下溢流阀处于其调定压力的常开状态，起稳定系统压力的作用。

2．变量泵系统

采用变量泵供油时，系统内没有多余的油需溢流，其工作压力由负载决定（见图3.3.2）。这时与泵并联的溢流阀只有在过载时才打开，起限制系统最高工作压力的作用。这种溢流阀又称为安全阀。

（二）减压回路

对于用一个液压泵同时向两个以上执行元件供油的液压系统，若某个执行元件或支路所需的工作压力低于系统压力，或要求有较稳定的工作压力时，便可采用以减压阀为主的减压回路。

图3.3.3所示是夹紧机构中常用的减压回路。回路中串联一个减压阀，使夹紧缸能获得较低而稳定的夹紧力。图中单向阀的作用是当主系统压力下降到低于减压阀调定压力时，防止油倒流，起到短时保压作用。

（三）卸荷回路

泵以尽可能小的输出功率运转称为泵卸荷。

在液压设备短时间停止工作期间，一般不宜关闭电动机，因为频繁启闭对电机和泵的寿命有严重影响，而让泵在溢流阀调定压力下回油，又造成很大的能量浪费，使油温升高，系统性能下降，为此应设置卸荷回路解决上述问题。

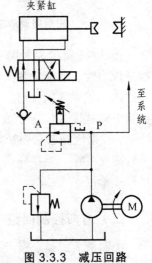

图3.3.3　减压回路

泵的卸荷有流量卸荷与压力卸荷两种方法。流量卸荷法用于变量泵，使泵仅为补偿泄漏而以最小流量运转，此时泵处于高压状态，磨损比较严重；压力卸荷法是使泵在接近于零压下回油。常见的压力卸荷回路有：

1．换向阀中位机能的卸荷回路

利用M、H、K型换向滑阀处于中位时实现液压泵卸荷的回路，即换向阀中位机能的卸荷回路。

在图3.3.4中，电液换向阀为M型中位机能，当换向阀处于中位时，液压泵出口直通油箱，泵卸荷。因回路需保持一定的控制压力以操纵阀芯换向，故在泵的出口安装单向阀。

2．电磁溢流阀卸荷回路

电磁溢流阀是二位电磁阀与先导式溢流阀的组合，如图3.3.5所示。需要卸荷时，使电磁铁带电，溢流阀的遥控口通过电磁阀与油箱接通，泵输出的油液以很低的压力经溢流阀回油箱，实现泵卸荷。

（四）平衡回路

为防止立式液压缸及其工作部件在悬空停止时由于自重而自行下落，或在下行过程中失控超速，可在立式液压缸下行时的回油路上设置产生一定阻力的液压元件，以获得背压，阻止其下降或使其平稳下降，这种回路叫平衡回路。

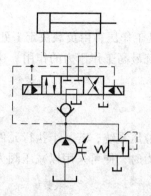

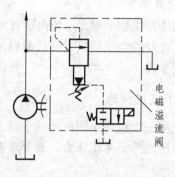

图 3.3.4　用换向阀中位机能的卸荷回路　　　　图 3.3.5　用电磁溢流阀的卸荷回路

图 3.3.6 所示为采用平衡阀（单向顺序阀）的平衡回路。换向阀右位工作时，液压缸上腔通压力油，此压力油又经控制油路通到外控顺序阀的阀芯底部，使顺序阀开启，于是活塞与运动部件下行。如果活塞下降速度太快，导致液压泵供油不及，进油路的压力降低，顺序阀阀芯在弹簧力作用下关小阀口，使背压增加，下行速度变慢。当换向阀处于中位时，顺序阀关闭，液压缸即可悬停。

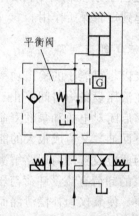

三、方向控制回路

控制液流的通、断及流动方向，以实现液压系统中启动、停止或改变执行元件运动方向的回路称为方向控制回路。这类回路常见的有换向回路和锁紧回路等。

图 3.3.6　用平衡阀的平衡回路

（一）换向回路

换向回路的作用是变换执行元件的运动方向。对于开式液压系统（即泵从油箱吸油，系统回油流回油箱），换向回路是由各种类型的换向阀组成；而在闭式系统（执行元件的回油直接作为泵的吸入油）中，可通过改变双向液压泵的供油方向使执行元件换向，如图 3.3.7 所示。

（二）锁紧回路

锁紧回路是使执行元件能在任意位置上停留，且停留后不会在外力作用下移动的油路。

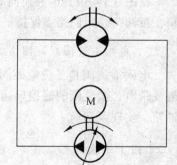

1．O 型或 M 型中位机能换向阀的锁紧回路

图 3.3.4 所示是采用中位机能为 M 型的三位四通换向阀实现锁紧的回路。当换向阀处于中位时，液压缸的进出油口均被封闭，故可将活塞锁住。

图 3.3.7　双向液压泵换向回路

由于换向阀的阀体和阀芯是间隙配合，泄漏不可避免，因此这种回路的锁紧效果较差，一般用于锁紧时间短且要求不高的回路中。

2．液控单向阀的锁紧回路

在图 3.3.8 中，当换向阀处于左、右位工作时，回油路上的液控单向阀在控制压力油的作用下打开，缸的回油便可反向流过单向阀，此时活塞可向左或向右移动。而当换向阀处于中位或液压泵停止供油时，两个液控单向阀立即关闭，活塞停止运动。由于液控单向阀的密封性能很好，从而能使活塞长时间被锁紧在停止时的位置。

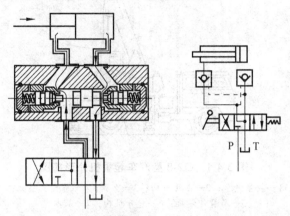

图 3.3.8 用液控单向阀的锁紧回路

这种液控单向阀的锁紧回路又称液压锁，常用在对锁紧精度要求较高的场合，如起重机的支腿油路上。

第四节 工程机械典型液压系统

本节以汽车起重机为例，通过对其液压系统的分析，进一步熟悉常见液压元件和基本回路在系统中的作用，加深对液压系统工作原理的理解。

汽车起重机是将起重机安装在汽车底盘上的一种起重运输设备，它主要由起升、回转、变幅、伸缩和支腿等工作机构组成，这些动作的完成由液压系统来实现。对于汽车起重机的液压系统，一般要求输出力大，动作平稳，耐冲击，操作要灵活、方便、安全可靠。

图 3.4.1 为 Q 2-8 型汽车起重机的外形简图，它由汽车 1、回转机构 2、支腿 3、变幅油缸 4、吊臂伸缩缸 5、起升机构 6 和基本臂 7 等组成。起重机最大起重量为 80 kN，最大起重高度 11.5 m，起重装置可连续回转。该机有较高的行走速度，可以和运输车队编队行驶，机动性好。

起重机的液压系统分上车和下车两部分布置，其中上车系统完成吊臂伸缩、吊臂变幅、转台回转和重物升降等动作，支腿的收放由下车系统完成。下面只分析其上车系统。

如图 3.4.2 所示，泵 1 输出的压力油液，经滤油器 2 过滤后，通过手动换向阀 5 切换至上、下车系统。当阀 5 处于右位时（图示位置），油液进入上车系统，经手动阀组后回到油箱。手动阀组由 4 个三位四通手动换向阀组成，各阀均为 M 型中位机能，相互串联组合，使执行元件既能单独动作又能联合动作。当各阀处于中位时，液压泵卸荷。溢流阀 4 限制上车系统的最高工作压力，起安全保护作用。

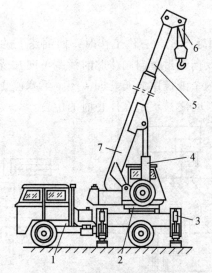

图 3.4.1　Q2-8 型汽车起重机外形简图

1—载重汽车；2—回转机构；3—支腿；4—吊臂变幅缸；
5—吊臂伸缩缸；6—起升机构；7—基本臂

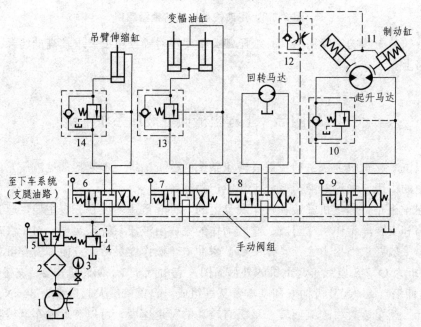

图 3.4.2　Q2-8 型汽车起重机上车液压系统原理图

1—液压泵；2—滤油器；3—压力表；4—溢流阀；5—二位三通手动换向阀；
6、7、8、9—三位四通手动换向阀；10、13、14—平衡阀；
11—制动缸；12—单向节流阀

一、吊臂伸缩回路

吊臂由基本臂和伸缩臂组成，伸缩臂套装在基本臂中，吊臂的伸缩运动是由伸缩液压缸来驱动的。换向阀 6 可控制伸缩臂的伸出、缩回和停止。例如，当阀 6 在左位工作时，吊臂伸出，其油路为：

进油路：泵 1→滤油器 2→阀 5 右位→阀 6 左位→平衡阀 14 中单向阀→伸缩缸下腔；

回油路：伸缩缸上腔→阀 6 左位→阀 7 中位→阀 8 中位→阀 9 中位→油箱。

吊臂缩回时，因液压力与负载力方向一致，为防止吊臂在重力作用下自行收缩，在伸缩缸的下腔回油腔设置了平衡阀 14，提高收缩运动的可靠性。

二、变幅回路

吊臂变幅机构用于改变作业高度，要求能带载变幅，动作要平稳。本机采用两个液压缸并联，提高了变幅机构承载能力。其要求以及油路与吊臂伸缩油路类同。

三、回转油路

回转机构要求吊臂能在任意方位起吊。该机构采用液压马达作为执行元件，操作换向阀 8，可使回转马达正、反转或停止。由于转台回转速度小（1 ~ 3 r/min），马达的转速也小，因此不设缓冲装置。

四、起升回路

起升回路是起重机系统中的主要工作回路，重物的提升和落下由一个大扭矩液压马达带动卷扬机来完成。换向阀 9 控制起升马达的正、反转，平衡阀 10 用来防止重物超速下降。

由于液压马达的内泄漏比较大，当重物吊在空中时，有可能产生"溜车"现象（重物缓慢下移）。为此，在液压马达的驱动轴上设置制动缸 11，当液压马达停转时，弹簧力使制动缸锁住驱动轴；当起升机构工作时，在系统油压作用下，制动缸松闸。

当重物在悬空停止后再次起升时，若制动缸立即松闸，由于液压马达进油路来不及立刻建立足够的油压，造成重物短时间拖动马达反转而失控下滑。为了避免这种现象的产生，在制动缸油路设置单向节流阀 12，使得液压马达停转时，制动缸迅速制动；而在起升机构工作时，制动缸缓慢松闸（松闸时间用节流阀调节）。

重物起升时油路为：

进油路：泵 1→滤油器 2→阀 5 右位→阀 6 中位→阀 7 中位→阀 8 中位

　　　┌ 阀 9 左位→平衡阀 10 中单向阀→起升马达；
　　→┤
　　　└ 单向节流阀 12 中节流阀→制动缸下腔（松闸）；

回油路：起升马达→阀 9 左位→油箱。

重物下降时，手动换向阀 9 切换至右位工作，液压马达反转，回油经阀 10 的液控顺序阀、阀 9 右位回油箱。

当停止作业时，阀 9 处于中位，泵卸荷。制动缸 11 在弹簧力作用下使液压马达制动。

思考题与习题

1. 什么是液压传动？与其他传动形式比较，液压传动有什么特点？

2. 液压传动系统由哪几部分组成？各部分的作用是什么？

3. 常用的调速回路有哪两种？试比较它们的工作原理与特点。

4. 换向阀、溢流阀和节流阀是如何控制执行元件的运动方向、最高工作压力和运动速度的？

5. 什么是液压基本回路？根据所起作用的不同，液压基本回路可分为哪几类？

第二篇

内燃机与工程机械底盘

第四章　内燃机原理与运用

　　动力装置是驱动各类工程机械行驶和工作的动力源，它是把其他形式的"能"转变为"机械能"的装置。根据能量转换形式不同，动力装置可分为热力的、电力的、水力的和风力的等。

　　热力发动机是把燃料燃烧时所产生出的热能转变成机械能的装置。热力发动机可分为内燃发动机和外燃发动机两种，简称内燃机和外燃机。内燃机燃料的燃烧是在发动机气缸内部进行的，最常用的内燃机有汽油机和柴油机两种。内燃机由于具有结构紧凑、轻便、热效率高及启动性好等优点，因此，在无电源供应的固定式或移动式工程机械上被普遍采用。

　　电动机是将电能转变为机械能的装置。由于它结构简单，使用方便，故在有电源供应的地方，固定式或移动速度慢、移动距离短的工程机械上一般常用电动机作原动力。

第一节　内燃机的工作原理

常用的内燃机有四冲程和二冲程两种，工程机械一般采用四冲程内燃机。

一、内燃机的常用术语

　　学习内燃机的工作原理，应首先了解内燃机的几个常用术语。图 4.1.1 是单缸四冲程柴油机的结构简图。

　　（1）上止点。活塞顶在气缸中离曲轴中心距离最远的位置，称为上止点。

　　（2）下止点。活塞顶在气缸中离曲轴中心距离最近的位置，称为下止点。

　　（3）活塞冲程。活塞从上止点到下止点所移动的距离（图 4.1.1 中用 S 表示），称为活塞冲程（曲轴旋转 180°）。如果用符号"R"表示曲轴的回转半径，则活塞冲程等于曲轴回转半径 R 的两倍，即 $S = 2R$。

　　（4）气缸工作容积。活塞在气缸中从上止点移到下止点所包容的容积，称为气缸的工作容积。

　　（5）燃烧室容积。活塞在上止点时，活塞顶上部的气缸容积，称为燃烧室容积。

　　（6）气缸总容积。活塞在下止点时，活塞顶上部的气缸容积，称为气缸总容积。气缸总容积为燃烧室容积与气缸工作容积之和。

（7）压缩比。气缸总容积与燃烧室容积之比，称为压缩比。它是内燃机的一个重要技术指标（压缩比高，热效率亦高）。一般汽油机的压缩比为 6～10，柴油机的压缩比为 16～21。

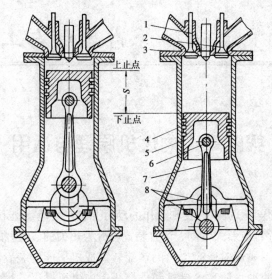

（a）活塞位于上止点　　（b）活塞位于下止点

图 4.1.1　单缸柴油机结构简图

1—排气门；2—进气门；3—喷油器（或火花塞）；4—气缸体；
5—活塞；6—活塞销；7—连杆；8—曲轴

二、内燃机的工作原理

四冲程内燃机是由进气、压缩、做功和排气 4 个冲程完成 1 个工作循环。图 4.1.2 所示为单缸四冲程柴油机的工作循环图。

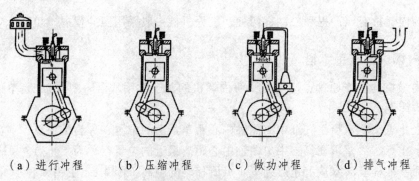

（a）进行冲程　　（b）压缩冲程　　（c）做功冲程　　（d）排气冲程

图 4.1.2　单缸四冲程柴油机的工作过程

（一）进气冲程

如图 4.1.2（a）所示，当曲轴转动，活塞由上止点向下止点移动。由于气缸容积逐渐增大（此时进气门开启，排气门关闭），新鲜空气在气缸内外压力差的作用下被吸入气缸内。当活塞移到下止点，进气门关闭，进气冲程终了（曲轴旋转 180°）。

（二）压缩冲程

如图 4.1.2（b）所示，曲轴继续转动，活塞便由下止点向上止点移动。这时由于进、排气门均关闭，气缸容积不断缩小，受压缩气体的温度和压力不断升高（气体压力为 2.94 ~ 4.90 MPa，气体温度为 770 ~ 970 K），为喷入柴油自行着火燃烧创造了良好的条件。当活塞移动到上止点时，压缩冲程便结束。

（三）做功冲程

如图 4.1.2（c）所示，当压缩冲程接近结束时，由喷油器向燃烧室喷入一定数量的高压雾化柴油。雾化柴油遇到高温、高压的空气后，边混合边蒸发，迅速形成可燃混合气并自行着火燃烧。由于燃烧气体的温度高达 1 770 ~ 2 270 K，压力高达 5.88 ~ 11.76 MPa，因此，受热气体膨胀推动活塞由上止点迅速向下止点移动，并通过连杆迫使曲轴旋转而产生动力，故此冲程为做功冲程（至此，曲轴共旋转一圈半，即 540°）。

（四）排气冲程

如图 4.1.2（d）所示，当做功冲程终了时，气缸内充满废气。由于飞轮的惯性作用使曲轴继续旋转，推动活塞又从下止点向上止点移动。在此期间排气门打开，进气门仍关闭。由于做功后的废气压力高于外界大气压力，废气在压力差及活塞的排挤作用下，经排气门迅速排出气缸外。当活塞移到上止点时，排气冲程结束（至此，曲轴共旋转两圈，即 720°）。

活塞经过上述 4 个连续冲程后，即完成了内燃机的 1 个工作循环。当活塞再次从上止点向下止点移动时，又重新开始了下一个工作循环。这样周而复始地继续下去，柴油机就能保持连续运转而做功。

四冲程内燃机每完成一个工作循环，其中只有一个是做功冲程，其余 3 个都是做功冲程的辅助冲程，是消耗动力的。由于曲轴在做功冲程时的转速大于其他 3 个冲程的转速，因此，单缸内燃机的工作不平稳，多缸内燃机就可以克服这个弊病。例如，四缸四冲程内燃机的一个工作循环中，每一冲程均有一个气缸为做功冲程，因此，曲轴旋转较均匀，内燃机工作也就较平稳。

四冲程汽油机的工作过程与四冲程柴油机相似，主要不同之处是：

（1）混合气形成方式不同。汽油机的汽油和空气在气缸外混合，进气冲程进入气缸的是可燃混合气，而柴油机进气冲程进入气缸的是纯空气，柴油是在做功冲程开始阶段喷入气缸的，在气缸内与空气混合。

（2）着火方式不同。汽油机用电火花点燃混合气，而柴油机是用高压将柴油喷入气缸内，并靠高温气体加热自行着火燃烧。所以汽油机有点火系统，而柴油机则无点火系统。

第二节　内燃机的基本构造

内燃机的结构较复杂，按其作用的不同，一般可分为两个机构和若干个系统。

一、曲柄连杆机构

曲柄连杆机构是内燃机进行工作循环、完成能量转换的主要机构，它包括机体组、活塞连杆组、曲轴飞轮组三大部分。

（一）机体组

机体组主要由气缸体、气缸盖以及油底壳等部分组成，如图 4.2.1 所示。

气缸体是内燃机的骨架，在它的外部和内部安装着内燃机的所有零件，因此，应有足够的刚度和强度。气缸体的工作部分是气缸，为了延长其使用寿命，在气缸体内嵌入用耐磨材料制成的气缸套；为了增强散热效果，在气缸套的外面设有水套（水冷却）或散热片（风冷却）。

气缸体上面有气缸盖，气缸盖螺栓与气缸体连接在一起。气缸盖的作用是封闭气缸上部，并与活塞顶部构成燃烧室。气缸体下部为曲轴箱，曲轴安装在曲轴箱的座孔内。曲轴箱通过螺钉与油底壳相连接，油底壳的作用是储存润滑油。

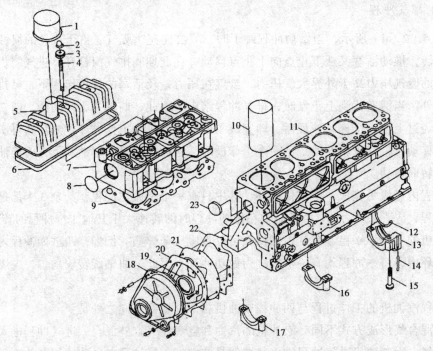

图 4.2.1　机体组的组成（EQ6100-1）

1—曲轴箱通风管盖；2—螺母；3—垫片；4—螺柱；5—气缸盖罩；6—密封垫；7—气缸盖；
8、23—水堵（碗形塞）；9—气缸衬垫；10—干式气缸套；11—机体；12、14—密封条；
13、16、17—后、中间、前主轴承盖；15—主轴承螺栓；18—定时齿轮室盖；
19—曲轴前油封；20、22—衬垫；21—垫板

（二）活塞连杆组

活塞连杆组的作用是将活塞在气缸中的往复运动变成曲轴的旋转运动，它主要由活塞 6、活塞环、活塞销 7、连杆 9 等部分组成，如图 4.2.2 所示。

活塞 6 直接承受燃烧气体的压力，并将此力通过活塞销 7 传给连杆 9，以推动曲轴旋转。

活塞上部车制有若干道环槽，槽中安装具有弹性的活塞环。活塞中部有活塞销座，活塞通过活塞销与连杆铰接。

活塞环有气环（3、4）和油环（5）两种。前者是保证活塞与气缸的密封性能；后者的用途是将气缸壁上多余的润滑油刮回油底壳。

连杆9的作用是连接活塞与曲轴，并将活塞的往复运动转变为曲轴的旋转运动。连杆的小端孔内压装着连杆衬套1，活塞销7就安装在连杆衬套内。连杆的大端通过连杆轴瓦10与曲轴的连杆轴颈相铰接。连杆大端的承孔设计成可以分开的形式，安装时借连杆螺钉12将它们紧固在一起。

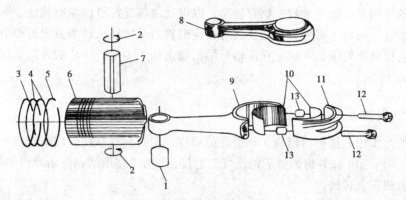

图 4.2.2　活塞连杆组

1—连杆衬套；2—锁簧；3—镀铬桶形环或多孔形镀铬平环；4—压缩环；5—油环；6—活塞；7—活塞销；
8—连杆机械加工部件；9—连杆；10—连杆轴瓦；11—连杆盖；12—连杆螺钉；13—定位套筒

（三）曲轴飞轮组

曲轴飞轮组主要由曲轴和飞轮组成，如图 4.2.3 所示。

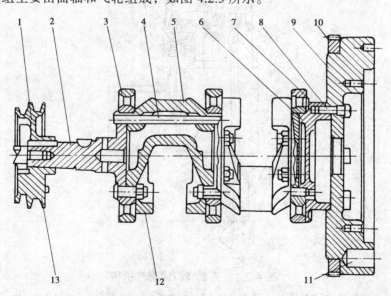

图 4.2.3　2135G 型柴油机曲轴飞轮组

1—皮带轮；2—前轴；3—主轴承；4—连接螺栓；5—曲拐；6—输出法兰；7—甩油圈；8—六角头螺钉；
9—飞轮；10—启动齿圈；11—去重孔；12—曲拐平衡重；13—皮带盘平衡重

曲轴的作用是承受连杆传来的力，并将活塞的往复运动变为曲轴的旋转运动，然后将其旋转扭矩传送出去。另外，曲轴还带动正时齿轮以驱动配气机构和其他辅助装置。

曲轴是由耐磨铸铁制成，135 系列柴油机的曲轴采用组合式结构，它主要由皮带轮 1、前轴 2、曲拐 5、输出法兰 6、主轴承 3 和飞轮 9 等部分组成。曲轴通过主轴承安装在气缸体上。为了减少曲轴旋转时的滚动阻力，135 系列柴油机的主轴承采用单列向心短柱滚动轴承。主轴承的外圈与机体主轴承孔为过渡配合，两端用固定在机体上的锁簧限制其轴向移动。曲拐与连杆大头承孔通过轴瓦相铰接。曲拐平衡重 12 和皮带盘平衡重 13 的作用是平衡曲轴旋转时所产生的离心力。

飞轮 9 的作用是在做功冲程中储存能量，以带动曲轴连杆机构克服其他 3 个辅助冲程的阻力，使曲轴旋转均匀。另外，飞轮还具有在内燃机启动时输入动力及通过传力机构输出动力的作用。它借助飞轮螺钉 8 固定在曲轴后端的输出法兰 6 上。飞轮的外圆上压装有一个供启动用的齿圈 10。

二、配气机构

配气机构的作用是按照内燃机工作循环的顺序，定时向气缸内供应新鲜空气（柴油机）或可燃混合气（汽油机），并将燃烧后的废气定时排出气缸，在压缩和做功冲程中使气缸密闭，以保证内燃机的正常运转。

配气机构按气门布置位置的不同，可分为侧置式和顶置式两种。侧置式又称顺装气门，它布置在气缸的一侧；顶置式又称倒装气门，它布置在气缸盖上。配气机构主要由气门组和气门传动机构两大部分组成。现以顶置式气门机构（见图 4.2.4）为例，简述其工作过程。

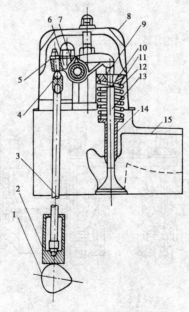

图 4.2.4　顶置气门式配气机构

1—凸轮轴；2—挺柱；3—推杆；4—调整螺钉；5—锁紧螺钉；6—摇臂；7—摇臂轴；8—气门室罩；
9—锁片；10—气门弹簧座；11、12—气门弹簧；13—气门；14—气门导管；15—气缸盖

内燃机运转时，曲轴通过其前端的一对正时齿轮驱动凸轮轴 1 旋转。当凸轮的凸起部分

顶起挺柱 2 时，通过推杆 3 使摇臂 6 的右端绕摇臂轴 7 向下摆动，迫使气门 13 克服气门柱、副弹簧 11 和 12 的弹力而开启，此时气门进气（进气门）或排气（排气门）。当凸轮轴的凸起部分离开挺杆时，气门在气门柱、副弹簧弹力的作用下上升压紧在气门座上，使气门关闭，进气或排气工作终止。

顶置式气门与侧置式气门相比较，顶置式气门传动机构增加了推杆、摇臂和摇臂轴等零件，结构较为复杂，整机高度增加；但燃烧室紧凑，有利于提高压缩比，并可以减少进、排气系统的流体阻力，使内燃机的效率提高。

三、内燃机燃料供给系统

内燃机燃料供给系的作用是按内燃机的工作需要，定时、定量地向气缸内供给燃油（柴油机）或可燃混合气（汽油机），使之燃烧产生热能而做功。汽油机和柴油机供给系的结构和工作原理不同，下面分别予以介绍。

（一）汽油机的供油系

汽油机的供油系主要由电动汽油泵 2、汽油箱 3、汽油滤清器 5、喷油器 12、燃油压力调节器 11 及油管等部件组成，如图 4.2.5 所示。汽油经汽油箱 3、电动汽油泵 2、汽油滤清器 5、供油总管 7、喷油器 12 至进气歧管 14；空气和汽油在进气歧管内相遇混合，并一同被吸入气缸，燃烧后生成的废气通过三元催化器、排气管和排气消声器排入大气，多余的燃油经稳压器和回油管流回油箱。

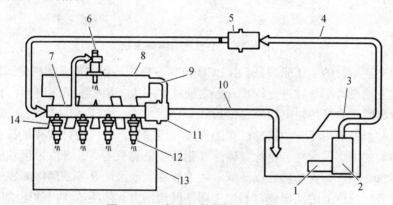

图 4.2.5　汽油机的供油系示意图

1—滤网；2—电动汽油泵；3—汽油箱；4—供油管；5—汽油滤清器；6—冷启动喷油器；7—供油总管；
8—进气总管；9—真空软管；10—回油管；11—燃油压力调节器；
12—喷油器；13—发动机；14—进气歧管

自 20 世纪 90 年代以来，由电子控制的汽油喷射系统应用日益广泛。在汽油机电控燃油喷射系统中，以电子控制单元（ECU）为中心，用安装在发动机不同部位上的各种传感器测定发动机的各种工作参数，如进气量、转速、温度等，再将它们转化为计算机能接收的电信号之后，传送给 ECU；ECU 对输入信号作运算、处理、分析判断后，向执行器发出指令控制喷射系统的工作，最终通过喷油器定时、定量地把汽油喷入进气道或气缸中去，使发动机在各种工况下都能获得最佳浓度的混合气。此外，通过电控喷射系统还能实现启动加浓、暖机加浓、加速加浓、全负荷加浓、减速调稀、强制怠速停油、自动怠速等控制功能，以满足发动机各种特殊工况对混合气的要求，从而使发动机获得良好的燃油经济性、动力性并降低废气中的有害排放物。

汽油喷射系统按控制装置的类型可分为机械式和电控式；按燃油喷射方式可分为连续喷射式和间歇喷射式（或脉冲喷射式）；按喷油嘴的结构布置可分为多点喷射式和单点喷射式，其中多点式喷射系统又可分为顺序喷射和同时喷射两种形式。

1. 电控单点汽油喷射系统

单点汽油喷射系统又称节气门体喷射系统或中央喷射系统。这种汽油喷射系统在多缸发动机上只用一个（或并列的两个）喷油器，直接将汽油喷入节气门上方的节气门体中，燃油与空气混合后，形成的混合气通过进气歧管分配至多个气缸，其原理如图 4.2.6（a）所示。

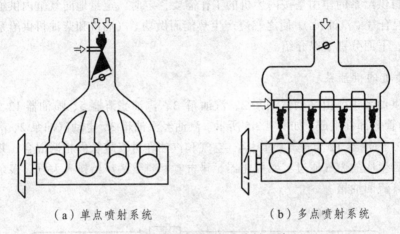

（a）单点喷射系统　　　　　　　（b）多点喷射系统

图 4.2.6　电控汽油喷射系统

单点汽油喷射系统的工作原理是，由 ECU 根据各种传感器测得发动机的运转参数，计算出喷油量，在发动机每个气缸进气行程开始之前喷油一次，用喷油持续时间的长短来控制喷油量，喷射所需的压力燃油由电动泵提供。

单点汽油喷射系统由于喷油器的位置距离进气门较远，喷入的燃油有足够的时间与进气流混合形成均匀的可燃混合气，因此对喷油雾化的质量要求不高，可以采用较低的喷油压力（通常为 250 kPa 左右），这样就可以降低对喷油器和电动汽油泵等零部件的要求，从而降低成本。安装在节气门体上的油压调节器用于调整燃油压力，使喷油器内的燃油压力与进气管压力之差保持恒定。

单点汽油喷射系统在性能上虽然逊于多点喷射系统，但具有结构简单、工作可靠、维修调整方便和成本低廉等优点，因此在中、低档的小轿车上仍有应用。

2. 电控多点汽油喷射系统

电控多点汽油喷射系统是一种将汽油喷射和点火控制结合起来的电子控制系统，对应于每一个气缸设置一个或多个喷油器，喷油器大多安装于进气门附近的进气道内。它的工作原理[见图 4.2.6（b）]仍然是通过由各种传感器测得的参数来确定发动机所处的工况，再根据 ECU 系统中储存的数据，求出对应于各种工况的点火提前角、喷油时刻和喷油持续时间的最佳值。该系统实现的各种功能是相互关联的。与单点系统控制相比，多点汽油喷射系统具有更好的动态响应。为了使发动机的性能更加完善，该系统除具有实现上述功能的装置外，还装有其他一些辅助装置。

（二）柴油机的供油系

柴油机在进气冲程中吸入空气，压缩冲程在接近终了时喷入雾化柴油，燃油在压缩气体的高温氧化作用下进行自燃。因此，柴油机的供油系和汽油机有很大差别。

1．基本组成和工作过程

4146A 型柴油机供油系如图 4.2.7 所示，它由柴油箱、输油泵 7、柴油滤清器（粗滤器 8 和细滤器 4）、喷油泵 10、喷油器 3 以及油管 9 等部分组成。

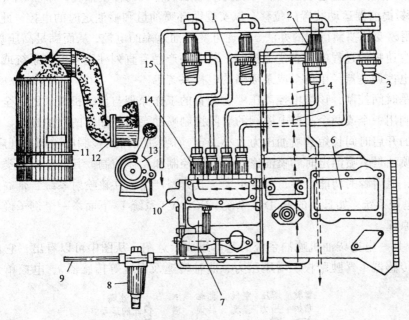

图 4.2.7　4146A 型柴油机供油系示意图

1—高压油管；2—放气螺钉；3—喷油器；4—细滤器；5—油道；6—调速器；7—输油泵；8—粗滤器；
9—油管；10—喷油泵；11—空气滤清器；12—进气管；
13—手油门；14—分泵；15—回油管

柴油从柴油箱流出，沿油管 9 经粗滤器 8 的初步过滤后被吸入输油泵 7。经输油泵初步增压后，流入细滤器 4，柴油经进一步的过滤后进入喷油泵 10（又称高压油泵）。通过喷油泵再一次增压，输出的高压柴油按时、按量沿高压油管 1 送往各缸的喷油器 3。喷油器将液体柴油变成雾状柴油喷入气缸的燃烧室中，喷油器泄漏的少量柴油经回油管 15 流回油箱。

2．主要机件的构造及作用

（1）输油泵。输油泵的作用是将足够数量和一定压力的柴油，连续不断地向喷油泵输送，以保证柴油机的正常工作。

（2）喷油泵。喷油泵的作用是将低压柴油变为高压柴油，并按柴油机的工作需要，将高压柴油定时、定量地供给喷油器。

（3）喷油器。喷油器又称喷油嘴，其作用是将喷油泵压送来的高压柴油，以一定的压力和喷射锥角呈雾状地喷入燃烧室，并与高温、高压的空气混合燃烧而做功。

（4）调速器。调速器的作用是使柴油机在工作时，能够随着外界负荷的变化而自动调节供油量，使柴油机转速保持稳定。

3．电控柴油喷射系统

与汽油机电控燃油喷射系统一样，柴油机的电控喷射经多年研究已达到了实用化阶段，发展了各种电控高压喷射系统。

柴油机电控喷射按控制方式分为两大类：一类是早期研究开发、现阶段不断完善的位移控制方式。它的特点是在原机械控制循环喷油量和喷油定时原理的基础上，改进更新机构功能，用线位移或角位移的电磁液压执行机构或电磁执行机构控制油量调节/齿杆（或拉杆）位移、拨叉位移/提前器运动装置的位移，以实现循环喷油量和喷油定时的电控。此外，与机械控制不同，用改变柱塞预行程的办法，实现可变供油速率的电控，从而满足高压喷射中高速、大负荷和低怠速喷油过程的综合优化控制。其典型产品有直列柱塞泵电控系统或转子分配泵电控系统，电控调速器，单体泵或泵喷嘴的电控系统等。

另一类是时间控制，该类电控高压喷射装置的工作原理与传统机械式的完全不同，是在高压油路中利用一个或两个高速电磁阀的启闭控制喷油泵和喷油器的喷油过程。喷油量的控制由喷油器的开启时间长短和喷油压力大小决定，而喷油定时由控制电磁阀的开启时刻确定，从而可实现喷油量、喷油定时和喷油速率的柔性控制和一体控制。其控制原理类似于汽油机的电控喷射，但后者的功能更多，难度更大，其典型产品是共轨喷射系统、带高速电磁阀控制的 VE 泵电控系统（如日本的 ECD-2 系统、ECD-V3 系统）。下面举一个例子说明电控高压喷射的工作原理。

图 4.2.8 是一电控柴油机喷油系统的基本组成示意图。从图中可以看出，它由 3 部分组成，分别是传感器（驾驶踏板、增压压力、曲轴转速及温度等传感器）、电控单元和执行器

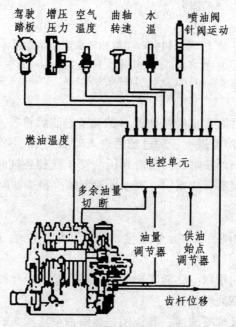

图 4.2.8　滑阀定时控制泵系统

（油量调节器、供油始点调节器）。传感器的功用是测定柴油机的工作状态，实测值给出工况状态，并把其数值输入电控单元，计算控制每个工况下喷油特性的参数，从电控单元中存储的多种最佳喷油特性中，查找这些参数，再通过执行器实现喷油系统的控制。每个工况的喷油特性参数有循环喷油量、喷油定时（喷油提前角）、供油速率等，以优化柴油机的动力性、经济性、排放和噪声等综合性能。对电控柴油机，除控制喷油系统的参数外，还可控制排气再循环的量值、电控可变几何截面涡轮增压器、电控可变进气系统（可变配气定时、可变进气管长度、可变涡流比等）、电控部分气缸停止运行等。

四、润滑系

内燃机工作时，有许多零件在做相对运动，从而产生摩擦阻力而消耗一定的功率，同时引起发热和磨损。若在两个零件的摩擦表面之间加入一层润滑油，将相对运动的表面隔开，则功率的消耗和零件的磨损就将大为减少。润滑系就是为了满足这一要求而设置的，润滑系中的润滑油除了起润滑作用外，还能起到清洗、冷却和密封等作用。

由于内燃机各零件的工作条件不同，对润滑的要求也就不同。对于承受较大负荷的摩擦面，如曲轴轴承、连杆轴承等处的润滑，就需要在机油泵的作用下，以一定的压力将机油注入摩擦表面进行强制润滑，此法称压力润滑法。而对于承受负荷不大的摩擦面，如气缸壁、正时齿轮、凸轮表面等处，则可以利用运动零件对轴承间隙处泄漏出来的机油的飞溅使用，将机油送至摩擦表面进行润滑，此法称飞溅润滑法。目前，内燃机的润滑一般都采用压力润滑和飞溅润滑相结合的方法（俗称综合润滑法）。

6135 型柴油机润滑系统如图 4.2.9 所示，它主要由机油泵 5、机油细滤器 6、机油粗滤器 9、风冷机油散热器 10、水冷机油散热器 11 及管道等部分组成。其润滑路线如下：

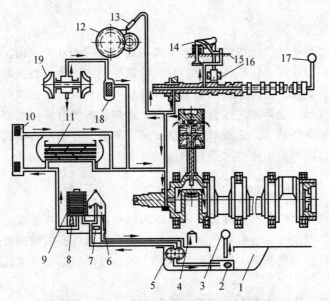

图 4.2.9　6135 型柴油机润滑系统示意图

1—油底壳；2—集滤器；3—油温表；4—加油口；5—机油泵；6—细滤器；7—限压阀；8—安全阀；
9—粗滤器；10—风冷机油散热器；11—水冷机油散热器；12—正时齿轮；13—装在盖板上的喷嘴；
14—摇臂；15—气缸盖；16—挺杆；17—油压表；18—增压器用的滤清器；19—增压器

当柴油机运转时，油底壳 1 内的机油经过集滤器 2 初步过滤后，由机油泵 5 升压后分成两路：小部分的机油进入离心式细滤器 6，滤去细小的杂质后流回油底壳；大部分的机油经过粗滤器 9 过滤后，分别进入风冷和水冷机油散热器。散热后的机油进入缸体主油道，然后分成两路送向需要润滑的部位：一路进入曲轴空心润滑油道，分别润滑各个连杆轴颈和轴承；另一路进入凸轮轴空心润滑油道，分别润滑凸轮轴轴颈和轴承。通过油道和油管，从凸轮轴中心油道的第二轴颈处引出一部分机油通向摇臂轴，并由此流向各个摇臂的工作面。然后沿着推杆表面下流到杯形的挺杆 16 内，机油从挺杆下部的两个小孔流出与飞溅的机油共同润滑凸轮表面。

正时齿轮 12 由装在盖板上的喷嘴 13 喷出的机油进行润滑。曲轴主轴承为滚动轴承，采用飞溅润滑。装有增压器 19 的柴油机，从机油散热器引出一部分机油，经增压器用的滤清器 18 过滤后送入增压器中进行润滑，然后经油管流回油底壳。

润滑系中设有限压阀 7 和安全阀 8，两阀分别装在细滤器 6 和粗滤器 9 上。限压阀用来限制油路的最高油压，以防止机油泵过载，避免密封件损坏。当主油道机油压力超过规定数值时，限压阀打开，让部分机油流回油底壳。

安全阀的作用是当粗滤器的滤芯被污物堵塞时，机油流经滤芯的阻力增大，流量减少，这就有可能造成摩擦表面得不到良好的润滑。此时，粗滤器进油管路中的油压升高，安全阀被顶开，机油不经粗滤器过滤而直接流向主油道，以保证润滑系正常工作。另外，内燃机在低温启动时，由于机油黏度大，流动阻力也大，造成润滑不良，这时安全阀也被顶开，以保证正常的润滑。

不同的内燃机由于其组成情况不同，在润滑系中润滑油的流动路线略有不同，但基本工作原理相似。

五、冷却系

在内燃机工作过程中，气缸内的局部温度高达 2 000 ~ 2 500 ℃。由于高温，使得缸充气量降低，造成内燃机功率降低，机油变稀，材料的机械性能下降，致使零件得不到有效的润滑而导致磨损加剧，更有甚者，还会出现运动零件卡死的现象。为此，内燃机工作时需要设置冷却系对其进行冷却。但冷却过强弊端也甚多，如热量散失过多，也会造成内燃机功率下降；温度过低，燃油不易蒸发，造成启动困难；还会使机油变稠，造成润滑不良等。因此，冷却系的作用就是将内燃机工作中多余的热量散发出去，以保证它在 80 ~ 90 ℃ 的温度范围内正常工作。

内燃机的冷却方法有风冷和水冷两种。

风冷却就是通过高速空气吹过高温零件，将内燃机内多余的热量带走并散入大气中的一种冷却方法。这种内燃机在其气缸和气缸盖的外表铸有散热片，以增加散热面积。采用这种冷却方法的内燃机虽然结构简单、质量轻，但由于散热效果较差，通常只用于功率小、气缸数少的内燃机上。

水冷却是通过循环冷却水带走内燃机内部多余热量的一种冷却方法。由于冷却效果好，冷却均匀，且冷却强度可以调节，因此，多缸内燃机多采用这种冷却方法。

图 4.2.10 所示为强制循环式水冷却系的示意图，它主要由散热器 2、风扇 4、水泵 6、节温器 7 及水管等部分组成。

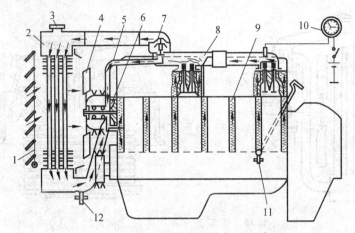

图 4.2.10　强制循环式水冷却系示意图

1—百叶窗；2—散热器；3—散热器盖；4—风扇；5—旁通道；6—水泵；7—节温器；8—出水管；
9—水套；10—水温表；11—水套放水开关；12—散热器放水开关

内燃机工作时，水泵 6 将散热器 2 下部温度较低的水吸出，提高压力后送入气缸体内的水套 9 中。冷却水在此吸收高温零件的热量，接着进入气缸盖内的水套中，冷却水在此再次吸收热量，水温进一步提高，然后经出水管 8、节温器 7 和散热器进水管而流入散热器中，形成冷却水循环。当水流经散热器时，由于风扇 4 的强制通风，便将其热量散入大气中。经过冷却后的水再次被水泵送入气缸体的水套内。这样周而复始地循环下去，就能将内燃机中多余的热量连续地散发出去，以保证内燃机在适宜的温度下正常工作。

装在回水管内的节温器，可控制冷却水的温度。它由膨胀筒 1、上阀门 5、侧阀门 2、节温器外壳 8 等部分组成，如图 4.2.11 所示。其工作原理如下：

当水温低于 70 ℃ 时，上阀门 5 全闭，侧阀门 2 全开，水不能流进散热器，只能经过旁通孔 10 进行小循环，如图 4.2.11（b）所示，于是水温迅速升高。当水温超过 70 ℃ 时，膨胀筒 1 内易挥发的液体（乙醚和酒精的混合物）开始气化，内部压力增高，使膨胀筒伸长。于是上阀门 5 逐渐开启，侧阀门 2 逐渐关闭，这时一部分水流经散热器进行大循环，另一部分水仍经旁通孔进行小循环。当水温升到 85℃ 以上时，上阀门 5 全开，侧阀门 2 全闭，这时水全部流经散热器进行大循环，如图 4.2.11（a）所示，于是冷却水温度迅速降低。

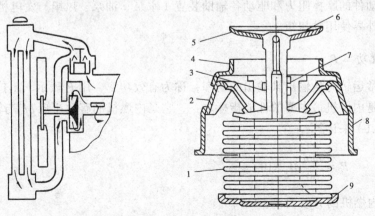

（a）大循环（节温器上阀门开启，侧阀门关闭）

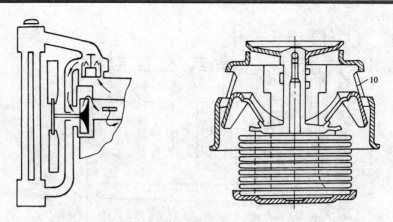

（b）小循环（节温器上阀门关闭，侧阀门开启）

图 4.2.11　双阀弹簧筒式节温器

1—膨胀筒；2—侧阀门；3—阀杆；4—阀座；5—上阀门；6—通气孔；7—导向支架；
8—节温器外壳；9—支架；10—旁通孔

另外，可以利用装在散热器前的百叶窗 1（参看图 4.2.10）来调节流经散热器的空气流量，也可以用来调节内燃机的冷却强度。

第三节　内燃机的性能指标及型号

一、内燃机的性能指标

内燃机的主要性能通常是指它的动力性和经济性。在内燃机产品的铭牌和使用说明中，都标有几种有代表性的性能指标，便于使用人员了解内燃机的性能，达到合理使用内燃机的目的。下面介绍内燃机的几个主要性能指标：

（一）有效扭矩 M_e

内燃机飞轮对外输出的扭矩，称为有效扭矩，用 M_e 表示，单位为 N·m。它是指发动机克服内部各运动件的摩擦阻力和驱动各辅助装置（水泵、油泵、风扇、发电机等）后，在飞轮上可以供给外界使用的扭矩。

（二）有效功率 P_e

内燃机正常运转时从输出轴输出的功率，称为有效功率，用 P_e 表示，单位为 kW。

有效功率是内燃机最主要的性能指标之一，它是内燃机的有效扭矩 M_e 与转速 n 的乘积，可用公式（4.3.1）来计算：

$$P_e = \frac{2\pi n}{60} M_e \times 10^{-3} \qquad (4.3.1)$$

式中　P_e——内燃机的有效功率，kW；

　　　M_e——曲轴扭矩，N·m；

n——曲轴转速，r/min。

根据内燃机的不同用途，我国规定了 15 min 功率、1 h 功率、12 h 功率、持久功率等 4 种标定功率的方法，其中 12 h 功率又称额定功率，用 P_e 表示。工作中应严格按照规定的功率范围使用内燃机，否则，易使内燃机发生故障或缩短其使用寿命。

（三）耗油率 g_e

耗油率表示发动机每发出 1 kW 有效功率，在 1 h 内所消耗的燃油克数，用 g_e 表示。它是衡量内燃机经济性的重要指标，耗油率越低，内燃机的经济性越好。耗油率 g_e 可用式（4.3.2）来计算：

$$g_e = \frac{G}{P_e} \times 10^3 \tag{4.3.2}$$

式中　g_e——内燃机的耗油率，g/（kW·h）；

　　　G——发动机每小时消耗的燃油量，kg/h。

内燃机的上述 3 个性能指标中，前两个表示其动力性，后一个表示其经济性。

二、国产内燃机型号的编制规则

内燃机的型号是区别其类型的标志。为了便于内燃机的生产管理和使用，就应该懂得内燃机名称和型号的编制含义。

我国对内燃机名称和型号的编制方法做了统一的规定，现将此规定的主要内容介绍如下：

（一）内燃机分类

内燃机按其所采用的主要燃料的不同，可分为柴油机、汽油机、煤气机等。

（二）内燃机的型号

内燃机的型号反映了内燃机的主要结构及性能，它包括以下 4 项内容：

（1）气缸数：用阿拉伯数字表示一台内燃机所具有的气缸数目。

（2）机型系列：用阿拉伯数字表示内燃机气缸的直径（mm），用汉语拼音的首位字母表示完成一个工作循环的冲程数（一般同一机型气缸直径相同，不论气缸数多少，其主要零件彼此都可以通用）。

（3）变型符号：表示该机经过改型后，在结构和性能上的变化。用数字表示改型顺序，并用"—"与前面符号分开。

（4）用途及结构特点：必要时，在短横前可增加机器特征符号，以表示内燃机的主要用途和不同结构特点。

内燃机型号编制规定如下：

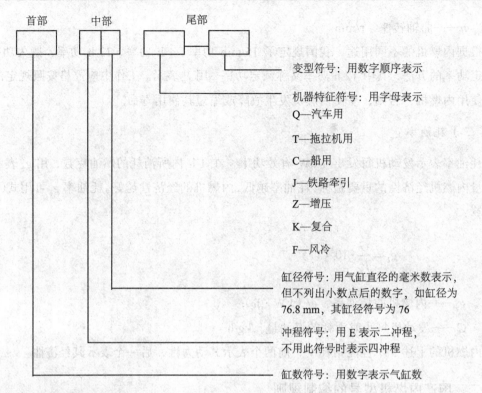

内燃机型号编制举例：

（1）4135C—1 柴油机——表示 4 缸、四冲程、缸径为 135 mm、水冷、船用，第一种变型产品。

（2）12E230C 柴油机——表示 12 缸、二冲程、缸径为 230 mm、船用。

（3）1E56F 汽油机—— 表示单缸、二冲程、缸径为 56 mm、风冷。

（4）4100Q—4 汽油机——表示 4 缸、四冲程、缸径为 100 mm、汽车用、第四种变型产品。

有些内燃机的型号编制与上述规定不相符合，例如：

（1）CA—10B 汽油机——CA 为第一汽车厂的企业代号，10 表示载货汽车用（汽车种类代号）、B 表示第二种变型产品。

（2）25Y—6100Q 汽油机——25 表示装载质量为 2 500 kg，Y 表示越野汽车，6100Q 表示 6 缸、四冲程、缸径为 100 mm、汽车用。

第四节　内燃机的运行材料

内燃机的运行材料包括燃料、润滑油和冷却液 3 种。

一、燃　料

目前，内燃机使用的燃料主要有汽油和柴油两种，它们都是从石油中蒸馏出来的碳氢化合物。

（一）汽　油

汽油是汽油机使用的燃料，汽油品质的好坏对汽油机的工作有很大影响。汽油的品质是由其蒸发性、抗爆性、酸碱含量、硫含量、胶质含量、防腐性、机械杂质和水分含量等指标来评定的。

为了提高汽油的抗爆性，有的汽油加进了"四乙基铅"作抗爆剂。这种汽油有毒（染有红色），使用时不能用嘴吮吸，也不要用它来冲洗零件。汽油的规格按研究法辛烷值可分为90号、92号和95号车用汽油3个牌号。汽油牌号的大小表示其抗爆性的好坏，牌号越大，则抗爆性就越好。

汽油机所使用的汽油主要是根据内燃机压缩比的大小来选用的，若内燃机的压缩比大，则可选用较高牌号的汽油，反之选用较低牌号的汽油。具体选用原则是：压缩比在7.0以下的汽油机可选用70号汽油；压缩比为7.0~8.0的汽油机可选用90号汽油；压缩比在8.0以上的汽油机可选用92号或95号汽油。

（二）柴　油

柴油是柴油机使用的燃料。国产柴油可分为轻柴油和重柴油两大类。轻柴油多用于高速柴油机（转速在1 000 r/min以上）；重柴油多用于中、低速柴油机（转速在1 000 r/min以下）。

二、润滑油

按润滑油用途的不同，常用的内燃机润滑油可分为汽油机油和柴油机油两大类。

（一）汽油机油的规格

QB级汽油机油采用SAE黏度等级，分为20号、30号、40号，即原来的6号、10号、15号汽油机油3个牌号。

QC级汽油机油采用SAE黏度等级，分为30号、40号、15W/30、10W/30共4个牌号。

QD级汽油机油采用SAE黏度等级，分为30号、40号、10W/30、15W/40、20W/40共5个牌号。

QE级汽油机油采用SAE黏度等级，分为30号、5W/30、10W/30、15W/40共4个牌号。

（二）柴油机油的规格

CA级柴油机油采用SAE黏度等级，分为20号、30号、40号、50号共4个牌号，即原来的8号、11号、14号、18号柴油机油。

CC级柴油机油采用SAE黏度等级，分为30号、40号、20/20W、5W/30、15W/40共5个牌号。

CD级柴油机油采用SAE黏度等级，分为30号、40号、10W、20/20W、5W/30、15W/40共6个牌号。

（三）润滑油的选用

内燃机对润滑油的质量要求是：润滑性能好，有适当的黏度，有较好的黏温性，有良好的清净分散性，抗氧、抗腐、抗磨性能好。

　　了解润滑油的性能，并合理选用润滑油，有利于减少内燃机的磨损，节省内燃机燃料。CA 级柴油机油，只能用于外增压柴油机的润滑；CC 级柴油机油，适用于低增压和中等负荷的外增压柴油机的润滑；CD 级柴油机油主要用于在重负荷条件下工作的增压柴油机的润滑，也可用于目前进口的重负荷、大功率的柴油机车以及中增压柴油机的润滑。

　　除此以外，还应根据气温的高低来选用润滑油。为了减少冬夏换油，可以尽可能选用多级油。如长城以南，长江以北可选用 15W/30 或 15W/40 机油；寒区可选用 10W/30 机油；严寒区可选用 5W/30 机油。

三、冷却液

　　内燃机常用的冷却液有冷却水和防冻液两种。

（一）冷却水

　　内燃机使用的冷却水应该是清洁的软水，如雪水、雨水和自来水等。因为硬水中含有大量的矿物质，在高温作用下，矿物质易从水中沉析出来而产生水垢，水垢积附在管道和高温零件的壁上，易造成管道堵塞和高温零件散热困难等弊病。

　　自然界中的河水、海水和井水等都是硬水，需作软化处理后才能使用。常用的软化剂是碳酸氢钠（纯碱）和氢氧化钠（烧碱）。在需要处理的硬水中，按 1 L 水加 0.5 ~ 1.5 g 碳酸氢钠，或 1 L 水加 0.5 ~ 0.8 g 氢氧化钠的比例加入软化剂，待生成的杂质沉淀后，取上面的清洁水注入冷却系中。

（二）防冻液

　　在严寒的季节，内燃机不工作时，冷却系的水要结冰，使气缸体和气缸盖冻裂。为了防止这一弊端并减少注放水工作，通常采用低冰点的防冻液作为冷却介质。防冻液的配合比例及对应的冰点如表 4.4.1 所示。

　　防冻液的体积随温度的升高而变化，所以加入冷却系的防冻液体积应比冷却系的总容量少 5% ~ 6%。同时注意，在用乙二醇-水型防冻液作防冻液时，因该液有毒，使用时应特别小心，不要进入口中。

表 4.4.1　防冻液的配合比例

冰　点	酒精-水型	甘油-水型	乙二醇-水型
/℃	酒精质量/%	甘油质量/%	乙二醇质量/%
－5	11.3	21	—
－10	19.5	32	28.4
－15	26.0	43	32.8
－20	31.0	51	38.5
－25	35.1	58	45.3
－30	40.6	64	47.8
－40	55.1	73	54.7
－50	71.0	—	59.9

思考题与习题

1. 内燃机主要组成及各部分作用是什么？
2. 汽油机与柴油机的区别（原理和结构差别）是什么？
3. 简述四冲程内燃机的工作原理。
4. 为什么内燃机需要润滑系统和冷却系统？
5. 内燃机使用的冷却水为什么必须是清洁的软水？

第五章　工程机械底盘

一般来说，工程机械主要由发动机、底盘、工作装置3大部分构成。底盘则是由传动系、行走系、转向系和制动系4部分组成，工程机械底盘是整机的支承，其上安装发动机及其各部件、总成，传递发动机动力，保证整机以作业所需要的速度和牵引力沿规定方向正常行驶。

第一节　传动系统

一、传动系统的形式、作用及组成

传动系统是动力装置和行走机构之间的传动部件和操纵机构的总称，其作用是将动力装置的动力按需要适当降低转速、增加扭矩后传到驱动轮，并改变动力装置的功率输出特性以满足工程机械作业行驶要求。

传动系按动力传递形式分为机械式、液力机械式、全液压式和电传动式等4种类型。

机械式传动系统如图5.1.1所示。动力从内燃机1输出，经主离合器3、联轴器传给变速器4，变速器动力输出轴和主传动齿轮制成一体，动力方向改变90°后，由紧固在驱动轴上的从动锥齿轮传给左右转向离合器6，最后经终传动装置7传到驱动链轮8，使履带车辆行驶。机械传动式的特点是传动可靠，传动效率高，结构简单，但牵引性能不如其他传动方式。

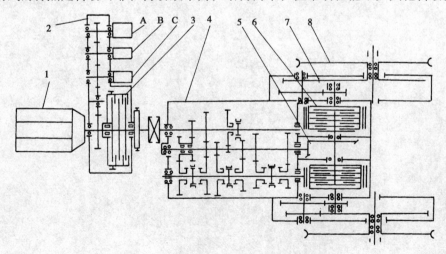

图5.1.1　履带式工程机械传动系统简图

1—内燃机；2—齿轮箱；3—主离合器；4—变速器；5—主传动齿轮；6—转向离合器；7—终传动装置；
8—驱动链轮；A—工作装置液压油泵；B—离合器液压油泵；C—转向离合器液压油泵

图5.1.2所示为ZL50型装载机液力机械式传动系统。从图中可以看出，内燃机将动力经

液力变矩器 1 及具有双行星排的动力换挡行星变速器 3，经分动箱、传动轴和万向节传给前后驱动桥。液力机械传动式的特点是能使机器随作业阻力的变化，自动调整牵引力和速度，显著改善牵引性能，提高发动机功率的利用率，改善发动机的工况，提高作业效率，并能防止发动机过载，操纵也较为简便，铲土运输机械中多数为液力机械式传动系统。

液力机械式传动系统与机械式传动系统相比，主要有以下几个优点：

（1）改善工程机械的牵引性能，使机械能随着外荷载的变化，在一定范围内无级地变更其输出轴转矩与转速。当阻力增加时，则自动降低转速，增加转矩，从而改变车辆的牵引力和速度。

（2）提高机械的使用寿命，因液力变矩器是油液传递动力，不是刚性连接，能吸收并消除外部的冲击和振动，有利于提高车辆零部件的使用寿命。

（3）因液力变矩器具有无级调速的特点，故变速器的挡位数可以减少，由于变速器采用动力换挡，减小了驾驶员的劳动强度，简化了机械的操纵。

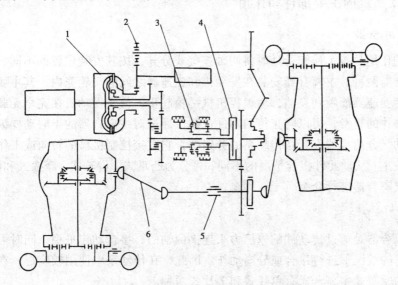

图 5.1.2　ZL50 型装载机传动系统简图

1—液力变矩器；2—单向离合器；3—行星变速器；4—换挡离合器；5—脱桥机构；6—传动轴

全液压传动式是采用发动机驱动油泵站，再由液压马达驱动行走机构。该传动方式取消了传动部件，使工作装置的操纵和整机驱动方式统一，可减轻机重，结构紧凑，总体布置简便，原地转向性能好，可实现牵引力和速度的无级调整，大大提高了牵引性能，单斗液压挖掘机和振动压路机多采用全液压式传动系统；图 5.1.3 所示为挖掘机的全液压式传动系统简图。

从图 5.1.3 中可以看出，柴油机经分动箱驱动泵 1、2、7，液压泵输出油液通过多路阀分别控制转台回转马达、行走马达、动臂油缸、斗杆油缸和铲斗油缸等多个执行器。走行装置是由液压马达 6 通过减速器 5 来驱动两侧履带的驱动链轮的。

电传动式是采用发动机驱动发电机发电，通过电力驱动电动机，进而驱动行走机构与工作机构。其特点是可实现牵引力和行走速度的无级调整，对外界阻力变化有良好的适应性，该传动方式结构紧凑，总体布置方便，原地转向性能好。但是，由于其质量大、系统复杂、成本高，目前仅用于大型机器。

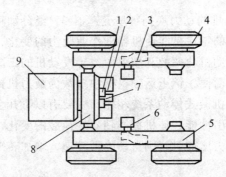

图 5.1.3 全液压式传动系统示意图

1—辅助齿轮泵；2—双向变量柱塞泵；3—小齿轮箱；4—走行轮；5—走行减速器；
6—柱塞式液压马达；7—齿轮式液压泵；8—分动箱；9—柴油机

二、传动系统的主要部件和作用

（一）主离合器

离合器的作用是按工作需要随时将两轴连接或分开，按其安装位置的不同，可分为主离合器和分离合器两种。主离合器安装在发动机和变速器之间的飞轮壳内，其主要作用是临时切断动力，使变速器能顺利换挡，使工程机械平稳起步，便于发动机在完全无载的情况下启动，通过摩擦片的打滑，可以防止传动零件过载，通过对主离合器的半联动操纵，使工程机械微动或慢动。分离合器安装在传动系的分路中，它直接控制机械的转向或工作等。

离合器按主、从动元件接合情况的不同，可分为凸爪式、齿轮式、摩擦式和液力式 4 种。下面对摩擦式离合器进行介绍。

1．摩擦式主离合器

摩擦式离合器是通过传动件的摩擦力来连接两轴的，接合动作平稳，同时可以在两轴不停转和不减速的情况下进行接合或分离动作。因此，在传动系中使用较广泛，在施工机械上使用较普遍的摩擦式主离合器有单片式和多片式两种。

单片式摩擦主离合器是与发动机连接的第一道传动装置。现将其构造和工作原理介绍如下（见图 5.1.4）：

主动盘是飞轮 1 和压盘 5，从动盘 3 安装在从动轴 11 前端的花键部位，可以轴向移动。从动盘两面铆有摩擦衬片 4。离合器盖用螺钉 6 与飞轮连接，压盘 5 借其背后的压紧弹簧 8 的压紧力，将从动盘紧压在压盘与飞轮的两端面之间（这时离合器处于结合状态）。动力由曲轴 2 输入，顺次经飞轮 1、压盘 5、从动盘 3，最后传至从动轴 11。

当驾驶员踏下踏板 9 时，踏板的下端臂便拨动滑动套 10 沿从动轴 11 向右移动，于是压盘与从动盘及飞轮相互分离，中断了动力的传递，离合器处于分离状态。由于这种摩擦离合器只有一个摩擦盘，故称单片式摩擦离合器。

2．多片式摩擦分离合器

多片式摩擦离合器由数量较多的摩擦盘组成，由于摩擦面较多，故传递的扭矩较大。履带拖拉机上所使用的转向离合器就属于这种类型。

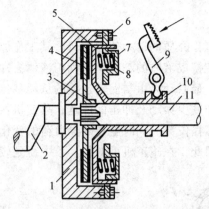

图 5.1.4　单片式摩擦离合器的工作原理图

1—飞轮；2—曲轴；3—从动盘；4—摩擦衬片；5—压盘；6—螺钉；7—离合器盖；
8—压紧弹簧；9—踏板；10—滑动套；11—从动轴

图 5.1.5 所示为常用的多片式摩擦分离合器的结构图。

在短半轴 12 上，固定着一个带外齿的主动毂 7。在从动轴上，固定着一个带内齿的从动毂 8。在主、从动毂的内外齿槽内，分别交错地安装着若干片有相应外齿和内齿的摩擦盘（带内齿的为主动盘 1，带外齿的为从动盘 9），这些摩擦盘可在齿槽内轴向移动，平时压盘 16 借压紧弹簧 2 的压紧力使这些主、从动盘和主动毂 7 的凸缘端面紧压在一起，即离合器处于接合状态。动力由短半轴 12 输入，顺次经主动毂 7，主、从动盘 1 和 9 传给从动毂 8。

当通过操纵机构操纵松放阀 10 带动压盘 16 右移时，压盘与主、从动盘以及主动毂之间的压紧力消失，摩擦扭矩被解除，于是离合器分离。

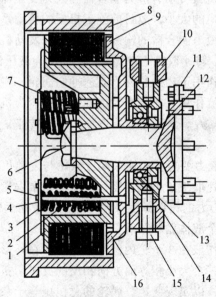

图 5.1.5　多片式摩擦离合器

1—主动盘；2—压紧弹簧；3—弹簧座；4—锁片；5—弹簧杆；6—螺帽；7—主动毂；8—从动毂；
9—从动盘；10—松放阀；11—接盘；12—短半轴；13—分离轴承；
14—轴承座；15—销子；16—压盘

（二）液力变矩器

液力变矩器是以液体为工作介质的动力传递装置。其工作原理是：主动轴旋转，带动泵轮旋转并将主轴旋转的动能转换成液体的动能，再利用液体去冲击涡轮，使涡轮旋转并将液体动能再转换成涡轮的动能，最后动力由与涡轮连接的从动轴传送出去。

液力机械传动具有吸收和减少振动及冲击的优点，故使机械启停平稳，工作舒适。具有无级调速功能，可减少变速箱挡位数。同时随着外界负荷的变化，可以自动调节其扭矩，以适应施工机械工作的需要。因此，在施工机械的传动系中得到较广泛的应用。

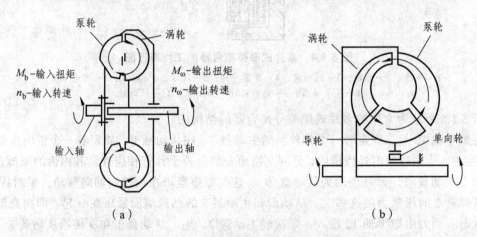

图 5.1.6　液力偶合器与液力变矩器简图

目前，使用较多的液力机械传动有液力偶合器和液力变矩器两种。由于液力偶合器只能用来传递扭矩，不能改变扭矩的大小，故目前施工机械的传动系中应用很少。

如图 5.1.6（a）所示，液力偶合器的输入端：泵轮与发动机相连，转速与发动机相同；输出端：涡轮与变速箱相连，转速取决于车辆速度，介质为液压油，循环流动于泵、涡轮间。液压油在泵轮旋转离心力的作用下经泵轮外沿高速冲向涡轮，将机械能转变为液力动能和压能，涡轮受到来自泵轮的液流作用，将液力动能和压能转变为机械能，实现能量传递。此时涡轮扭矩等于泵轮扭矩 $M_\omega = M_b$，涡轮转速始终小于泵轮转速 $n_\omega < n_b$，所以液力偶合器可称为液力联轴节。

如图 5.1.6（b）所示，液力变矩器的输入端：泵轮与发动机相连，转速同发动机；输出端：涡轮与变速箱相连，转速取决于车辆速度，液压油为泵涡轮间介质，增加装有单向轮的导轮，液压油在泵轮旋转离心力的作用下经泵轮外沿高速冲向涡轮，经涡轮的液流冲向导轮，液流在 3 个轮的内腔构成一个液体循环路线。

液力变矩器工作时，工作液在 3 个轮内做环形运动。在环形运动中，由于导向轮 3 通常是固定不动的，于是它便以一个大小相等而方向相反的反作用扭矩作用在涡轮上，使涡轮输出扭矩大于泵轮输入的扭矩，以实现变矩。涡轮的总扭矩等于泵轮扭矩和导轮反作用扭矩之和，$M_\omega = M_b + M_d$。

（三）变速器

变速器的主要作用是改变机械的牵引力和行驶速度，以适应外界负荷变化的要求。在发动机旋转方向不变的情况下，使机械前进或后退行驶；在发动机不熄火时，使发动机和传动系保持分离。

变速器是利用齿轮传动进行工作的。在齿轮传动中，两轮的转速与它们的齿数呈反比，因此，齿轮传动的传动比 i 为

$$i = \frac{n_1}{n_2} = \frac{z_2}{z_1} \tag{5.1.1}$$

式中　n_1、n_2——主、从动齿轮的转速；
　　　z_1、z_2——主、从动齿轮的齿数。

为了增加齿轮传动的传动比，通常采用多级齿轮传动。在多级齿轮传动中，其总传动比等于各从动齿轮齿数的连乘积与各主动齿轮齿数的连乘积之比。这是多级齿轮传动中的一个基本概念，它适用于任何级的齿轮传动。图 5.1.7 所示的两级齿轮传动中，其总传动比 i 为

$$i = \frac{z_2 z_4}{z_1 z_3} \tag{5.1.2}$$

式中　z_1、z_3——两个主动齿轮的齿数；
　　　z_2、z_4——两个从动齿轮的齿数。

在齿轮传动中，所传递的扭矩随着传动比的加大而提高，而转速则随着传动比的加大而降低。变速器工作时，利用齿数不同的齿轮啮合传动来改变其传动比，从而达到变速和变矩的目的，这就是变速器工作的基本原理。

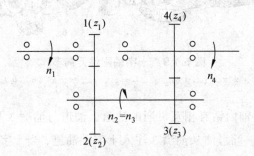

图 5.1.7　两级齿轮传动简图

（四）万向传动装置

万向传动装置的作用是实现远距离动力传递。由于发动机、主离合器以及变速器都被固定在车架上，轮式施工机械中装有主传动器的后桥是通过钢板弹簧与车架连接的，变速器的输出轴与主传动器主动轴不在同一轴线上，而是有一定的交角，由于钢板弹簧的弹性变形，这个交角及变速器与主传动器之间的距离还要经常变化，如果变速器与主传动器之间用一根整体轴刚性连接，显然是不行的。因此，必须采用万向传动装置。

万向传动装置是由万向节和可伸缩的传动轴组成。前者解决角变化的问题；后者解决轴距变化的问题。普通万向节（见图 5.1.8）是由两个相同的万向节叉 2、4 和一个十字轴 3 组成。十字轴的 4 个轴颈通过滚针分别装在两个万向节叉相应的轴承孔内，将主动轴 1 和从动轴 5 连接起来。万向节叉 4 可绕十字轴的轴线 A—A 旋转，同时又可以和十字轴一起绕轴线

B—B 旋转。万向节叉 2 也同样可按上述情况进行旋转，因此，当主动轴 1 和从动轴 5 的夹角变化时，还能保证其有效地进行传动。

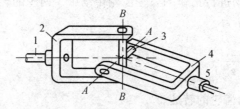

图 5.1.8　普通万向节示意图

1—主动轴；2、4—万向节叉；3—十字轴；5—从动轴

图 5.1.9 所示为目前广泛应用的普通十字轴刚性万向节。这种万向节可以在两轴交角不大于 15°~20° 的情况下工作。

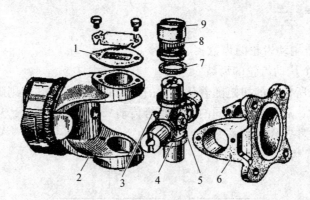

图 5.1.9　十字轴刚性万向节

1—轴承盖；2、6—万向节叉；3—油嘴；4—十字轴；5—安全阀；7—油封；8—滚针；9—套筒

为了润滑轴承，十字轴内钻有相互贯通的油道，油道与油嘴 3 及安全阀 5 相通。在十字轴的轴颈上还装有油封 7。润滑油从油嘴 3 注入十字轴油道，当十字轴油道内的油压过大时，安全阀 5 即被顶开而使润滑油外溢，可防止油封 7 因油压过高而损坏。

（五）主传动器

主传动器又叫中央传动器，大多数行走式机械的发动机曲轴轴线与车轮的轴线是垂直的，而且传动系需要较大的减速比，因而需要一对大传动比锥齿轮传动。履带式机械的中央传动一般只有一对弧齿锥齿轮；轮式机械的中央传动器与差速器做成一体。

主传动器起着降低转速、增加转矩、改变传力方向的作用。图 5.1.10 所示的 ZL40 装载机的主传动器是单级主减速器，其主要特征是从输入到差速器壳只有一级齿轮传动。这种形式结构简单、质量较轻、尺寸小、成本低。由于仅一级减速，传动比不能过大，一般不超过 7.6，特别是轮胎直径较小的时候，为了保证离地间隙，能实现的传动比往往会更小。单级减速主动传动器大量用于中、小型工程机械和汽车中。

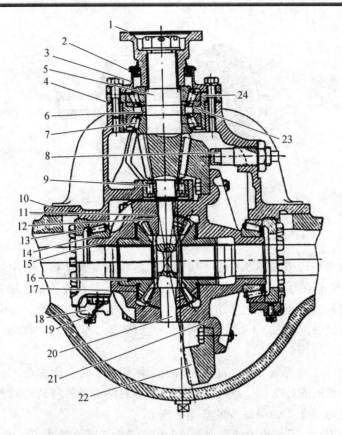

图 5.1.10　ZL40 装载机主传动

1—联轴器；2—油封；3—轴承盖；4、23—调整垫片；5—锥齿轮轴；6—轴套；7—圆锥滚子轴承；
8—支腿螺栓；9—圆柱滚子轴承；10—主传动器壳；11—球面垫片；12—行星齿轮；
13—调整螺母；14—圆锥滚子轴承；15—差速器左壳；16—半轴齿轮；
17—止推垫片；18—轴承盖；19—锁片；20—十字轴；
21—差速器右壳；22—从动锥齿轮；24—轴承座

（六）差速器

由于以下原因，轮胎式工程机械行驶时两侧车轮转速可能不相等：① 转向时，外侧车轮走过的距离要比内侧车轮走过的距离长；② 当在高低不平的地面上行驶时，左右车轮走过的路面长度不总是相等的；③ 当左右驱动轮轮胎气压不等，胎面磨损程度不同或左右负载不均时，两侧轮胎的滚动半径不是绝对相等的。如果这时用一根轴将两侧车轮刚性地连接起来，使左右两侧驱动轮的转速相同，则行驶时机器轮胎会产生滑磨，使轮胎磨损加快，能量消耗增大，转向困难。所以，轮胎式机械左右两侧的驱动轮不能刚性连接，需要一个构件在出现上述情况时自动地使两边轮胎速度不等。这个构件就是差速器。

差速器的构造如图 5.1.11，差速器壳 2 用螺栓与主传动器从动锥形齿轮 3 连接成一体，差速器壳内装有行星齿轮 5（两个或四个）、行星齿轮轴 4、半轴齿轮 7 和 8，它们可以随差速器壳一起旋转。行星齿轮与左、右两个半轴齿轮啮合，而半轴齿轮则分别安装在左右半轴 1 和 6 的花键部位上。

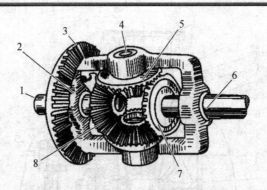

图 5.1.11　锥形行星齿轮式差速器

1—左半轴；2—差速器壳；3—主传动器从动锥形齿轮；4—行星齿轮轴；
5—行星齿轮；6—右半轴；7—右半轴齿轮；8—左半轴齿轮

差速器的工作原理可以用图 5.1.12 来说明。假定在两齿条 1 和 3 的中间装一个与之啮合的齿轮 2，齿轮 2 松套在轴 4 上，如图 5.1.12（a）所示。若在齿轮轴上加一个向上的力 P，则齿轮轴将带动齿轮及两齿条向上移动。若移动两齿条需要的力相等，则两齿条便随着齿轮向上移动同一个距离 A，如图 5.1.12（b）所示。这时齿轮 2 只能向上移动，而不会绕轴 4 转动。

若两齿条之一（设右齿条）的移动阻力较大，则齿轮 2 将一面移动，一面按箭头所示的方向绕轴 4 转动，如图 5.1.12（c）所示。结果是左、右两齿条的移动距离不等，且左齿条增加的移动距离 B 正好等于右齿条减少的移动距离 B。

若右齿条固定不动，当齿轮轴 4 受力上移时，则齿轮 2 就按箭头所示的方向绕轴 4 转动，如图 5.1.12（d）所示，结果是左齿条向上移动，且移动的距离为齿轮轴移动距离的两倍（2A）。

若将齿轮轴固定不动，而只移动一根齿条，如图 5.1.12（e）所示，则齿轮将绕轴 4 转动，而另一根齿条就会向相反的方向移动一个相等的距离。

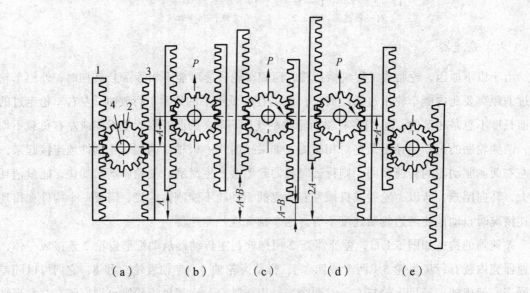

（a）　　（b）　　（c）　　（d）　　（e）

图 5.1.12　差速器的工作原理图

1、3—齿条；2—齿轮；4—轴

　　综合上述情况可知：两齿条移动距离之和等于齿轮移动距离的两倍。差速器就是按上述原理进行工作的。

　　当轮式机械沿平路直线行驶时，两驱动轮在同一时间内驶过相同的路程。这时，差速器壳2与两个半轴齿轮7和8以及两驱动车轮同速旋转，相当于图5.1.12（b）所示的情况。

　　当机械转弯时，内侧的驱动车轮阻力较大，因而与其相连的半轴齿轮就旋转得比差速器壳慢。这时行星齿轮不但随差速器壳做圆周运动（公转），而且还绕其自身的轴4转动（自转），于是就加速了另一个半轴齿轮的转速，从而使两侧的驱动轮转速不等（外侧大于内侧），保证了机械的顺利转弯。这时，相当于图5.1.12（c）所示的情况。

　　当一侧的驱动轮由于附着力不足而打滑时，它就飞快空转，另一侧的驱动轮就停转，这时机械便停止行驶。打滑一侧的半轴齿轮，其转速为差速器壳转速的两倍。这时，相当于图5.1.12（d）所示的情况。

　　为了防止由于一侧驱动轮打滑而造成机械停止行驶的现象，常常采用一种特殊的锁定装置-差速锁，即将差速器锁定，使左、右两根半轴连成一个整体，从而使机械能继续行驶。

　　（七）轮边减速器

　　轮边减速器是指最靠近驱动轮的传动装置，轮边减速器的作用是：减小驱动桥的尺寸，提高机器的离地间隙，改善机械的通过性能；降低主传动装置、差速器齿轮和半轴上传递的转矩，从而使上述传动装置和零件尺寸减小、重量减轻，提高机械的工作性能。

　　轮边减速器是传动系统中最后一级减速机构，轮式工程机械轮边减速器一般采用行星齿轮传动。其优点是以较小的尺寸获得较大的传动比，而且可以布置在车轮轮毂之内而不增加机械的外形尺寸。

　　轮边减速器一般布置在车轮轮毂空间处，常见的轮边减速器多为以下两种行星传动减速器。

　　（1）如图5.1.13（a）所示，太阳轮为主动件与半轴相连，被动件为行星架与车轮相连，齿圈固定不动与桥壳相连。

　　（2）如图5.1.13（b）所示，太阳轮为主动件与半轴相连，被动件为齿圈与车轮相连，行星架固定不动与桥壳相连。

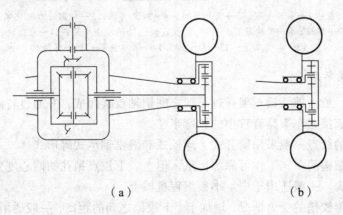

（a）　　　　　　　　　　（b）

图5.1.13　轮边减速器

第二节　车架与走行系统

一、典型车架结构

车架是整个机械的基础，机械的大部分部件和总成都通过它来固定位置，因此，车架的构造必须满足整机布置和整机性能的要求。此外，机械的各种受力以及行驶和作业中的冲击，最后都传到车架。为保证整机的正常工作，车架还必须具有足够的强度和刚度，同时质量要小。

车架的构造根据机种、要求的不同，其形式也不相同。轮式工程机械的车架，一般分为整体式和铰接式两大类。

（一）整体式车架

整体式车架由两根纵梁和若干根横梁采用铆接或焊接的方法连接成坚固的框架。纵梁由钢板冲压而成，断面一般为槽形。对于重型机械的车架，为了提高车架的抗扭强度，纵梁断面可采用箱形结构。

横梁不仅用来保证车架的扭转刚度和承受纵向荷载，而且还用来支承机械的各个部件。因此，横梁在车架上的位置、形状及其数量，应由车架的受力情况及机械的总体布置要求来决定。

图 5.2.1 所示为 TL160 型轮胎推土机整体式车架示意图。

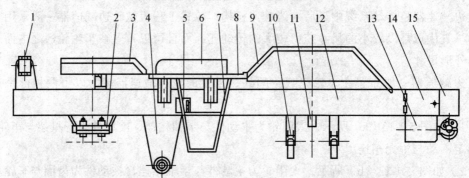

图 5.2.1　TL160 型轮胎推土机整体式车架示意图

1—推土板油缸支架；2—前桥支架；3—前挡泥板；4—推架支承；5—转向助力缸支架；6—活动盖板；
7—车梯；8—驾驶室底板；9—后挡泥板；10—后桥支架；11—限位块；
12—车架主梁；13—牵引钩；14—蓄电池箱；15—保险杠

（二）铰接式车架

铰接式车架一般由前、后车架通过车架之间销轴铰接而成，并通过转向机构使前车架相对后车架转动。铰接式车架具有较小的转弯半径。

铰接式车架的铰点一般采用销套式、球铰式和滚锥轴承式等形式。

销套式具有结构简单，工作可靠等优点，但上、下铰点销孔的同心度要求高，上、下铰点间距离不宜过大。一般适用于中、小型工程机械上。

球铰式可改善铰销的受力情况，增加上、下铰销之间的距离，一般适用于大型装载机上。

滚锥轴承式能使前后车架偏转更为灵活，但结构较为复杂，成本较高。

图 5.2.2 所示为 966D 型装载机铰接式车架。

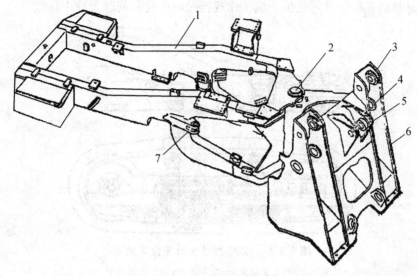

图 5.2.2　966D 型装载机铰接式车架

1—后车架；2—铰销；3—动臂销座；4—动臂油缸销座；5—转斗油缸销座；
6—前车架；7—转向油缸销座

二、履带式走行系统

（一）履带式走行系统的功用和构造

履带式走行系统的功用是支持机体，并将传动系传到驱动链轮上的转矩变成所需的牵引力，使机械进行作业和行驶。

履带式走行系统，通常由驱动轮 1、履带 2、支重轮 3、台车架 4、张紧装置 5、引导轮 6、车架 7、悬架弹簧 8 及托轮 9 等零部件组成，如图 5.2.3 所示。

与轮式走行系统相比，履带式走行系统的支承面积大，接地比压力小（一般小于 0.1 MPa），适合在松软或泥泞的场地进行作业，通过性能较好。另外，履带支承面上有履齿，不易打滑，牵引附着性能好。但是，履带式走行系统结构复杂，质量大，减振功能差，"四轮一带"磨损严重，因此行驶速度低，机动性较差。

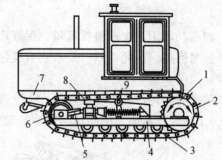

图 5.2.3　履带式拖拉机走行系统的组成

1—驱动轮；2—履带；3—支重轮；4—台车架；
5—张紧装置；6—引导轮；7—车架；
8—悬架弹簧；9—托轮

（二）台车架及悬架

1．台车架

台车架是走行机构的主体，图 5.2.4 所示为 T220 型推土机左台车简图。它是用加强槽钢的箱形断面纵梁，以 U 形和 L 形横板连接成矩形的框架结构。在左、右纵梁前部的上面和内侧各焊有供引导轮支架移动用的导向板条，梁的下平面和内侧分别焊有弹簧箱和斜撑臂。这种结构具有足够的强度，可承受推土机工作或行驶时所受到的巨大冲击荷载。

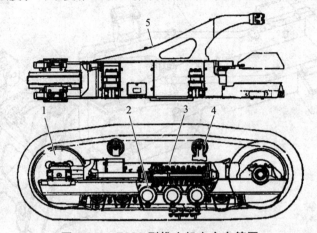

图 5.2.4　T220 型推土机左台车简图

1—引导轮；2—支重轮；3—张紧装置；4—托轮；5—后托架

2．悬　架

悬架是车架和台车架之间的连接元件，其功用是将机体重量全部或部分通过悬架传给支重轮，再由支重轮传给履带；同时，悬架还兼有缓冲作用，可以减轻走行装置产生的冲击振动。

悬架有弹性悬架、半刚性悬架、刚性悬架之分。工程机械由于行驶速度较低，目前多采用半刚性和刚性悬架两种。

（三）"四轮一带"

1．履　带

履带的功用是支承整机重量，保证产生足够的牵引力。履带经常在泥水中工作，条件恶劣，极易磨损。因此，除了要求它有良好的附着性能外，还要求它有足够的强度、刚度和耐磨性。

每条履带是由几十块履带板、履带销等零件组成，如图 5.2.5 所示。图（a）中上面为"轨道"，下面为支承面，中间是与驱动链轮相啮合的部分，两端为连接铰链。

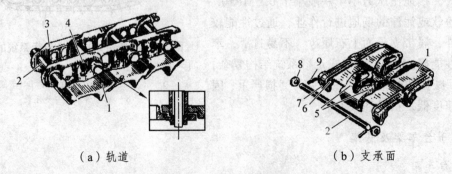

（a）轨道　　　　　　　　　　　　　（b）支承面

图 5.2.5　整体式履带板

1—履带板；2—履带销；3、4—导轨；5—导向筋；6—销孔；7—节销；8—垫片；9—销锁

履带板的结构有整体式和组合式之分。整体式如图 5.2.5 所示，结构简单，拆装方便，质量轻，但履带销与销孔的间隙较大，泥沙极易浸入，使销与孔磨损较快，一旦损坏履带板只能整块更换。因此，多用于行驶速度低、作业地带好的挖掘机等重型机械上。

组合式履带（见图 5.2.6）则不然，其密封性能好，能适应恶劣的泥、水、沙、石地带作业，可单独更换易损件。因此，广泛应用于推土机、装载机等多种机械上。

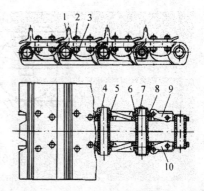

图 5.2.6 组合式履带板

1—履带板；2—螺钉；3—螺母；4—履带销；
5—销套；6—销垫；7—履带活销；
8—活销套；9、10—左右履带节

2．驱动轮

驱动轮安装在最终传动的从动轴或从动轮毂上，用来卷绕履带，使传来的驱动力矩转变为驱动力。它有组合式和整体式之分。组合式驱动轮由齿圈与轮毂组成，齿圈由几段齿圈节分别用螺钉紧固在轮毂上，如图 5.2.7 所示。当某段齿圈节磨损后，可以个别更换，不必解开履带，因此给维修保养带来了很大的方便。也有将全部齿圈制成一体的，然后与轮毂装配。

整体式驱动轮是将齿圈轮毂制成一体。

3．支重轮

支重轮用来支承机体重量，并在履带的链轨上滚动，使机械沿链轨行驶。它还用来夹持履带，使其不沿横向滑脱，并在转弯时迫使履带在地面上滑移。

支重轮常在泥水中工作，且承受强烈的冲击，工作条件很差。因此，要求它的相对转动部分密封可靠，轮缘耐磨。

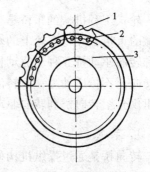

图 5.2.7 组合式驱动轮

1—齿圈节；2—固定螺钉；3—轮毂

4．托 轮

托轮的功用是托住履带，防止履带下垂过大，以减小履带在运动中的振跳现象，并防止履带侧向滑落。托轮与支重轮相似，但其所承受的荷载较小、工作条件较支重轮为好，所以尺寸较小。

5．引导轮

引导轮的功用是支撑履带和引导它正确运动。导向轮与张紧装置一起使履带保持一定的张紧度并缓和从地面传来的冲击力，从而减轻履带在运动中的振跳现象，避免引起剧烈的冲击，进而加速履带销和销套间的磨损。履带张紧后，还可防止它在运动过程中脱落。

三、轮式走行系统

轮式机械走行系统是用来支持整机的重量和荷载，并保证机械的正常行驶和进行各种作业。轮式走行系统通常由车架、车桥、悬架和车轮等组成，如图 5.2.8 所示。车架通过悬架连接着车桥，而车轮则安装在车桥的两端。

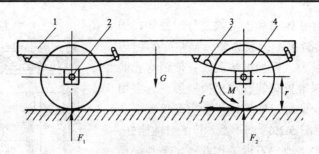

图 5.2.8 轮式走行系统的组成

1—车架；2—车桥；3—悬架；4—车轮

对于行驶速度较低的轮式工程机械，为保持其作业时的稳定性，一般不装悬架，而将车桥直接与车架连接，仅依靠低压的橡胶轮胎缓冲减振。对于行驶速度高于 40~50 km/h 的工程机械，则必须装有弹性悬架装置。悬架装置有用弹簧钢板制作的，也有用气-油为弹性介质制作的。后者的缓冲性能较好，但制造技术要求高。

（一）车 桥

轮式工程机械的车桥是一根刚性的实心梁或空心梁，它的两端装有车轮。车桥用来支承机械的重量，并将车轮上的牵引力、制动力和侧向力传给车架。车桥一般分为驱动桥、转向桥和转向驱动桥 3 种。驱动桥只传递动力，其车轮不相对车桥偏转；转向桥只偏转车轮，完成转向，不传递动力；而转向驱动桥既要传递动力，又要偏转车轮。驱动桥在前面已叙述，这里仅介绍转向桥和转向驱动桥。

1．转向桥

转向桥是通过操纵机构使转向车轮偏转一定角度，以实现车辆的转向。转向桥除承受垂直反力外，还承受制动力和侧向力以及这些力引起的力矩。

各种机械的转向桥结构基本相同，主要由前梁、转向节和轮毂等 3 部分组成，如图 5.2.9 所示。

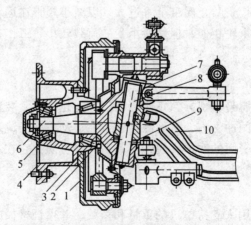

图 5.2.9 QDI00 型汽车起重机转向桥结构示意图

1—制动鼓；2—油封；3、5、9—圆锥滚子轴承；4—轮毂；
6—转向节；7—衬套；8—主销；10—前轴

2．转向驱动桥

在一些铲土运输机械中，为了获得最大的牵引力，多采用全轮驱动，即前后桥都是驱动桥。对于具有整体式车架、用偏转车轮转向的铲土运输机械，必须有转向驱动桥才能使驱动轮兼有传递动力与转向的功能。

图 5.2.10 为 TL160 型轮式推土机转向驱动桥的结构示意图。由于转向驱动桥的车轮在转向时要绕主销 5 偏转一个角度，故它的半轴分成内半轴 4 和驱动轴 8 两段，通过等角速万向节 6 把它们连接起来。当车桥驱动时，动力通过内半轴、等角速万向节和驱动轴传给轮边减速器 9，然后传给驱动轮。

当操纵转向系时，转向节便可绕转向主销转动而使转向轮偏转，实现推土机转向。

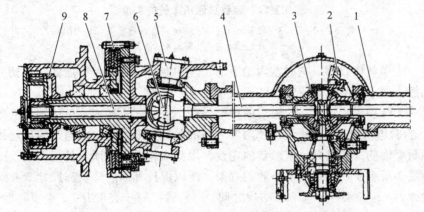

图 5.2.10　TL160 型轮式推土机转向驱动桥结构示意图

1—桥壳；2—主传动大锥齿轮；3—差速器；4—内半轴；5—转向主销；6—等角速万向节；
7—主制动器；8—驱动轴；9—轮边减速器

（二）车轮与轮胎

车轮与轮胎是用来承受整机重量和荷载，实现滚动行驶，并传递车辆和路面之间各种力和力矩的。此外，轮胎和悬架一起共同缓和与吸收不平路面所产生的振动和冲击。

1．车轮

车轮由轮毂、轮辋以及这两个元件之间的连接部分组成。按连接部分构造的不同，车轮可分为盘式和辐式两种，盘式车轮应用最广。

图 5.2.11 所示为装载机通用车轮的构造。轮胎由右向左装于轮辋 2 之上，以挡圈 7 抵住轮胎右壁，插入斜底垫圈 6，最后以锁圈 8 嵌入槽口，用以限位。轮盘 5 是连接轮毂和轮辋的钢质圆盘，它与轮辋 2 焊为一体，轮毂螺栓 3 将轮毂 1、轮边减速器行星架 4、轮盘 5 紧固为一体，动力便由行星架传给车轮和轮胎。

2．轮　胎

1）轮胎的构造

目前，工程机械中常用的多为有内胎的轮胎，它由外胎、内胎、衬带 3 部分组成。图 5.2.12 为充气轮胎的组成。

内胎为一环形软橡胶圈，管壁上装有气门嘴，空气由气门嘴压入使内胎具有一定的弹性。

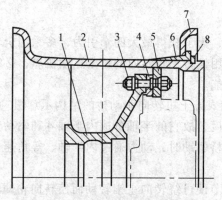

图 5.2.11 装载机通用车轮的构造

1—轮毂；2—轮辋；3—轮毂螺栓；4—轮边减速器行星架；5—轮盘；
6—斜底垫圈；7—挡圈；8—锁圈

衬带是一个带状橡胶环，它衬在内胎下面，使内胎不与轮辋及外胎的硬胎圈直接接触，可防止内胎擦伤或卡到胎圈与轮辋之间而夹伤。

外胎是一个保护内胎且有一定强度的弹性外壳。它主要由胎面、胎体和胎圈等组成（见图 5.2.13）。胎面包括胎冠 1、胎侧 7 和两者之间的胎肩 3 部分。经常与地面接触的胎冠要求具有良好的耐磨性能，并且有一定形状的花纹，以提高轮胎在地面上的附着力。胎体由帘布层 4 和缓冲层 3 所组成。帘布层是外胎的骨架，用以保持外胎的形状和尺寸，并承受车轮受压时胎内的张力。缓冲层在胎面和帘布层之间，由较稀疏的挂胶布组成，可吸收胎面的冲击，保护帘布层。为使外胎能牢固地安装在轮辋上，外胎还具有带金属丝的胎圈 6，它由钢丝圈、帘布层包边和胎圈包布组成。

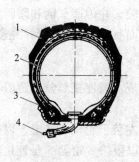

图 5.2.12 充气轮胎的组成

1—外胎；2—内胎；3—衬带；4—气门嘴

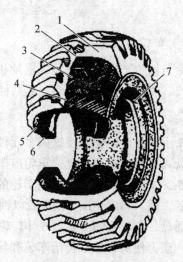

图 5.2.13 外胎构造

1—胎冠；2—钢丝加强层；3—缓冲层；4—帘布层；
5—内层；6—胎圈；7—胎侧

2）轮胎的类型

充气轮胎根据轮胎的充气压力可分为高压胎、低压胎和超低压胎 3 种。充气压力 0.5 ~ 0.7 MPa 者为高压胎；压力 0.15 ~ 0.45 MPa 者为低压胎；压力小于 0.15 MPa 为超低压胎。

根据轮胎帘线排列的不同又分为斜交胎（普通胎）、子午胎、带束斜交胎。

斜交轮胎（普通轮胎）是指胎体帘布层间帘线交角为 48°~54° 的一种轮胎。这种轮胎具有转向和制动性能良好，胎体坚固，胎壁不易损伤，生产成本低等优点；但它在耐磨性、滚动阻力、减振性、附着性能等方面较差。

子午线轮胎帘布层的各层帘线与轮胎圆周的交角为 90°，这样帘线受力与变形方向一致，因此承载能力大而层数少。子午胎的优点是附着性能好，滚动阻力小，承载能力大，耐磨性能与耐刺扎性能好；但这种轮胎胎壁薄，变形大，不易在路面条件差的地区行驶作业，且生产成本高。

带束斜交轮胎的胎体帘线排列与斜交胎近似，缓冲层与子午胎相仿，在结构上它介于二者之间。这种轮胎综合了斜交胎胎体坚固、稳定性好及子午胎耐磨性能、附着性能好等优点。

第三节　工程机械制动系统

制动系统是用来对行驶的工程机械施加阻力，使其速度降低或停止行驶的装置。制动系统对于提高工程机械作业生产率，保证人、机安全起着重要作用。

一、轮式制动系统

轮式机械整个制动系统可分为 3 个单独的系统，即车轮制动系统（脚制动系统），一般用于行车制动；手制动系统，一般装在变速器输出轴上，多用于场地停车制动，偶尔用于紧急制动；辅助制动系统，一般是装在发动机排气管上的排气制动，也有装在传动轴上的液力制动，以便于下长坡时作为辅助制动。小吨位机械仅用前两种，而大吨位机械才具有上述 3 种制动系统。

车轮制动系统的组成与工作原理如图 5.3.1 所示。以内圆面为工作表面的金属制动鼓 8 固定在车轮轮毂上，随同车轮一起旋转。制动底板与车桥连接而且固定不动，其上装有液压制动分泵 6 和两个支承销 11。支承销支承着两个弧形制动蹄 10 的下端，制动蹄的外圆上装有非金属摩擦衬片 9。

制动总泵活塞 3 可由驾驶员通过制动踏板 1 来操纵。制动时，只要踩下踏板 1，活塞 3 在推杆 2 的作用下内缩，制动总泵 4 中油液的压力升高，压力油经油管 5 流入制动分泵 6，将分泵的两个活塞往外推出，从而使制动蹄上的摩擦衬片 9 压紧在制动鼓 8 上。此时，固定的制动蹄对旋转的制动鼓作用一摩擦力矩 M_T，其方向和车轮旋转方向相反。制动鼓将该力矩传到车轮后，由于车轮与地面间有附着作用，车轮即对地面产生一作用力 P，同时地面又对车轮产生一反作用力，即制动力 P_T。其可阻止机械前进，从而达到减速或停车的目的。

当驾驶员放开制动踏板时，制动分泵 6 中油液流回总泵，制动蹄回位弹簧 7 将制动蹄从制动鼓上拉回原位，摩擦衬片与制动鼓内圆之间出现环形间隙，制动即被解除。

上述制动系统包括作用不同的两大部分：制动器和制动驱动机构。用来直接产生制动力矩迫使车轮转速降低的部分称为制动器，它的主要成分是由旋转元件和固定元件组成的摩擦副。制动踏板、制动总泵和制动分泵等传力、助力机构，总称为制动驱动机构，其作用是将来自驾驶员或其他力源的作用力传到制动器，使其中的摩擦副互相压紧，产生制动力矩。

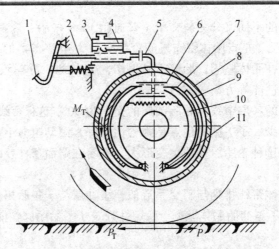

图 5.3.1　制动系统的组成与工作原理图

1—制动踏板；2—推杆；3—制动总泵活塞；4—制动总泵；5—油管；6—制动分泵；
7—制动蹄回位弹簧；8—制动鼓；9—摩擦衬片；
10—制动蹄；11—支承销

（一）制动器

制动器根据工作原理的不同可分为机械摩擦式制动器和液力式制动器两类。机械摩擦式制动器制动力的获得是靠摩擦副的相互摩擦而产生的。按其结构形式的不同又分为蹄式、盘式和带式 3 种。液力式制动器是靠连接在传动轴上的泵轮叶片搅动液体，产生阻尼来进行制动的。

1．蹄式制动器

蹄式制动器根据受力不同有非平衡式、平衡式、自动增力式之分。

1）非平衡式制动器

如图 5.3.2 所示，当制动鼓 8 逆时针旋转时，左制动蹄 1 在制动分泵活塞 2 推力 P 的推动下张开制动，制动鼓 8 对左制动蹄 1 产生的摩擦力与正压力分别为 F_1、N_1。左制动蹄上所受的 3 力 P、F_1、N_1 对支承销 7 取矩的结果将使蹄片压向制动鼓，谓之紧蹄；同理，右制动蹄在 P、F_2、N_2 作用的结果却使右制动蹄片试图离开制动鼓，叫作松蹄。由于 $N_1 > N_2$，$F_1 > F_2$，不但两制动蹄的制动效能不同，而且对制动鼓的作用力也不平衡，两制动蹄摩擦衬片的磨损也不相同，所以称为非平衡式制动器。如果制动鼓按顺时针转动，则右制动蹄为紧蹄，左制动蹄为松蹄，仍然为非平衡式。

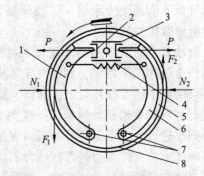

图 5.3.2　非平衡式制动器示意图

1—左制动蹄；2—制动分泵活塞；3—制动分泵体；
4—回位弹簧；5—摩擦衬片；6—右制动蹄；
7—支承销；8—制动鼓

2）平衡式制动器

如图 5.3.3（a）所示，无论制动鼓正转还是反转，两制动蹄受力均相同，制动效能也相同，所以称为平衡式制动器。但多增加了一个分泵，结构较复杂。

3）自动增力式制动器

如图5.3.3（b）所示，若制动鼓按逆时针旋转，则左制动蹄显然是紧蹄，右蹄在传力杆上Q力的推动下，以上端销轴为支点也成为紧蹄，而且比左制动蹄的增势作用还大，称为增力紧蹄。如果制动鼓按顺时针旋转，则情况相反，右制动蹄为紧蹄，左制动蹄为增力紧蹄，制动效能相同。所以这种制动器称为自动增力式制动器。其特点是制动效能高；但制动力矩增加过猛，制动的平顺性较差，而且摩擦系数稍有降低，制动力矩将急剧下降。这种制动器多用于手制动器，或用于不宜采用加力器又要求制动力矩大的机械上。

4）凸轮张开式制动器

如图5.3.3（c）所示，凸轮的外形是以轴心为对称的，当凸轮转过一定角度时，对两制动蹄产生推力P_1、P_2。若制动鼓为逆时针旋转，则左制动蹄为紧蹄，右制动蹄为松蹄。在使用一段时间之后，受力大的紧蹄必然磨损大。由于两制动蹄顶端推开的距离相等，最终导致$N_1 = N_2$、$F_1 = F_2$，制动器由非平衡式变为平衡式。如果制动鼓顺时针转动，则右制动蹄成为紧蹄，左制动蹄成为松蹄，制动原理和上述完全相同。

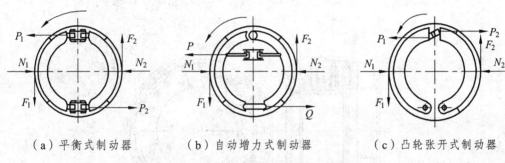

（a）平衡式制动器　　　（b）自动增力式制动器　　　（c）凸轮张开式制动器

图5.3.3　其他蹄式制动器示意图

2．盘式制动器

盘式制动器是以其圆盘的两端面作为制动面来进行制动的。由于结构不同，又分为钳盘式制动器和全盘式制动器两种。

1）钳盘式制动器

钳盘式制动器是以摩擦衬块的夹钳从两边夹紧旋转圆盘来进行制动的。图5.3.4为固定夹钳式制动器的结构示意图，制动盘16用螺钉1固定在车轮轮辋上，而两制动钳对称安装在制动盘外缘上。制动时，左、右活塞在液压油的作用下分别向右、左方向移动，推动底板5使摩擦衬片6压向制动盘，产生制动力矩，同时使回位弹簧12拉伸。一旦制动液压消除，活塞在回位弹簧的作用下将回复原位。

当摩擦衬片磨损，活塞的移动量大于挡环14与套筒13凸缘之间的间隙S时，活塞带动挡环紧压套筒凸缘，使其克服摩擦卡环11与固定销轴10间的摩擦力，与活塞一起移动到弥补摩擦衬片磨损量为止。

2）全盘式制动器

全盘式制动器如图5.3.5所示。制动器外壳由外盖2和内盖1用12个长螺栓6连成一体，外壳通过螺栓与桥壳或转向节固定。长螺栓上有键，它与制动器3个固定盘7上的键槽配合，使得固定盘只能轴向移动。固定盘之间夹装的3个转动盘4用花键与花键轴套5滑动

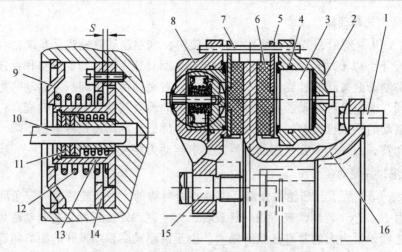

图 5.3.4　固定夹钳式制动器结构示意图

1—螺钉；2—外钳壳；3—活塞；4—密封圈；5—底板；6—摩擦衬片；7—导向销；8—内钳壳；
9—盖板；10—固定销轴；11—摩擦卡环；12—回位弹簧；13—套筒；
14—挡环；15—螺钉；16—制动盘

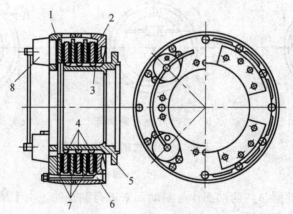

图 5.3.5　全盘式制动器

1—内盖；2—外盖；3—摩擦片；4—转动盘；5—花键轴套；6—螺栓；7—固定盘；8—制动分泵

配合，花键轴套通过螺栓连接在轮毂上。扇状的摩擦片 3 黏结在固定盘上，并用铆钉铆紧。在制动器的内盖上装有 4 只制动分泵 8，分泵内装有机械式活塞自动回位和间隙补偿机构，其工作原理与钳盘式相同，只是所补偿的摩擦片磨损间隙为各摩擦片磨损间隙的总和。

（二）制动驱动系统

制动驱动机构根据其操纵力源的不同可分为机械式和动力式两类。机械式是整个驱动机构为机械传动，靠人力操纵，结构简单，操纵费力，一般用于手制动。动力式靠液压、气压、气-液复合式来驱动传力、助力机构，驾驶员可通过制动踏板操纵控制阀，控制液体或空气的压力和流动方向。因此操纵省力，制动迅速，目前广泛应用于各种工程机械中。

图 5.3.6 为 CL7 型自行式铲运机制动系统简图。该系统以压缩空气作为制动力源，空气压缩机 2、油水分离器 8、调压器 12、储气筒 10、脚踏制动阀 7、气压表 5、快速放气阀 11 及管子等组成了气压制动传动机构。

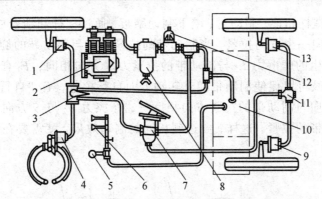

图 5.3.6　CL7 型自行式铲运机制动系统简图

1、4—前制动气室；2—空气压缩机；3—气动转向阀；5—气压表；6—气喇叭；7—脚踏制动阀；
8—油水分离器；9、13—后制动气室；10—储气筒；11—快速放气阀；12—调压器

空压机输出的压缩空气，先经油水分离器 8 除去空气中所含的水分和自空气压缩机内带出的润滑油后，再进入储气筒 10。储气筒中气压规定不得超过 0.7 MPa，为此在油水分离器和储气筒之间装有调压器 12，当压力超过上述值时，压缩空气便由调压器排入大气，以维持规定的压力。前后制动气室 1、4 和 9、13 可由脚踏制动阀 7 控制，使它们在制动时与储气筒相通，而在解除制动时和大气相通。

按驾驶员要求的不同，制动强度、制动时在制动气室内建立的气压也应不同，但储气筒内气压在任何时候都应高于制动气室的压力。在气压制动传动机构中必须有随动装置，以保证制动气室和制动器所产生的制动力矩与踏板力和踏板行程有一定的比例关系，制动阀就是这样的随动装置。其他各种形式的动力制动传动装置都具有不同类型的随动装置。

气动转向阀 3 的作用是当铲运机液压转向系统工作失灵时，通过气动转向阀用制动前桥某侧车轮的方法实现应急转向。

气动转向阀有左、中、右 3 个位置，当气动转向阀处于中间位置时，从储气筒来的压缩空气被阀芯堵住，而左、右制动气室与脚踏制动阀 7 之间的气路则接通，进入左、右气室的压缩空气即由脚踏制动阀 7 控制。如果液压转向失灵，此时可扳动气动转向阀手柄，使之处于左位或右位，转向阀便将脚踏制动阀 7 与左、右制动气室气路切断，储气筒与左或右制动气室接通，使左侧或右侧车轮制动，以实现转向。铲运机转向后，松开气动转向阀手柄，手柄在气动转向阀内的回位阀作用下自动回到中间位置，脚踏制动阀与左、右制动气室的气路又被气动转向阀接通。

二、履带制动系统

履带式工程机械一般都采用带式制动器，因为带式制动器可利用转向离合器的从动鼓作为制动鼓，使结构简单而紧凑。

根据制动带作用方式的不同，制动器分为单向作用式和浮式两种，其工作原理如图 5.5.7所示。

（一）单向作用式制动器

单向作用式制动器[见图 5.3.7（a）]的制动带一端为固定端，固定在机架上；另一端

为活动端,与接合杠杆相连。制动时,踏下制动踏板,通过杠杆和结合杠杆使活动端拉紧。显然,制动带只能向一个方向拉紧。当制动带的拉紧方向与制动鼓的旋转方向一致时,制动带与鼓接触时产生的摩擦力 F_1 与制动带的拉紧力 S 方向相同,F_1 有促使制动带随鼓一起旋转的趋势,即鼓可以促使制动带随其转动方向自行拉紧,有"自行增力"的作用。但是当制动鼓旋转方向与制动带的拉紧方向相反时,摩擦力 F_2 与 S 方向不同,则鼓的转动又会变成阻碍制动带的拉紧。这样,要达到相同的制动效果,就需要在制动踏板上施加更大的力。

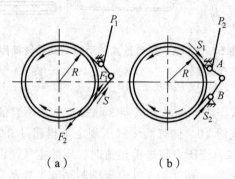

（a）   （b）

图 5.3.7　带式制动器工作原理图

单向作用式制动器结构较简单,一般用于小型工程机械和拖拉机上。

（二）浮式制动器

浮式制动器[见图 5.3.7(b)]的制动带两端都固定在浮动式制动臂上,其固定端随鼓的转向而改变。当制动鼓逆时针方向转动时,A 点为固定端,反之 B 点为固定端。因此,制动带的拉紧方向总是与鼓的转动方向相同,从而始终能保持"自行增力"的作用。由于浮式制动器操纵省力,在一些大型工程机械上得到广泛应用。

第四节　工程机械转向系统

一、轮式转向系统

（一）转向系统的作用和分类

转向系统的作用是使机械按照驾驶员的意图达到转弯或直线行驶的目的。转向系统应能根据需要保持车辆稳定地沿直线行驶,并能按要求灵活地改变行驶方向。

轮胎式机械的转向都是通过操纵方向盘来实现的。根据转向方式的不同,轮式底盘转向系可分为偏转车轮转向和铰接式转向两大类。按驱动转向轮(或驱动前、后车架)进行转向的操纵力来源的不同,又可分为人力式(机械式)和动力式两种。

偏转车轮转向一般用于整体式车架,它可分为前轮转向、后轮转向和全轮转向 3 种,如图 5.4.1 所示。铰接式转向用于铰接式车架,它是利用转向器和转向油缸使前、后车架发生相对转动来达到转向的目的,如图 5.4.2 所示。

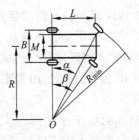
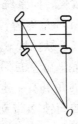

（a）偏转前轮　　　（b）偏转后轮　　　（c）全轮转向

图 5.4.1　偏转车轮转向

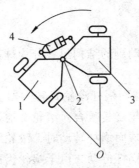

图 5.4.2　铰接式转向

1—前车架；2—铰销；3—后车架；4—转向油缸

人力式（机械式）转向由人来驱动转向执行机构，如图 5.4.3 所示。它的一整套传动机构只是用来放大作用力，一般用于小功率的整体车架。动力式转向是利用液压或气压来驱动转向执行机构的，一般用于大功率机械。

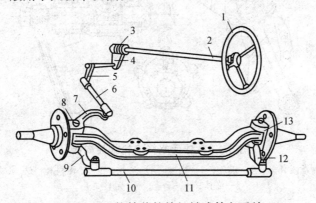

图 5.4.3　偏转前轮的机械式转向系统

1—方向盘；2—转向轴；3—蜗杆；4—齿扇；5—转向垂臂；6—纵拉杆；7—转向节臂；
8—转向主销；9、12—梯形臂；10—横拉杆；
11—前轴；13—右转向节

（二）偏转车轮式转向

1．转向系统的组成及工作原理

各种偏转车轮式转向虽然形式不同，但其转向系统的组成和转向原理却基本相同，现以前轮转向为例来进行说明。

　　图 5.4.3 所示为偏转前轮的机械式转向系统。它由转向器和转向传动装置两部分组成。方向盘 1、转向轴 2、蜗杆 3、齿扇 4 等总称为转向器，它的作用是将方向盘上的作用力加以放大，并改变传动方向。转向垂臂 5、纵拉杆 6、转向节臂 7 和转向梯形组成转向传动装置，其作用是将放大了的作用力传给车轮。由左右梯形臂 9 和 12、横拉杆 10 及前轴 11 构成的转向梯形机构，可保证两侧转向轮偏转角具有一定的相互关系。

　　转向时，转动方向盘 1，通过转向轴 2 带动相互啮合的蜗杆 3 和齿扇 4，使转向垂臂 5 绕其轴摆动，再经纵拉杆 6 和转向节臂 7 使左转向节及装在其上的左转向轮绕主销 8 偏转。与此同时，左梯形臂 9 经横拉杆 10 和右梯形臂 12 使右转向节 13 及右转向轮绕主销向同一方向偏转。

　　2．转向器

　　转向器的种类很多，通常按传动副的结构形式分为球面蜗杆滚轮式转向器、循环球式转向器和曲柄指销式转向器 3 种类型。

　　图 5.4.4 所示为极限可逆式的球面蜗杆滚轮式转向器。方向盘带动转向轴 6 旋转，同转向轴固定在一起的球面蜗杆 5 与滚轮 2 相啮合。滚轮 2 通过滚针轴承与销轴安装在转向器摇臂轴 1 的中间部位，当方向盘带动球面蜗杆转动时，滚轮绕轴承转动，同时沿着螺旋线滚动使转向器摆臂轴摆转，形成蜗轮、蜗杆传动。由于蜗轮齿面与蜗杆齿面之间是以滚动摩擦代替滑动摩擦，减少了磨损，因而提高了效率。

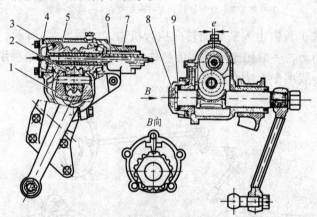

图 5.4.4　球面蜗杆滚轮式转向器

1—转向器摇臂轴；2—滚轮；3—壳盖；4—垫片；5—球面蜗杆；6—转向轴；
7—壳体；8—压盖；9—调整垫片

　　3．动力转向

　　轮式工程机械的转向阻力矩大，工作中又要求频繁转向。为了减轻司机的疲劳，多数工程机械都采用动力转向。采用动力转向系统，驾驶人员只需很小的操作力来操纵控制元件，克服转向阻力的能量是由动力（发动机）来提供的。目前，国内外用得最多的是液压常流式滑阀结构的动力转向，图 5.4.5 为其原理图。

　　图 5.4.5 所示为中位，即机械直线行驶的情况。此时齿轮油泵 3 输送出的压力油，经转向阀 9 后流回油箱。油泵的负荷很小，只需克服管路中的阻力。转向螺杆 11 和转向轴装成一体，阀芯 7 经两个止推轴承装在其中。

在开始转向时，由于转向阻力大，转向垂臂14和转向螺母12保持不动，因而转向螺杆就必然相对螺母做轴向位移，位移的方向取决于方向盘的转动方向。这时，阀芯随之一起做轴向移动，使油路发生变化，压力油经转向阀后不直接流回油箱，而是流入转向油缸15的相应腔内，推动活塞移动，使转向轮（铰接式则为车架）偏转，以达到转向目的。

在转向轮或车架转动的同时，转向螺母12随同活塞产生相反的轴向移动，并在转向轮转过与方向盘转角成一定比例的角度后，使阀芯回到中间位置。如果需要继续转向，则应继续转动方向盘。

阀芯的位移使转向油缸产生位移，而转向油缸的位移又反过来会消除阀芯的位移，从而保证了转向轮的偏转角度与方向盘的转动角度保持随动关系，因此转向阀又称随动阀。

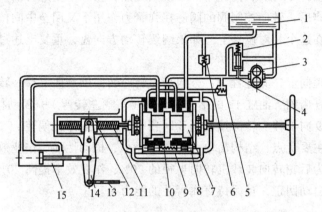

图 5.4.5 液压动力转向原理图

1—油箱；2—溢流阀；3—齿轮油泵；4—量孔；5—单向阀；6—安全阀；7—阀芯；8—反作用阀；
9—转向阀；10—回位弹簧；11—转向螺杆；12—转向螺母；
13—纵拉杆；14—转向垂臂；15—转向油缸

（三）铰接式转向

铰接式转向如图 5.4.6 所示，前车架 1 与后车架 6 通过铰销 4 连成一体，由于两侧转向油缸 3、12 的伸缩，使前后车架相对偏转，从而达到转向的目的。

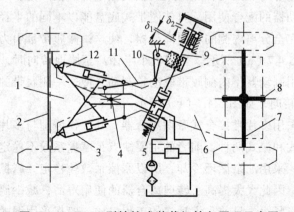

图 5.4.6 ZL50 型铰接式装载机转向原理示意图

1—前车架；2—前驱动桥；3、12—左、右转向油缸；4—铰销；5—转向控制阀；6—后车架；
7—后桥；8—后桥摆动轴；9—转向轴；10—转向垂臂；11—随动杆

与方向盘固接在一起的转向轴 9 与转向控制阀 5（三位四通阀）连成一体，转动方向盘可以使转向控制阀处于三种不同的位置。图示为使油缸闭锁的中位，上位为右转位置，下位为左转位置。转向轴中部所制的螺杆与螺母相配，而螺母外面的"齿条"与转向垂臂 10 上的齿扇相啮合。此外，转向轴上部还装有两个限位板，用以限制转向轴轴向移动量 δ 的最大值。随动杆 11 一端与前车架相连，另一端与装在后车架上的转向垂臂相接。

当向右转向时，操纵方向盘顺时针转动。由于前、后车架此时尚未发生转动，螺母暂时不动，转向轴 9 只能沿轴线方向下移，使转向控制阀切换到上位工作，于是来自油泵的压力油使右侧油缸的活塞杆内缩，左侧外伸，从而使前、后车架相对地转过一定角度。在车架向右偏转的同时，随动杆 11 推动转向垂臂 10 绕其支点转动，于是螺母携同螺杆一同上行。当消除原来下行的距离后，转向控制阀的阀芯在弹簧力作用下又回至中间位置，油路被截断，前、后车架便维持在这个相对位置上。如果继续转动方向盘，重复上述过程，转向角便不断增大。

如需左转，原理同上，其过程为：方向盘左转→转向轴 9 向上移→转向控制阀 5 处于下位→油缸 3 的活塞杆内缩、油缸 12 的活塞杆外伸（车辆左转弯）→随动杆 11 拉转向垂臂 10 反向转动→转向轴 9 向下移→转向控制阀 5 回到中位，车架停止偏转。

铰接式转向的主要优点：结构简单、转向半径小、机动性强、作业效率高。如铰接式装载机的转向半径约为后轮转向装载机转向半径的 70%，作业效率提高 20%。缺点是转向稳定性差，转向后不能自动回正，且保持直线行驶的能力差。

二、履带转向系统

（一）转向离合器

履带式底盘由于其行驶装置是两条与机器纵轴线平行的履带，所以它的转向原理也不同于轮式底盘。它是借助于改变两侧履带的牵引力，使两侧履带能以不同的速度前进实现转向。履带式底盘的转向机构形式有转向离合器、双差速器和行星轮式转向结构等几种。转向离合器由于结构简单、制造容易，因而在履带式工程机械上使用很广泛。

转向离合器与制动器的配合使用，可使履带式底盘能以不同的半径转向。当用较大半径转向时，就要部分和完全分离内侧的转向离合器，使这一侧履带牵引力减小，而外侧履带牵引力相应增大，如图 5.4.7（a）所示。当用较小半径甚至原地转向时，在完全分离内侧转向离合器的同时，还利用制动器将内侧履带驱动轮制动，使这一侧履带的线速度为零，底盘就能绕内侧履带中心 O_1 转向，如图 5.4.7（b）所示。

转向离合器一般采用多片常接合式摩擦离合器，其工作原理与多片式主离合器类似。

转向离合器有干式和湿式两种。前者的主要缺点是摩擦系数不稳定且磨损快；后者由于摩擦片浸于油中工作，采用油泵循环冷却，所以摩擦系数较稳定，摩擦片的磨损较小，且散热好不易烧坏摩擦片，因此大大提高了转向离合器的使用寿命，减少调整次数，其缺点是摩擦系数小，需要大的压紧力。目前，大功率的工程机械一般都采用湿式离合器。

转向离合器的压紧方式有弹簧压紧、液压压紧以及弹簧和液压压紧 3 种；而分离方式有液压分离和杠杆分离两种。

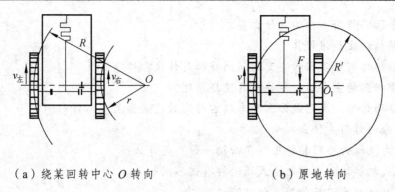

（a）绕某回转中心 O 转向　　　　　　（b）原地转向

图 5.4.7　履带式底盘的转向

（二）转向离合器的操纵机构

转向离合器的操纵机构有机械式、液压式和液压助力式 3 种形式。机械式由于操纵费力，仅用于小功率的工程机械上，大功率的工程机械大都采用后两种形式。

T200 型推土机的转向离合器采用单作用式液压操纵机构，它由转向操纵杆与杠杆系，以及液压系统两部分组成。图 5.4.8 为其操纵机构的液压系统原理图。

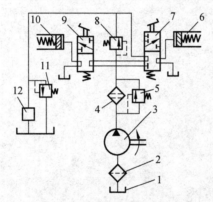

图 5.4.8　T200 型推土机转向离合器操纵机构液压系统

1—油箱；2—粗滤油器；3—油泵；4—精滤油器；5—安全阀；6—右转向离合器；7—右转向阀；
8—调压阀；9—左转向阀；10—左转向离合器；11—背压阀；12—变速器

液压油从后桥箱内经粗滤油器 2 进入油泵 3，油泵排出的压力油经精滤油器 4（内置安全阀 5）进入转向阀 7 和 9。转向时，分别操纵转向阀，使压力油进入左或右离合器油路，打开左或右的常闭式转向离合器 10 和 6，实现转向。不转向时，油从旁路回油箱。背压阀 11 用以调压，以对变速器进行强制润滑。

思考题与习题

1. 什么是工程机械底盘？由哪几个系统组成？
2. 工程机械传动有哪 4 种传动类型？
3. 工程机械传动系的主要组成及功用是什么？
4. 根据所给传动系统图说明传动系线路和传动件的名称及作用。

5. 主离合器的作用和分类是什么？

6. 变速箱传动比如何计算？

7. 变速箱的作用和不同种类变速箱的特征是什么？

8. 液力变矩器的主要组成元件及其变矩原理？

9. 差速器的作用、原理是什么？车辆右转弯时差速器怎样工作？

10. 差速锁的作用是什么？

11. 履带式机械的功用和特点？"四轮一带"是什么？

12. 履带式机械的驱动桥与轮式驱动桥有何不同？

13. 轮式机械的悬架及作用是什么？

14. 轮式机械转向系统的作用是什么？转向方式有哪些？

15. 制动系统的作用和分类有哪些？

16. 制动器种类及特性是什么？制动驱动系统的种类有哪些？

第三篇

典型工程机械与运用

第六章　土方工程机械

土方工程的主要工序是铲土、装土、运土和卸土，也就是说土方工程是完成土壤搬移工作的工程。凡是能完成土壤搬移工作的机械，统称为土方工程机械。目前应用较普遍的土方工程机械有推土机、铲运机、装载机、平地机和单斗挖掘机等，前面 4 种机械又称为铲土运输机械。本章对上述土方工程机械分别进行介绍，同时本章也介绍压实机械的相关内容。

铲土运输机械型号分类及表示方法见表 6.0.1。

表 6.0.1　铲土运输机械型号分类及表示方法

类	组	型	特性	代号	代号含义	具体实例	
铲土运输机械	推土机 T（推）	履带式	—	T	履带机械推土机	T140	数字代表功率 /kW
			Y（液）	TY	履带液压推土机	TY220	
			S（湿）	TS	履带式湿地推土机	TS160	
		轮胎式 L（轮）	—	TL	轮胎液压推土机	TL210	
	铲运机 C（铲）	轮胎式 L（轮）	—	CL	轮胎液压铲运机	CL9A	数字代表斗容量/m³
		拖式 T（拖）	Y（液）	CTY	胎液拖式铲运机	CTY9A	
	装载机 Z（装）	履带式		Z	履带装载机	Z50	数字代表装载能力
		轮胎式 L（轮）	—	ZL	轮胎液压装载机	ZL50	
	平地机 P（平）	自行式	Y（液）	PY	液压平地机	PY160A	数字代表功率/kW

第一节　推土机

一、推土机的类型与应用特点

推土机是一种自行式的铲土运输机械。由拖拉机和推土装置组成。推土装置包括带有刀片的推土铲、顶推架（推杆）和操作机构。其中刀片和推土铲分别是推土机的挖土和运土装置。推土机的工作过程：工作时，推土铲放下，下部边缘的刀片切入土壤，被切出来的土壤向上翻起，并堆积在推土铲前面，随着推土机前进而被运走。推土机的经济合理运距一般不超过 120 m。

（一）推土机的优点

（1）能单独完成多种土方工程，包括挖土、运土、卸土和铺平土壤等工序，使施工过程和组织工作简单化。

（2）所有工序都可由单人完成，施工效率高。

（3）推土机工作装置简单，便于维修，使经营管理费用降低。

（4）工作机动性大，能将土推向前方和两侧，同时可以平整地面。

（5）可灵活调整工作运动速度，能就地转向。

（6）越野性能强，通过性好。

（二）推土机的主要类型

（1）按推土铲的安装方法，可分为：固定式和回转式。

固定式推土铲在垂直于拖拉机纵轴方向刚性地固定在顶推架上。

回转式推土铲除了可在水平面向左或向右作平斜 25°～30° 角安装外，也能在垂直面相对水平线转动 5°～9° 角安装，同时推土铲的切角还能在 44°～72° 调整变更，也就是说推土铲的安装位置可按工作需要变更。这种形式也称为"万能式"。

（2）按底盘分类，可分为：轮式推土机和履带式推土机。

轮式推土机机动性能好，底盘结构较简单，但接地比压较高，附着牵引性能较差。

履带式推土机因其履带与地面的附着力比较大，能发挥出足够的牵引力。履带式推土机按接地比压的大小及用途，可将推土机分为高比压（13 N/cm² 以上）、中比压和低比压（5 N/cm² 以下）3 种形式。高比压的履带式推土机主要用于矿山及石方作业地带进行岩石剥离或推运工作。中比压主要用于一般性推运作业。低比压适用于湿地、沼泽地带工作。图 6.1.1 所示为几种类型的推土机。

 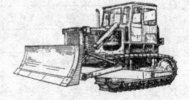

（a）轮式推土机　　　　　　　　（b）液压履带式推土机

图 6.1.1　几种类型的推土机

（3）按功率分，可分为：小型推土机，功率在 37 kW 以下；中型推土机，功率在 37～250 kW；大型推土机，功率在 250 kW 以上。

二、推土机的基本构造

履带式推土机以履带式拖拉机配置推土铲刀而成，有些推土机后部装有松土器，遇到坚硬土质时，先用松土器，然后再推土。推土机主要由发动机、底盘、液压系统、电气系统、工作装置和辅助设备等组成，如图 6.1.2 所示为推土机总体构造。

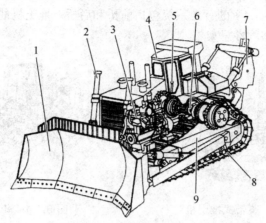

图 6.1.2　推土机的总体构造
1—铲刀；2—液压系统；3—发动机；4—驾驶室；5—操纵机构；
6—传动系统；7—松土器；8—行走装置；9—机架

发动机是推土机的动力装置，大多采用柴油机。发动机往往布置在推土机的前部，通过减振装置固定在机架上。

电气系统包括发动机的电启动装置和全机照明装置。辅助设备主要由燃油箱、驾驶室等组成。

（一）底　盘

底盘部分由主离合器（或液力变矩器）、变速器、转向机构、后桥、行走装置和机架等组成。底盘的作用是支承整机，并将发动机的动力传给行走机构及各个操纵机构，主离合器装在柴油机和变速器之间，用来平稳地接合和分离动力。如为液力传动，液力变矩器代替主离合器传递动力。变速器和后桥用来改变推土机的运行速度、方向和牵引力。后桥是指在变速器之后，驱动轮之前的所有传动机构，转向离合器改变行走方向。行走装置用于支承机体，并使推土机行走。机架是整机的骨架，用来安装发动机、底盘及工作装置，使全机成为一个整体。

1．行走装置

行走系统是直接实现机械行驶和将发动机动力转化成机械牵引力的系统，包括机架、悬挂装置和行走装置 3 部分。机架是全机的骨架，用来安装所有总成和部件。行走装置用来支承机体，并将发动机传递给驱动轮的转矩转变成推土机所需的驱动力。机架与行走装置通过悬挂装置连接起来。

履带式推土机（见图 6.1.3）行走装置由驱动轮、支重轮、托轮、引导轮、履带（统称为"四轮一带"）、张紧装置等组成。履带围绕驱动轮、托轮、引导轮、支重轮呈环状安装，驱动轮转动时通过轮齿驱动履带使之运动，推土机就能行驶。支重轮用于支承整机，将整机的荷载传给履带。支重轮在履带上滚动，同时夹持履带防止其横向滑出；转向时，可迫使履带在地面上横向滑移。托轮用来承托履带，防止履带过度下垂，以减小履带运动中的上下跳振，并防止履带横向脱落。引导轮是引导履带卷绕的，使履带铺设在支重轮的前方。张紧装置可使履带保持一定的张紧度，以防跳振和滑落，还可缓和履带对台车架的冲击。

轮式推土机（见图 6.1.4）的行走系统包括前桥和后桥。推土机的行驶速度低，车桥与机架一般采用刚性连接（即刚性悬架）。

 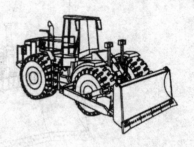

图 6.1.3　履带式推土机　　　　　　　　图 6.1.4　轮式推土机

2．传动系统

传动系统的作用是将发动机的动力减速增扭后传给行走装置，使推土机具有足够的牵引力和合适的工作速度。履带式推土机的传动系统多采用机械传动或液力机械传动；轮胎式推土机多为液力机械传动。传动系统一般包括主离合器、变速箱、驱动桥等部件。驱动桥内部装有中央传动装置、转向离合器、制动器、最终传动装置。

1）履带式推土机的机械式传动系统

图 6.1.5 所示为机械式传动系统布置简图，铲刀操纵方式为液压式。

动力经主离合器 3、联轴节 5 和变速器 6 进入后桥，再经中央传动装置 7、左、右转向离合器 8、最终传动机构 10，最后传给驱动轮 11，进而驱动履带使推土机行驶。

动力输出箱 2 装在主离合器壳体上，由飞轮上的齿轮驱动，用来带动 3 个齿轮油泵。这3 个齿轮油泵分别向工作装置、主离合器和转向离合器的液压操纵机构提供压力油。

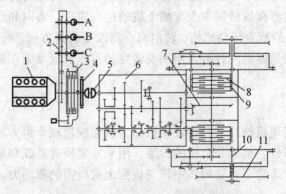

图 6.1.5　推土机的机械式传动布置简图

1—柴油发动机；2—动力输出箱；3—主离合器；4—小制动器；5—联轴节；6—变速器；7—中央传动装置；
8—左、右转向离合器；9—转向制动器；10—最终传动机构；11—驱动轮；
A—工作装置油泵；B—主离合器油泵；C—转向油泵

2）履带式推土机的液力机械式传动系统

图 6.1.6 为液力机械式传动系统布置简图。

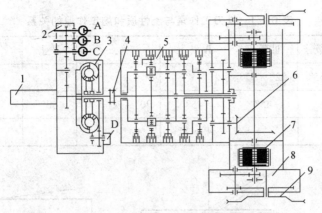

图 6.1.6　推土机液力机械式传动系统布置简图

1—发动机；2—动力输出箱；3—液力变矩器；4—联轴节；5—动力换挡变速器；6—中央传动装置；
7—转向离合器与制动器；8—最终传动装置；9—驱动轮；
A—工作装置油泵；B—变矩器与动力换挡变速器油泵；
C—转向离合器油泵；D—排油油泵

　　液力机械式传动系统用液力变矩器和行星齿轮动力换挡变速器取代了主离合器和机械式换挡变速器，可不停机换挡。液力变矩器的从动部分（涡轮及其输出轴）能够根据推土机负荷的变化，在较大范围内自动改变其输出转速和转矩，从而使推土机在较宽的范围内自动调节工作速度和牵引力，因此变速器的挡位数少，减少了传动系统的冲击负荷。

　　该推土机的两个转向离合器是直接液压式，离合器的分离和接合都靠油压作用。

（二）工作装置

　　推土机的工作装置是指悬挂于整机前部的推土机和后部的松土器，分别用来推土和松土，如图 6.1.7 所示。

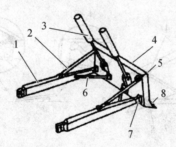

图 6.1.7　固定式推土铲刀

1—顶推架；2—斜撑杆；3—铲刀升降油缸；4—推土板；5—球铰；
6—水平撑杆；7—销连接；8—刀片

　　由图 6.1.7 可知：推土铲主要由顶推架、推土板、刀片（推土铲刀，简称推刀、铲刀或刀片）、升降油缸、撑杆及球铰等构成。初看起来，撑杆 6 和 2 作用不明显，球铰 5 似乎是多余的，但是，由于施工中需要推刀的空间位置可随土的性质和作业要求的改变而改变（见表 6.1.1），即使刀片刃口与地面夹角 γ（铲土角或切削角），刀身轴线与机架纵轴线夹角 α（水平角）及推刀口与地面夹角 β（倾角）可调（见图 6.1.8），而撑杆和球铰刚好可担当此重任——推土机正是凭借改变撑杆长度和球铰的多向性来使得 α、β、γ 角可变，因此，这两个元件不可或缺。

表 6.1.1 推刀工作角与土性质和施工作业的关系

工作角	Ⅰ、Ⅱ级土	Ⅲ级土	Ⅳ级土	推土	平土	填土	斜坡工作
γ	60°~65°	52°~57°	45°				
α	60°	45°	45°	90°（直铲）	60°	40°	
β			4°~8°				7°~10°

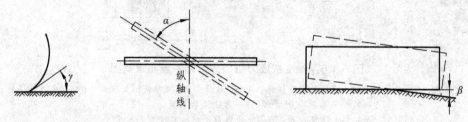

图 6.1.8 推刀的工作角

γ—铲土角；α—水平角；β—倾角

在现代推土机中，为了提高推土机的使用性能和经济性，常将推土铲刀做成固定式（见图 6.1.7）。所谓固定式是推土板与车架轴线固定为直角，因而也称之为直铲式推土机，小型及经常重载作业的推土机多用之；所谓回转式是指推土板能在水平面内回转一定角度（在水平面内，推土机与车架纵向轴线水平方向夹角称为回转角）的推土机，也称之为角铲式推土机（见图 6.1.9），它的作业范围广，可以直线行驶一侧排土，在平地和横坡上都能作业。此外，现代推土机为了实现一机多用，往往可与多种推土装置相匹配，推土装置主要形式如图6.1.10 所示。

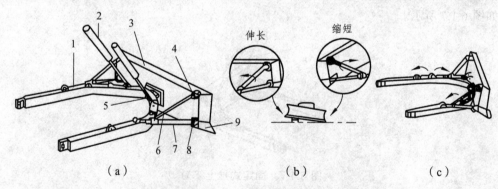

图 6.1.9 回转式推土铲刀

1—顶推架；2—铲刀伸降油缸；3—推土板；4、8—万向节连接；
5—销连接；6—支杆；7—斜撑杆；9—刀片

（a）倾斜加宽板　　　（b）侧边集土板　　　（c）延伸推土板　　　（d）前后松土齿

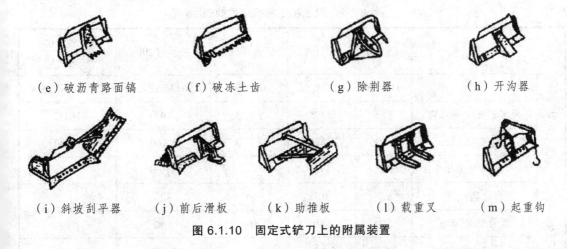

（e）破沥青路面镐　　（f）破冻土齿　　（g）除荆器　　（h）开沟器

（i）斜坡刮平器　　（j）前后滑板　　（k）助推板　　（l）载重叉　　（m）起重钩

图 6.1.10　固定式铲刀上的附属装置

松土装置简称松土器或裂土器，悬挂在推土机基础车的尾部，是推土机的一种主要附属工作装置，广泛用于硬土、黏土、页岩、黏结砾石的预松作业，也可替代传统的爆破施工方法，用以凿型层理发达的岩石，开挖露天矿山，提高施工的安全性，降低生产成本。

松土器由齿杆 5、齿尖 7、倾斜油缸 2 和后支架 8 等组成，如图 6.1.11 所示。由倾斜油缸操纵，使之提升或放下。推土机作业遇到坚硬的土质时，可先用松土器耙松再推土，效果好。

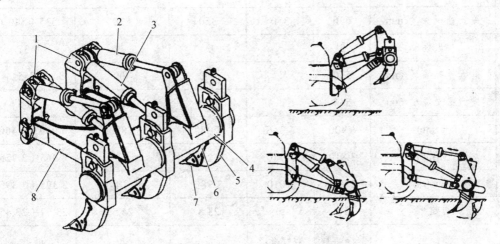

图 6.1.11　推土机的松土器

1—安装架；2—倾斜油缸；3—提升油缸；4—横梁；5—齿杆；6—保护盖；7—齿尖；8—后支架

三、推土机的应用

（一）推土机的性能指标

表 6.1.2 是推土机的主要性能指标。

表 6.1.2 推土机主要技术性能表

项 目		TY100	T120A	征山 T180	征山 T200	TY-220（D85A-18）
发动机	型号	6130T4	6135k-2a	6135B	6135AZK	康明斯 N1855C
	额定输出功率/kW	73.5	88.2	132.3	147	161.7
	额定转速/（r/min）	1 800	1 500	1 800	1 800	1 800
行走机构	最大牵引力/kN	90	118	184	219.9	
	最大爬坡度	30°	30°	30°	30°	
	履带宽度/mm	500	500	560	560	560
	履带中心距/mm	1 880	1 880	2 000	2 000	2 000
	履带接地长度/mm		2 500	2 730	2 730	2 730
	最大离地间隙/mm	386	300	400	400	400
推土铲	宽度/mm	3 810	3 760	4 200	4 135（3 540）	4 365（3 725）
	高度/mm	860	1 000	1 100	1 100（1 270）	1 055（1 315）
	最大提升高度/mm	800	1 160	1 160	1 200	1 290（1 210）
	最大切土深度/mm	650	350	350	530	535（540）
松土器	齿数	3		3	3	3
	最大提升高度/mm	550		400	400	555
	最大松土深度/mm	550		600	650	665
外形尺寸	长/mm	6 900	5 366	7 080	5 890	6 060（5 460）
	宽/mm	3 810	3 760	4 200	4 155	4 365（3 725）
	高/mm	2 970	3 010	2 985	3 144	3 395（3 395）
整机自重/t		16	16	23.8	24.5	23.67（23.45）
生产厂		长春工程机械	上海彭浦机器厂	沈阳桥梁厂	沈阳桥梁厂	山东推土机总厂

（二）推土机的运用

推土机是一种循环作业机械，它具有机动性大、动作灵活、能在较小的工作面上工作、短距离运土效率很高的特点，因此是土方工程施工中最常用的机械。

1. 作业循环

推土机的作业循环是：切土—推土—卸土—倒退（或折返）回空。

切土时用Ⅰ挡速度（土质松软时也可用Ⅱ挡）以最大的切土深度（100～200 mm）在最

短的距离（6～8 m）内推成满刀，开始下刀及随后提刀的操作应平稳。推运时用Ⅱ挡或Ⅲ挡，为保持满刀土推送，应随时调整推土刀的高低，使其刀刃与地面保持接触。卸土时按照施工要求，或者分层铺卸、或者堆卸。往边坡卸土时要特别注意安全，其措施一般是在卸土时筑成向边坡方向一段缓缓的上坡，并在边上留一小堆土，如此逐步向前推移。卸土后在多数情况下是倒退回空，回空时尽可能用高速挡。

1）直铲作业

直铲作业是推土机最常用的作业方法，用于将土和石渣向前推送和场地平整作业。其经济作业距离为：小型履带推土机一般为 50 m 以内；中型履带推土机为 50～100 m，最远不宜超过 120 m；大型履带推土机为 50～100 m，最远不宜超过 150 m；轮胎式推土机为 50～80 m，最远不宜超过 150 m。其工作过程如图 6.1.12 所示。

2）侧铲作业

侧铲作业主要用于傍山铲土、单侧弃土。此时推土板的水平回转角一般为左右各 25°。作业时能一边切削土壤，一边将土壤移至另一侧。侧铲作业的经济运距一般较直铲作业时短，生产率也低。

3）斜铲作业

斜铲作业主要应用在坡度不大的斜坡上铲运硬土及挖沟等作业，推土板可在垂直面内上下各倾斜 9°。工作时，场地的纵向坡度应不大于 30°，横向坡度应不大于 25°。

4）松土器的劈开作业

一般大中型履带式推土机的后部都可悬挂液压松土器。松土器有多齿和单齿两种。多齿松土器挖凿力较小，主要用于疏松较薄的硬土、冻土层等。单齿松土器有较大的挖凿力，除了能疏松硬土、冻土外，还可以劈裂风化岩和有裂缝或节理发达的岩石，并可拔除树根。用重型单齿松土器劈松岩石的效率比钻孔爆破法高。为了提高劈松岩石能力，也可用推土机助推。

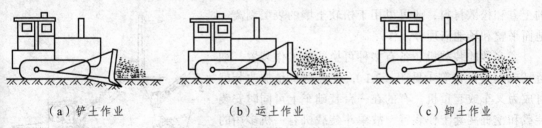

（a）铲土作业　　　　　　　（b）运土作业　　　　　　　（c）卸土作业

图 6.1.12　直铲式推土机的作业过程

2．生产率计算

用直铲推土机挖运土壤时，其生产率是以单位时间内挖运的土方量来计算的，单位是 m³/h。图 6.1.13 是推土机铲刀前土堆断面示意图，推土机生产率可按式 6.1.1 计算：

$$Q = \frac{3\,600k_1g}{t} = \frac{3\,600H^2lk_1k_2k_3}{2\tan\varphi k_4 t} \qquad (6.1.1)$$

式中　Q——推土机的生产率，m³/h；

　　　g——每一工作循环所完成的土方量，m³；

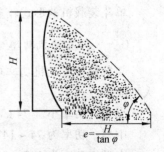

图 6.1.13　推土机铲刀前
土堆断面示意图

H ——铲刀高度，m；

l ——铲刀宽度，m；

k_1 ——时间利用系数，0.85 ~ 0.90；

k_2 ——荷载系数，$k_2 = 1 - 0.005L_2$（L_2 为推土机的运土距离）；

k_3 ——土壤松散系数，$k_3 = 1.25 \sim 1.30$；

k_4 ——坡度作业影响系数，平地为 1，上坡度为 5% ~ 10% 时为 0.5 ~ 0.7，下坡度为 5% ~ 15% 时为 1.3 ~ 2.3；

φ ——土堆的自然坡度角，（°）；

t ——完成每个工作循环所需要的时间，s。

推土机每一工作循环所需的时间 t 可按式 6.1.2 计算：

$$t = \frac{L_1}{v_1} + \frac{L_2}{v_2} + \frac{L_1 + L_2}{v_3} + 2(t_1 + t_2) \tag{6.1.2}$$

式中 L_1、L_2 ——推土机铲土和运土的距离，m；

v_1、v_2、v_3 ——推土机铲土、运土和回程的速度，m/s；

t_1 ——换挡一次所需的时间，s，一般为 4 ~ 5 s（动力换挡变速器可不计时间）；

t_2 ——转向掉头一次所需时间，s，一般取 10 s，若推土机倒退至铲土处，则不计。

第二节　装载机

一、概　述

装载机是一种用装载斗铲装物料进行循环作业的土方工程机械。它主要用来装载不太硬的土方和松散材料，还可以用于松软土壤的表层剥离、地面平整和场地清理等工作。

大多数的装载机还备有多种可换装的工作装置，如货叉或起重设备等（见图 6.2.1），使装载机稍加改装就可成为叉车或起重机。有的在一台基础车上可同时安装装载和挖掘两套工作装置，故单斗装载机有一机多用的特点。

单斗装载机的形式较多，通常按下列方法分类：

（一）按发动机功率分类

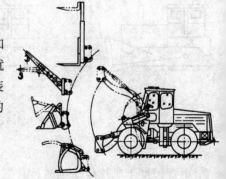

图 6.2.1　装载机可更换工作装置

装载机按发动机功率可分为小型、中型、大型、特大型 4 种。

小型：功率小于 74 kW。

中型：功率为 74 ~ 147 kW。

大型：功率为 147 ~ 515 kW。

特大型：功率大于 515 kW。

（二）按传动形式分类

轮式装载机共4种，即：① 机械传动；② 液力机械传动；③ 液压传动；④ 电传动。

（三）按行走系统分类

（1）轮胎式装载机（见图6.2.2）。

（2）履带式装载机（见图6.2.3）。履带式装载机是以专用底盘为基础，装上工作装置并配装适当操作系统而成，履带接地面积大，接地比压小，通过性好；履带式重心低，稳定性好；质量大，附着性能好，牵引力较相同质量轮式装载机大；对路面要求不高。履带式装载机的缺点是：速度低，机动性差，行走时破坏路面，转移工作场地需平板车拖运。因此，它常用在工程量大、作业点集中、不经常移动、路面条件较差的场合。

图 6.2.2 轮式装载机   图 6.2.3 履带式装载机

（四）按装载方式分类

（1）前卸式（见图6.2.4（a））：装载机在其前端铲装和卸载，卸载时，装载机的工作装置须与运输车辆垂直，这种卸载方式调车费时，但因结构简单，工作可靠，驾驶操纵视野好，故应用最为广泛。

（2）回转式（见图6.2.4（b））：回转式装载机的工作装置安装在可回转 90°~360° 的转台上，铲斗在前端装料后，回转至侧面卸载，装载机不需要调车，也不需要较严格的对车，作业效率高，适宜场地狭小的地区工作，但这种装载机需增设一套回转装置，使结构复杂，增加质量和成本，而且在回转卸载时，是偏心卸载，两侧轮胎受载不一，有一侧轮胎超载很大，侧向稳定性较差，因此斗容不能过大。

（3）后卸式（见图6.2.4（c））：装载机在前端装料，向后端卸料，作业时，装载机不需调车，可直接向停在其后面的运输车辆卸载；可节约时间，作业效率高，但卸载时，铲斗须越过驾驶员上空很不安全，因此应用不广泛。

（4）侧卸式：除拥有前卸式全部功能外，还可侧面卸载物料，多用于隧道或特殊场地施工。

目前使用最多的是装载斗非回转、铰接式机架、液力机械传动的单斗轮式走行装载机。

轮式装载机因为具有用途广、机动性好、生产率高、作业成本低等优点，因此随着工程建设的发展需要，当今世界不但设计制造新型的大功率、大斗容量轮式装载机，同时，小型装载机亦在大量发展。

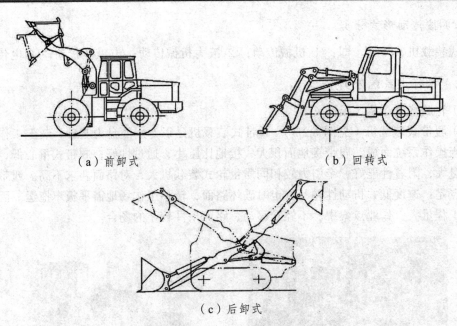

（a）前卸式　　　　　　　（b）回转式

（c）后卸式

图 6.2.4　装载机的卸载方式

二、装载机的构造

　　轮胎式装载机是由动力装置、车架、行走装置、传动系统、转向系统、制动系统、液压系统和工作装置等组成，如图 6.2.5 所示。轮胎式装载机采用柴油发动机为动力装置，大多采用液力变矩器、动力换挡变速器的液力机械传动形式（小型装载机有的采用液压传动或机械传动），铰接式车架，液压操纵和反转连杆机构的工作装置等。

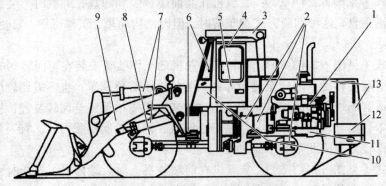

图 6.2.5　轮胎式装载机结构简图

1—柴油机；2—传动系统；3—防翻滚与落物保护装置；4—驾驶室；5—空调系统；
6—转向系统；7—液压系统；8—前车架；9—工作装置；10—后车架；
11—制动系统；12—电气仪表系统；13—覆盖件

（一）工作装置

　　装载机的铲掘和装卸物料作业通过其工作装置的运动来实现，图 6.2.6 所示为轮胎式装载机的工作装置，它由铲斗、动臂、摇臂、连杆及其液压控制系统所组成。整个工作装置铰接在车架上，铲斗 1 通过连杆 2 和摇臂 3 与转斗油缸 10 铰接，动臂 4 与车架、动臂油缸 1[

铰接，铲斗的翻转和动臂的升降采用液压操纵。

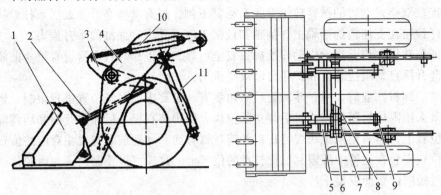

图 6.2.6 轮胎式装载机工作装置结构
1—铲斗；2—连杆；3—摇臂；4—动臂；5—连接板；6—套管；7—铰销；
8—贴板；9—销轴；10—转斗油缸；11—动臂油缸

装载机作业时工作装置应能保证铲斗的举升平移和自动放平性能。当转斗油缸闭锁、动臂油缸举升或降落时，连杆机构使铲斗上下平动或接近平动，以免铲斗倾斜而撒落物料；当动臂处于任意位置、铲斗绕与动臂的铰点转动进行卸料时，铲斗卸载角不小于 45°，保证铲斗物料的卸净性；卸料后动臂下降时，又能使铲斗自动放平。

装载机的铲斗主要由斗底、后斗壁、侧板、斗齿、上下支承板、主刀板和侧刀板等组成，如图 6.2.7 所示。

铲斗斗齿分为 4 种。选择齿形时应考虑其插入阻力、耐磨性和易于更换等因素。齿形分尖齿和钝齿，轮胎式装载机多采用尖形齿，而履带式装载机多采用钝形齿。

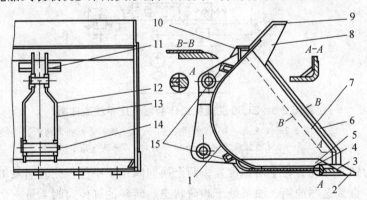

图 6.2.7 装载机铲斗
1—后斗壁；2—斗齿；3—主刀板；4—斗底；5、8—加强板；6—侧板；7—侧板；9—挡板；10—角钢；
11—上支承板；12—连接板；13—下支撑板；14—销轴；15—限位块

工作装置的动臂用来安装和支承铲斗，并通过举升油缸实现铲斗升降。

动臂的结构按其纵向中心形状可分为曲线形和直线形两种。

动臂的断面有单板、双板和箱形 3 种结构形式。单板式动臂结构简单，工艺性好，制造成本低，但扭转刚度较差。中小型装载机多采用单板式动臂，而大中型装载机则多采用双板形或箱形断面结构的动臂，用以加强和提高抗扭刚度。

　　工作装置的摇臂有单摇臂和双摇臂两种。单摇臂铰接在动臂横梁的摇臂铰销上，双摇臂则分别铰接在双梁式动臂的摇臂铰销上。在动臂下侧，焊有动臂举升油缸活塞杆铰接支座，油缸活塞杆铰接在支座内的销轴上，销轴和铰接支座承受举升油缸的举升推力。

　　为保证装载机在作业过程中动作准确、安全可靠，在工作装置中常设有铲斗前倾、后倾限位，动臂升降自动限位装置和铲斗自动放平机构。

　　在铲装、卸料作业时，对铲斗的前后倾角度有一定要求，对其位置进行限制，铲斗前、后倾限位常采用限位块限位方式。后倾角限位块分别焊装在铲斗后斗臂背面和动臂前端与之相对应的位置上，前倾角限位块焊装在铲斗前斗臂背面和动臂前端与之相对应的位置上，也可以将限位块安装在动臂中部限制摇臂转动的位置上。这样可以控制前倾、后倾角，防止连杆机构超过极限位置而发生干涉。

（二）操纵系统

　　ZL50 装载机工作装置液压系统如图 6.2.8 所示，它是一个优先开式系统，又称互锁油路。

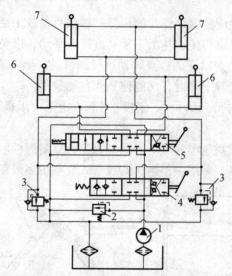

图 6.2.8　ZL50 装载机工作装置液压系统原理图

1—油泵；2—安全阀；3—双作用安全阀；4—转斗油缸换向阀；
5—动臂油缸换向阀；6—动臂油缸；7—转斗油缸

　　图示工况为铲斗和动臂处于闭锁位置，两个换向阀位于中位，此时油泵 1 输出的油液通过换向阀 4 和 5 直接返回油箱，油泵处于卸荷状态。转斗油缸换向阀 4 是一个三位六通阀，它可以控制铲斗后倾、保持和前倾 3 个动作，它被安置在动臂换向阀之前，当转斗油缸换向阀离开中位即切断了去动臂换向阀的通路，欲使动臂动作，必先使转斗油缸换向阀回到中位，因此，动臂与铲斗不能同时动作。在转斗油缸 7 两腔都装有双作用安全阀 3，它的作用是：一是在动臂的升降过程中，因工作装置的连杆不完全是平行四边形结构，使转斗油缸活塞，有可能被拉伸或受压，若换向阀又在中位，就有可能造成转斗油缸油压过高或者产生真空现象，因此必须及时泄压或少量补油；二是当动臂在最高位置向前倾卸载时，当铲斗重心已超过支点之后，铲斗和物料将靠自重迅速前倾拉动活塞，这时应大量补充油液，以免造成后腔真空。

动臂油缸换向阀 5 是四位六通阀，可控制动臂提升，闭锁，下降和浮动，提升或下降速度是依靠改变换向阀阀口的开度进行调节的，当动臂上升或下降到极限位置时，换向阀 5 亦有自动复位装置，以防损坏机件，可使空斗迅速下降，此外，在坚硬的地面上进行铲取物料，或反向刮平作业时，亦需要铲斗在地面上浮动。安全阀 2 是用来限制系统的压力的，当系统压力超过某一数值时，就自动打开泄压，保护液压系统不受损坏。

三、装载机的应用

（一）生产率的计算

装载机的运用生产率 Q 是指在单位时间内装卸物料的质量，计算公式如下：

$$Q = \frac{3\,600qK_\mathrm{m}K_\mathrm{h}}{Tk_\mathrm{s}} \;(\text{t/h}) \tag{6.2.1}$$

式中　q——装载机额定载质量，t；

　　　K_m——铲斗充满系数，它反映不同物料能装满铲斗的程度，$K_\mathrm{m}=0.7\sim1.3$；

　　　K_h——时间利用系数，$K_\mathrm{h}=0.75\sim0.80$；

　　　K_s——物料松散系数，视物料状态而定，一般取 $K_\mathrm{s}=1.25$；

　　　T——一个作业循环的时间（s），可用下式计算

$$T = t_\mathrm{c} + \frac{L_\mathrm{y}}{V_\mathrm{y}} + t_\mathrm{x} + \frac{L_\mathrm{h}}{V_\mathrm{h}} \tag{6.2.2}$$

式中　t_c、t_x——铲装时间和卸载时间，s；

　　　L_y、L_h——重车运行和回程距离，m；

　　　V_y、V_h——重车运行和回程运行的平均速度，m/s。

为了提高装载机的生产率，除提高时间利用系数外，还应提高充满系数和缩短循环时间。对于某种特定物料，装满程度取决于所采用的铲装方法和司机熟练程度。影响作业循环时间的因素有：物料的性质、装载机的型号和大小、工作场地状态以及司机的熟练操作程度等。因此，按照具体情况选择合适的机械和铲装方法，采用有效的装车方式，保持良好的工作场地，提高司机的操纵技术，对提高生产率都有重要的作用。

（二）基本操作方法

1．铲装作业

装载机是一种循环作业式土方机械，其基本作业过程是装料、转运、卸料及返回。它的铲装作业方法主要有以下几种：

（1）对松散物料的铲装作业。首先将铲斗置于料堆底部，水平放置，然后以一挡、二挡速度前进，使铲斗斗齿插入料堆中，边前进边收斗，待铲斗装满后，将动臂升到运输位置（离地约 50 cm），再驶离工作面。如遇到硬土铲装阻力较大时，可操纵动臂使铲斗上下颤动。其装载作业过程如图 6.2.9 所示。

（2）铲装停机面以下物料作业。宜采用直形斗刃铲斗，铲装时应先放下铲斗并转动，使其与地面成一定的切削角，下切的切削角为 $10° \sim 30°$。然后前进使铲斗切入土中，切土深度一般保持在 $150 \sim 200 \ mm$，直至铲斗装满后将铲斗举升到运输位置，驶离工作面运至卸料处。对于铲装困难的土壤，可操纵动臂使铲斗颤动，或者稍改变一下切削角度，以减小土壤的铲装阻力。

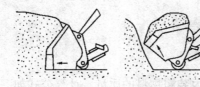

（a）边前进边收斗，装载后举升至运输位置　　　（b）操纵铲斗上下颤动

图 6.2.9　装载机铲运松散物料

（3）铲装土堆时作业。装载机铲装土堆时，可采用分层铲装或分段铲装法。分层铲装时，装载机向工作面前进，随着铲斗插入工作面，逐渐提升铲斗，或者随后收斗直至装满，或者装满后收斗，然后驶离工作面。开始作业前，应使铲斗稍稍前倾。这种方法由于插入不深，而且插入后又有提升动作的配合，所以插入阻力小，作业比较平稳。由于铲装面较长，可以得到较高的充满系数。分层铲装法如图 6.2.10（a）所示。

如果土壤较硬，也可采取分段铲装法。这种方法的特点是铲斗依次进行插入动作和提升动作。作业过程是铲斗稍稍前倾，从坡底插入，待插入一定深度后，提升铲斗。当发动机转速降低时，切断离合器，使发动机恢复转速。在恢复转速过程中，铲斗将继续上升并装一部分土，转速恢复后，接着进行第二次插入，这样逐段反复，直至装满铲斗或升到高出工作面为止，如图 6.2.10（b）所示。

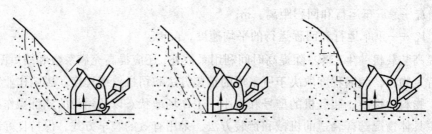

（a）装载机分层铲装法　　　　　　　（b）装载机分段铲装作业

图 6.2.10　装载机的作业方法示意图

2．施工组织

装载机与自卸汽车配合填筑路堤等施工中，装载机的转移卸料与车辆位置配合的好坏对装载机生产率影响较大。施工组织原则是根据堆料场的大小和料堆的情况尽可能做到来回行驶距离短、转弯次数少。常用的施工作业有 V 形和穿梭式（见图 6.2.11）。但在运距不大或运距与道路坡度经常变化的情况下，如采用装载机与自卸汽车配合装运作业，反而会使工效降低、费用提高。此时装载机可单独作为自铲运设备使用。据国外经验，整个铲、装运作业循环时间不超过 3 min 时，装载机作为自铲运设备使用，经济上是合算的。

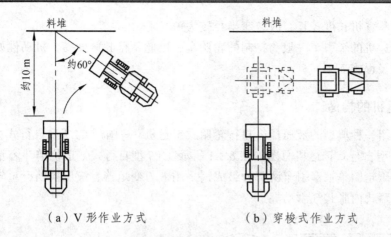

图 6.2.11　装载机作业方式

V 形作业时汽车停在一个固定的位置，与铲装工作面斜交。装载机装满斗后，倒车驶离工作面的同时转向 30°~45°，然后向前对准汽车卸料。卸料后在驶离汽车时也同样转向 30°~45°，然后对准工作面前进，进行下一次铲装。这种方法对于装载机特别有利，铲斗装满后只需后退 3~5 m 即可转向汽车卸料。有时为了更好地配合运输车辆，也可采用双 V 形，即两台装载机分别从两侧对一台汽车装料，这样可以进一步缩短装车时间。

穿梭式作业方式是装载机只在垂直工作面的方向前进、后退，而汽车则在装载机与工作面之间像穿梭一样来回接装和驶离，汽车待装位置可以平行于工作面。

装载机与汽车配合装车，必须根据料场的地形、地质以及材料的类别和周围环境的不同来选择不同性能的装载机和作业方法。

第三节　铲运机

一、铲运机的用途和分类

铲运机是一种能集铲土和运土于一体的土方工程机械。它一般用来完成填筑路堤、开挖路堑、平整场地以及浮土剥离等工作。它的经济运距比推土机大。一般拖式铲运机的经济运距为 500 m；自行式铲运机的经济运距可达 1 500 m。

铲运机按卸土方式的不同，可分为自由卸土式、强制卸土式和半强制卸土式 3 种类型。

自由卸土式，当铲斗倾斜时，土靠其自重而卸出。这种卸土方式的缺点是土不易卸净（特别是黏性土壤）。但由于其结构较简单，卸土时所消耗的功率较小，故一般小型铲运机通常采用这种卸土方式。

强制卸土式利用可移动的后斗壁将土壤从铲斗中强制向前推出，故卸土较干净。通常大、中型的铲运机都采用这种卸土方式。

半强制卸土式靠斗底倾斜时土壤的自重和斗底连同后斗壁沿侧壁运动时对土壤的推挤作用共同将土卸出。它的优点介于自由卸土式和强制卸土式之间。

铲运机按运行方式的不同，可分为拖式和自行式两种。

拖式铲运机工作时需有牵引车来拖驶。目前使用较普遍的牵引车是履带式拖拉机。拖式铲运机的缺点是整机长度较长，故转弯半径较大。

　　自行式铲运机的牵引车一般为特制的轮胎车，因此，行驶速度高，机动性好，适用于运距较长的土方工程施工中。

二、铲运机的构造

　　本小节介绍一种典型的液压操纵自行轮胎式铲运机——国产 CL7 型自行式铲运机。

　　国产 CL7 型自行式铲运机总图如图 6.3.1 所示。CL7 型自行式铲运机铲斗容量为 $7 \sim 9 \ \mathrm{m}^3$，由铲斗车和低压轮胎单轴牵引车两部分组成，采用液力变矩器、液压换挡行星轮变速箱、液压转向和车轮蹄式内胀式气制动。

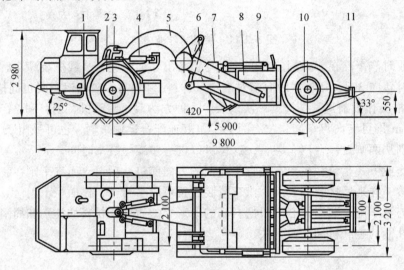

图 6.3.1　CL7 型自行式铲运机总图

1—驾驶室；2—前轮；3—中央枢架；4—转向液压缸；5—辕架；6—提斗液压缸；
7—斗门；8—铲斗；9—斗门液压缸；10—后轮；11—尾架

（一）铲斗车

　　铲斗车由辕架 5、铲斗 8、尾架 11、单轴后轮 10 和液压缸 6、9 组成，采用液压操纵。辕架呈拱形，由立轴与牵引车的中央枢架 3 相连。铲斗车与牵引车可以相对摆动 20°，以适应在不平地面上的作业。铲斗后壁可以前移，以实现强制卸土和铲斗的提升。下降和铲土依靠提斗液压缸 6，斗门的开闭依靠斗门液压缸 9，后壁强制卸土依靠卸土液压缸。3 组液压缸由泵经过多路换向阀驱动，操纵换向阀，可以实现铲斗强制铲土、斗门强制闭合和后壁强制卸土。

（二）牵引车

　　牵引车采用液力传动，其变矩器为双导轮液力变矩器。变矩器泵轮和涡轮之间装有闭锁离合器，可直接输出动力。牵引车转向采用全液压整体转向，由转向液压缸和拉杆推动而转动，牵引车可以相对铲斗车左右转动 90°。

　　CL7 型铲运机的传动系统图如图 6.3.2 所示。发动机 1 通过功率输出箱 2、液力变矩器 4、变速箱 5、减速器 6、传动轴 8、差速器 9 和轮边减速器 10 驱动单轴车轮旋转而带动牵引车走行。液力变矩器装有闭锁离合器，必要时由动力直接输出，不需变矩。变速箱采用液压换挡，能够随着铲运阻力的变化而自动调节机械的行驶速度。

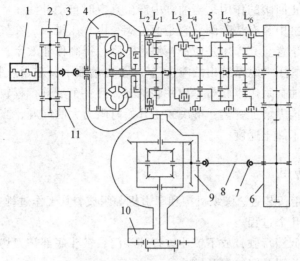

图 6.3.2　CL7 型铲运机传动系统

1—发动机；2—功率输出箱；3—工作液压泵；4—液力变矩器；5—变速箱；6—减速器；
7—外向节；8—传动轴；9—差速器；10—轮边减速器；11—转向液压泵

CL7 型铲运机适合于开挖 Ⅰ~Ⅲ 级土壤，运距为 800~3 500 m 的大型土方工程。如运距为 800~1 500 m（经济运距），铲削时常用一台 58.8~74 kW 功率的履带式推土机或 11.7 kW 功率的轮胎式推土机助铲，一台助铲机可服务于 3 台铲运机。如运距为 1 500~3 500 m 时，一台助铲机可服务于 5 台铲运机。

图 6.3.3 为日本小松公司某铲运机的液压系统简图。采用优先油路，其优先供油的顺序是：铲斗油缸→斗门油缸→后斗壁油缸。这样当上游油缸工作，下游油缸就得不到油泵压力油，起到一定的联锁作用。

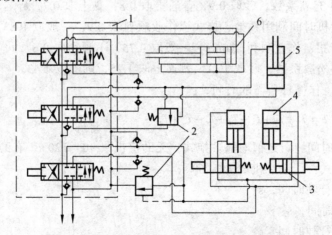

图 6.3.3　日本小松铲运工作装置液压系统

1—分配阀；2—过载阀；3—快落阀；4—铲斗油缸；5—斗门油缸；6—后斗油缸

此液压系统还有以下特点：

（1）分配阀采用气压操纵。

（2）铲斗升降和斗门开闭的换向阀上都装有一个过载阀和两个补油止回阀。过载阀的作用是防止过载；补油止回阀的作用是当油缸中产生真空时自动补油。

（3）铲斗升降油缸中装有快落阀。它是两位阀，由气压操纵。在气压作用下，快落阀处于铲斗油缸两腔相通位置。其作用是使铲斗快速下降，提高作业效率；另外，当操纵气压降低到规定值以下时（气压操纵系统出故障），铲斗会自动放下，起紧急制动作用。

（4）后斗壁推移油缸采用串联布置的并联油缸，且一个油缸行程较短。开始卸土时两个油缸共同作用，卸土推力增加一倍，解决卸土开始时阻力大的问题，当油缸运动到头时，仅一个油缸工作，加快了卸土速度。

三、铲运机的应用

铲运机由铲斗、走行装置、操纵机构和牵引机等组成，其工作过程主要包括铲土、装土、运土、卸土和回程等几个过程。

铲装：铲运机挂低挡行驶，放下铲斗，打开斗门，铲斗底部铲刀切土，土被强行挤入铲斗，直至铲斗装满，关闭斗门，提升铲斗。

运输：挂中、低挡运行至卸土地点。

卸土：到卸土地点后打开斗门，卸土板强制推出斗中土，并可利用铲刀刮平土层。

回程：高挡快速回到取土区。

铲运机生产率按下式计算：

$$Q = 3\,600\,\frac{V_H K_m K_1}{K_s T} \tag{6.3.1}$$

式中　Q——铲运机生产率，m^3/h；

V_H——铲斗堆装斗容，m^3；

K_m——铲斗充满系数，砂取 0.9，普通土取 0.8，黏土取 0.7，碎岩取 0.6；

K_1——铲运机时间利用系数，拖式：作业顺利取 0.9，一般取 0.83，不顺利取 0.75；

自行式：作业顺利取 0.83，一般取 0.75，不顺利取 0.67；

K_s——材料松散系数，砂取 1.11，普通土取 1.25，黏土取 1.43；

T——一个工作循环所需的时间，s。

$$T = T_1 + T_2 + T_3 + T_4 + T_5 + T_6 + T_7 \tag{6.3.2}$$

式中　T_1——铲装时间，可近似取值。拖式：无助铲机取 90～120 s，有助铲机取 60～90 s；

自行式：无助铲机取 48～60 s；

T_2——满载行驶时间，s；

T_3——卸土时间，s；

T_4——空载行驶时间，s；

T_5——换挡所需时间（一般每工作循环换挡 4 次，共需约 15 s），s；

T_6——助铲机接合时间，约 30 s；

T_7——转向掉头所需时间，15～20 s。

$$T_1 = \frac{l_1}{v_1} \tag{6.3.3}$$

$$l_1 = \frac{V_H K_m K_H}{K_s h B_c} \tag{6.3.4}$$

式中　l_1——铲装距离，一般为 8～35 m；

　　　v_1——实际铲装速度，一般取 0.56～0.8 m/s；

　　　K_H——土层进斗过程中损失系数；

　　　h——切土深度，m；

　　　B_c——铲刀宽度，m。

$$T_2 = \frac{l_2}{v_2} \tag{6.3.5}$$

式中　l_2——满载运输距离，m；

　　　v_2——满载运输速度，拖式取 1.65～2.2 m/s，自行式取 5.5～7 m/s。

$$T_3 = \frac{l_3}{v_3} \tag{6.3.6}$$

$$l_3 = \frac{V_H K_m}{h_E B_c} \tag{6.3.7}$$

式中　l_3——卸土距离，一般取 15～40 m；

　　　v_3——卸土时车速，一般为 0.85～1.65 m/s；

　　　h_E——卸土时铺层的厚度，一般取 0.2～0.6 m。

$$T_4 = \frac{l_4}{v_4} \tag{6.3.8}$$

式中　l_4——空载行驶时间，m；

　　　v_4——空载车速，拖式一般为 2.5 m/s，自行式一般为 8.5 m/s。

从铲运机生产率计算公式可以看出，影响生产率的因素有人为和施工组织两种，人为因素有铲斗的充满系数 K_m、一个工作循环所需时间 T 和时间利用系数 K_1。K_m 除土壤性质等自然因素外，还与驾驶员的操作技术、操作方法和其他施工辅助措施等有关，对 T 和 K_1 的影响主要是施工组织、驾驶员的操作方法和技术熟练程度。另外，施工组织的好坏也影响到一个工作循环中的每个环节和铲运机运行速度的高低。

第四节　平地机

一、概　述

平地机有拖式和自行式两种。拖式平地机由拖拉机来牵引，以人力操纵其工作装置；自行式平地机在其机架上装有发动机供给动力，以驱动机械行驶和各种工作装置进行工作。前者因机动性差、操作费力，故目前已被后者取代。

平地机的主要工作装置是装有刀片的刮刀，它具有高度灵活性，可以根据工作需要随时形成与行驶方向不同的各种夹角；可以在垂直面上形成必要的倾斜角度；也可以横向伸出机体。铲刀的这些特点使平地机成为公路工程中整型和平整作业的专用机械。

平地机的主要用途：平整路基和场地；修正路基的横断面和边坡；开挖三角形或梯形断面的边沟；从两侧取土填筑不高于 1 m 的路堤。此外，平地机还可以用来进行在路基上拌和路面材料并将其铺平、修整和养护土路、清除杂草和扫雪等作业。

自行式平地机的分类方法很多：按操纵方式的不同，可分为机械操纵式和液压操纵式两种；按车轮数目的不同，可分为四轮式和六轮式两种；按车轮驱动情况的不同，可分为后轮驱动式和全轮驱动式两种；按车轮转向情况的不同，可分为前轮转向和全轮转向式两种；按发动机功率和刮刀长度的不同，可分为轻型、中型和重型 3 种（见表 6.4.1）。

表 6.4.1　轻中重型平地机刮刀长度和发动机功率

形　式	刮刀长度/m	发动机功率/kW
轻　型	2.5～3.0	26～30
中　型	3.0～3.6	37～45
重　型	3.6～4.3	52～81

自行式平地机的表示方法是：车轮总对数（总轴数）×驱动轮对数（轴数）×转向轮对数（轴数）。如六轮 3×2×1，即为前轮转向，中、后轮驱动；四轮 2×2×2，即为全轮转向，全轮驱动。平地机的主参数以发动机的功率表示。平地机车轮分类如图 6.4.1 所示。

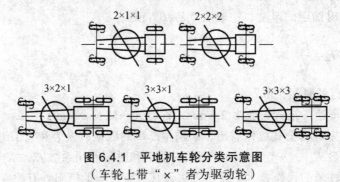

图 6.4.1　平地机车轮分类示意图
（车轮上带"×"者为驱动轮）

二、平地机的组成与工作原理

自行式平地机（见图 6.4.2）主要由发动机、机架、传动系统、工作装置、行走装置和操纵系统等部分组成。

平地机的发动机一般采用柴油发动机，有风冷、水冷两种，且多数采用了废气涡轮增压技术；有些平地机采用专用柴油发动机，这种发动机可以较好地适应施工中的恶劣工况。

传动系统一般由主离合器、液力变矩器、变速器、后桥传动及平衡箱串联传动装置组成。

其动力传递路线为：发动机飞轮→主离合器→（液力变矩器）→变速器→后桥传动→平衡串联传动箱→车轮。

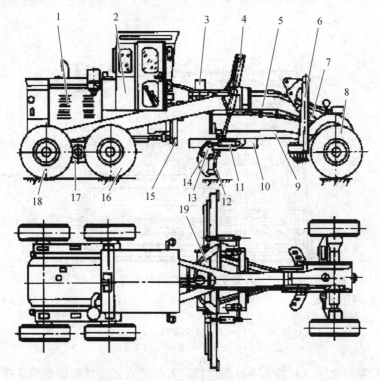

图 6.4.2 PY160A 型平地机外形图

1—发动机；2—驾驶室；3—倾斜液压缸；4—升降液压缸；5—机架；6—耙松装置；7—耙松装置及铲刀调节油缸；
8—前轮；9—牵引架；10—回转圈；11—改变铲土角液压缸；12—铲刀；13—上滑套；
14—耳板；15—传动系统；16—中轮；17—平衡箱；
18—后轮；19—铲刀引出液压缸

　　行走装置的形式主要为轮式，其驱动形式有后轮和全轮驱动两种。采用全轮驱动时，前轮驱动力可由变速器输出，通过万向节传动轴传至前桥，或采用液压传动方式将动力传至前桥。转向装置有前轮转向、全轮转向及铰接式转向 3 种形式。

　　平地机的车架为一个支持在前桥和后桥上的弓形梁架。车架上安装了发动机、主传动装置、驾驶室及工作装置等。在车架的中间弓背处装有油缸支架，上面安装刮刀升降油缸和牵引架引出油缸。车架有整体式和铰接式两种形式。铰接式车架分为前车架和后车架，前、后车架以铰销连接，并以液压油缸控制车架的转角。铰接式车架提高了机器的灵活性，减小了转弯半径，机器可以折身前进作业，增强了平地机的作业适应性。

　　平地机的工作装置主要是装在转盘上的刮刀，另外有悬挂在刮刀前面的齿耙，它用于翻松土壤和清理杂草，以提高平地机的工效。它们悬挂在车梁的下面。平地机的刮刀具有局部的灵活性，可以根据施工的需要随时形成与行驶方向不同的各种夹角。图 6.4.3 所示为国产 PYl60A 型平地机的转盘及刮刀的总成图。

　　带内齿的转盘 8 是通过其左右弯臂 9 和刮刀支承板 10 来安装刮刀 12 的。左右弯臂的下端焊有滑槽Ⅰ，支撑板的下前端也开有滑槽Ⅱ，刮刀背部的上、下滑轨 1 和 2，分别套在滑槽Ⅱ和Ⅰ内。这种结构可使副刀沿Ⅱ、Ⅰ滑槽左右侧伸，以适应平地机工作时刮刀侧伸的需要。

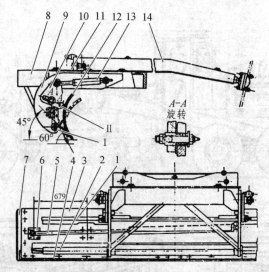

图 6.4.3 PY160A 型平地机的转盘及刮刀（单位：mm）

1—上滑轨；2—下滑轨；3—刀身（背面）；4—切削刀片；5—刮刀侧伸油缸的活塞杆；6—球座；
7—侧刀片；8—带内齿的转盘；9—弯臂；10—刮刀支承板；11—回转齿圈；
12—刮刀；13—铲土角调整油缸；14—牵引架
Ⅰ—切削角大；Ⅱ—切削角小

支承板的上端与油缸 13 的活塞杆相铰接。若松开安装支承板的螺栓（螺栓拧在支承板的长槽内），当油缸 13 的活塞杆作伸缩运动时，则支承板就带着刮刀的上部以下滑轨为中心进行前后摆动，从而调整刮刀的切削角。在刮刀的背部装有刮刀的侧伸油缸，油缸的活塞杆 5 装在刮刀的球座 6 上，而缸体则铰接在转盘右侧的弯臂上。若油缸的活塞杆作伸缩运动，则刮刀就可左右侧伸。球座在刮刀背部有两个安装位置；图中所示的球座位置，可使刮刀右伸至最远处；若将活塞杆铰接在另外一个球座上（见图 6.4.3 中虚线所示），则刮刀可左伸至最远处。

耙土装置（见图 6.4.4）装在刮刀的前面。主要用于疏松硬一些的土壤。弯臂 3 的头部铰接在车架前部的两侧。耙齿 7 插入耙子架 6 内，用齿楔 5 楔紧。耙齿磨损后可向下调整，调整量为 6 cm。伸缩杆 4 可用来调整耙子的上下作业范围。摇臂机构 2 有 3 个臂，两侧 2 个臂与伸缩杆铰接，中间臂（位于车架正中）与油缸 1 铰接。油缸为单缸，作业时油缸推动摇臂机构 2，通过伸缩杆 4 推动耙齿切入土中。

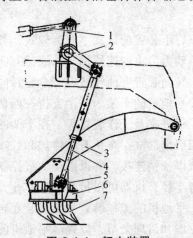

图 6.4.4 耙土装置

1—油缸；2—摇臂机构；3—弯臂；4—伸缩杆；
5—齿楔；6—耙子架；7—耙齿

三、平地机的应用

（一）生产率的计算

平地机的生产率计算，根据施工对象的不同，其计算方法也不同。如在修整路型时，其生产率是按单位时间内所完成的土方量来计算的；而在平整场地时，则按单位时间内所完成的平整面积来计算。

1. 平地机生产率的一般计算公式

$$Q = \frac{3\,600\,fLK_h}{t\varphi K_s} \tag{6.4.1}$$

式中　Q——平地机的生产率，m^3/h；

　　　f——刮刀每次铲土的横截面积，m^2；

　　　L——每一工作行程的长度，m；

　　　φ——行程重叠系数（一般取 $\varphi = 1.15 \sim 1.70$）；

　　　t——每一工作行程所花的时间，s；

　　　K_h——时间利用系数，$K_h = 0.85 \sim 0.90$；

　　　K_s——土壤的松散系数。

刮刀每次铲土的横截面面积 f 与刮刀长度 l、平面角 α、倾斜角 β 以及切土深度 h 等因素有关。它应该是刮刀纵向投影面上一个小三角形面积（见图 6.4.5）。铲土时，刮刀的入土宽度一般为刀长的 $1/3 \sim 1/2$。

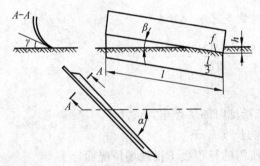

图 6.4.5　平地机铲土面积图

因此，铲土的横断面积应为：

$$f = \left(\frac{1}{6} - \frac{1}{4}\right)\frac{lh\sin\alpha}{\cos\beta} \tag{6.4.2}$$

式中　l——刮刀长度，m；

　　　α——平面角，（°）；

　　　β——倾斜角，（°）；

　　　h——切土深度，m。

2. 平地机作路基整型时的生产率计算公式

$$Q' = \frac{3\,600\,LFK_h}{2L\left(\dfrac{l_1}{v_1} + \dfrac{l_2}{v_2} + \dfrac{l_3}{v_3}\right) + 2t_1(n_1 + n_2 + n_3)} \tag{6.4.3}$$

式中　Q'——平地机修整路型时的生产率，m^3/h；

L——每一工作行程的长度，m；

F——两侧取土坑的总面积，m^2；

K_h——时间利用系数；

l_1、l_2、l_3——平地机铲土、移土和整平 3 道工序的行程，m；

v_1、v_2、v_3——平地机铲土、移土和整平 3 道工序的行驶速度，m/s；

t_1——每次行程的掉头时间，s；

n_1、n_2、n_3——平地机铲土、移土和整平 3 道工序的行程数，可用以下公式计算：

$$n_1 = \frac{F\phi_1}{2f} \tag{6.4.4}$$

$$n_2 = \frac{s\phi_2}{s_0} \tag{6.4.5}$$

式中　ϕ_1——铲土时前后两行程的重叠系数（约为 1.70）；

s——路基半边需移土的平均距离，m；

s_0——每一行程可能的移土距离，m；

ϕ_2——移土时行程重叠系数（1.10～1.20）。

3. 平地机平整场地时的生产率计算公式

$$Q'' = \frac{3\,600L(l\sin\alpha - 0.5)K_h}{n\left(\dfrac{L}{v} + t_1\right)} \tag{6.4.6}$$

式中　Q''——平地机平整场地时的生产率，m^2/h；

L——需平整场地的长度，m；

n——平好每一处所需的行程数（视现场情况而定）；

v——平整时的行驶速度，m/s。

（二）平地机的运用

1. 侧移刮土

刮土侧移作业是将刮刀保持一定的回转角，在切削和运土过程中，土沿刮刀侧向流动，回转角越大，切土和移土能力越强。刮刀侧移时应注意不要使车轮在料堆上行驶，应使物料从车轮中间或两侧流过，必要时可采用斜行方法进行作业，使料离开车轮更远一些。刮土侧移作业常用于物料混合，将待混合的物料用刮刀一端切入，从刮刀另一端流出，这时应注意刮刀的回转角大小要适当，并要有较大的铲土角。但如果回转角过大，物料也得不到充分的滚动混合，影响混合质量。

刮土侧移作业用于铺平时还应当注意采用适当的回转角，始终保证刮刀前有少量的但却是足够的料，既要运行阻力小，又要保证铺平质量。图 6.4.6 为平地机基本作业示意图。

平地机作业时，除了采用前轮或后轮转向操纵机器沿要求的行驶路线作业外，还常需要同时操纵刮刀侧移来辅助实现刮刀的运动轨迹。当在弯道上或作业面边界呈不规则的曲线状地段作业时，可以同时操纵转向和刮刀侧向移动，机动灵活地沿曲折的边界作业。当侧面遇到障碍物时，一般不采用转向的方法躲避，而是将刮刀侧向收回，过了障碍物后再将刮刀伸出。这种作业方式主要用于移土填堤、平整场地、回填沟渠和铺筑散料等作业。

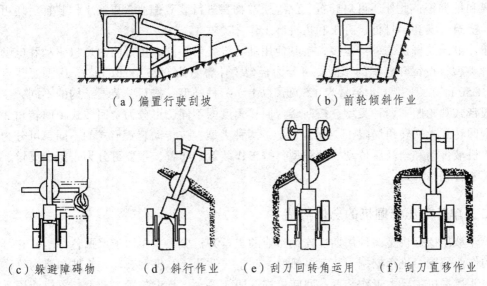

（a）偏置行驶刮坡　　　　　　　（b）前轮倾斜作业

（c）躲避障碍物　　　（d）斜行作业　　（e）刮刀回转角运用　　（f）刮刀直移作业

图 6.4.6　平地机的基本作业

2．刮土直移

刮土直移作业是将刮刀回转角置为 0°，即刮刀轴线垂直于行驶方向，此时切削宽度最大，但只能以较小的切入深度作业，主要用于铺平作业。

3．机外刮土

平地机在作业时，由于刮刀有一定回转角，或由于刮刀在机体外刮侧坡，使机器受到一个侧向力的作用，常会迫使机器前轮发生侧移以致偏离行驶方向，加剧轮胎的磨损，并对前轮的转向销轴产生很大的力矩，使前轮转向（偏摆）的阻力增大，这时，可以采用倾斜前轮的方法来避免。

4．斜行作业

利用车架铰接或全轮转向的特点，平地机可以斜行作业。在很多作业场合需要采用斜行作业方法，使车轮避开料堆，保持机器更加稳定。

第五节　单斗液压挖掘机

一、单斗液压挖掘机的用途和分类

挖掘机械是用来进行土、石方开挖的一种工程机械，按作业特点分为周期性作业式和连续性作业式两种，前者为单斗挖掘机，后者为多斗挖掘机。由于单斗挖掘机是挖掘机械的一个主要机种，也是各类工程施工中普遍采用的机械，可以挖掘Ⅳ级以下的土层和爆破后的岩石，因此，本节着重介绍单斗挖掘机。

单斗液压挖掘机的主要用途是：在筑路工程中用来开挖堑壕，在建筑工程中用来开挖基础，在水利工程中用来开挖沟渠、运河和疏通河道，在采石场、露天采矿等工程中用于矿石的剥离和挖掘等；此外还可对碎石、煤等松散物料进行装载作业；更换工作装置后还可进行起重、浇筑、安装、打桩、夯土和拔桩等工作。

单斗液压挖掘机的种类很多，按其使用动力设备的不同，可分为内燃机驱动和电动机驱动两种类型；按铲斗容积的不同，可分为轻型（斗容量为 0.25 ~ 0.35 m³）、中型（斗容量为 0.50 ~ 1.50 m³）、重型（斗容量为 1.50 m³ 以上）3 种类型；按行驶装置结构的不同，主要可分为履带式和轮胎式两种类型；按回转台回转角度的不同，可分为全回转式（回转角 360°）和非全回转式（回转角局限于 200° ~ 270°）两种类型：按传动装置形式的不同，可分为机械传动、机液传动和全液压传动 3 种类型；按工作装置的布置，主要可分为正铲、反铲、拉铲和抓铲 4 种基本形式。

二、单斗液压挖掘机的总体构造

单斗液压挖掘机是一种周期性连续作业的土石方机械。主要用于挖掘各种土。它可更换不同的作业装置，进行挖掘、装载、抓取、起重、钻孔、打桩、破碎、修坡和清沟等作业。

单斗挖掘机主要由工作装置、回转机构、回转平台、行走装置、动力装置、液压系统、电气系统和辅助系统等组成。工作装置是可更换的，它可以根据作业对象和施工的要求进行选用。

图 6.5.1 所示为 EX200V 单斗液压挖掘机的总体结构简图，工作装置主要由动臂 8、斗杆 4、铲斗 1、连杆 2、摇杆 3、动臂油缸 7、斗杆油缸 6 和铲斗油缸 5 等组成。各构件之间的连接以及工作装置与回转平台的连接全部采用铰接，通过 3 个油缸的伸缩配合，实现挖掘机的挖掘、提升和卸土等作业过程。

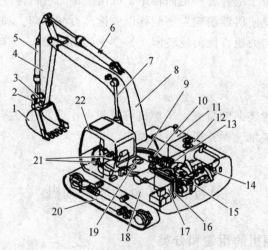

图 6.5.1　单斗液压挖掘机的总体结构

1—铲斗；2—连杆；3—摇杆；4—斗杆；5—铲斗油缸；6—斗杆油缸；7—动臂油缸；8—动臂；9—回转支撑；
10—回转驱动装置；11—燃油箱；12—液压油箱；13—控制阀；14—液压泵；15—发动机；
16—水箱；17—液压油冷却器；18—回转平台；19—中央回转接头；20—行走装置；
21—操纵系统；22—驾驶室

（一）传动系统

1．机械传动

履带式单斗挖掘机传动系统示意图如图 6.5.2 所示，它是一个机械传动系统。发动机 Ⅰ 输出的动力经主离合器 2 与链式减速器 3 传给换向机构水平轴 48。然后分成两条传动路线：一路由圆柱齿轮 4、5、11 将动力传递至主卷扬轴 12，驱动主卷筒回转，控制铲斗的动作；另一路由换向机构经垂直轴 42、一个两挡变速器 43，通过圆柱齿轮 28、26 分别将动力传递给回转立轴 29 和行走立轴 30。

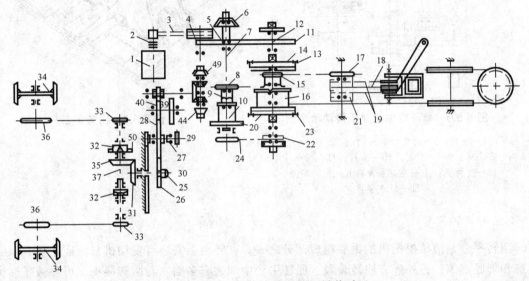

图 6.5.2　单斗挖掘机的机械传动

1—发动机；2—主离合器；3—链式减速器；4、5、11、26、28、39、40—圆柱齿轮；6、44、49—锥形离合器；
7—变幅卷筒轴；8、15、17—推压机构传动链轮；9—双面爪形离合器；10—变幅卷筒；12—主卷扬轴；
13、23、24、50—带式制动器；14、20—主卷筒离合器；16—右主卷筒；18—回缩钢索；
19—推压钢索；21—推压卷筒；22—超载离合器；25、27、32—爪形离合器；
29—回转立轴；30—行走立轴；31、35—行走锥形齿轮；
33、36—行走传动链轮；34—驱动轮；
37—行走水平轴

2．液压传动

图 6.5.3 为一种单斗挖掘机液压传动示意图。如图 6.5.3 所示，柴油机驱动两个油泵 11、12，把压力油输送到两个分配阀中。操纵分配阀将压力油再送往有关液压执行元件，这样就可驱动相应的机构工作，以完成所需要的动作。

（二）回转平台

回转平台（见图 6.5.4）上布置有发动机、驾驶室、液压泵、回转驱动装置、回转支承、多路控制阀、液压油箱、柴油箱等部件。工作装置铰接在平台的前端。

回转平台通过回转支承与行走装置连接，回转驱动装置使平台相对底盘 360° 全回转，从而带动工作装置绕回转中心转动。

平台本体是由型钢和钢板焊接而成的框架结构，平台与回转支承连接部分采用铸焊组合结构，如图 6.5.4 所示。转台两根纵向布置的主梁主要承受工作外载。工作时，平台主要承受轴向和径向荷载、轴向转矩和倾覆力矩，通过回转支承将荷载传给行走机构。因此，平台应具有良好的抗弯、抗扭强度和刚度。

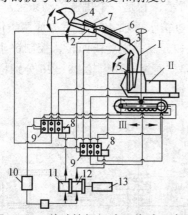

图 6.5.3　单斗挖掘机液压传动示意图

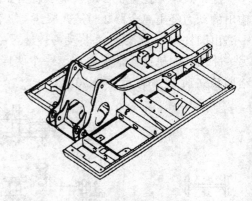

图 6.5.4　回转平台

1—铲斗；2—斗杆；3—动臂；4—连杆；5、6、7—液压油缸；
8—安全阀；9—分配阀；10—油箱；11、12—油泵；
13—发动机；Ⅰ—挖掘装置；Ⅱ—回转装置；
Ⅲ—行走装置

（三）回转装置

回转平台是液压挖掘机的重要组成部分之一。在转台上安装有发动机、液压系统、操纵系统和驾驶室等，另外还有回转装置。回转平台中间装有多路中心回转接头，可将液压油传至底座上的行走液压马达、推土板液压缸等执行元件上。

液压挖掘机的回转装置由回转支承装置（起支承作用）和回转驱动装置（驱动转台回转）组成。图 6.5.5 为液压挖掘机的回转装置示意图。

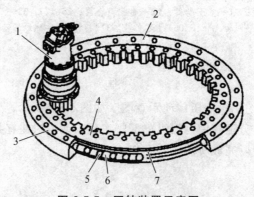

图 6.5.5　回转装置示意图

1—回转驱动装置；2—回转支承；3—外圈；4—内圈；
5—滚球；6—隔离块；7—上下密封圈

工作装置铰接在平台的前端。回转平台通过回转支承与行走装置相连，回转驱动装置使平台相对于行走装置作回转运动，并带动工作装置绕其回转中心转动。

挖掘机回转支承的主要结构形式有转柱式回转支承和滚动轴承式回转支承两种。

滚动轴承式回转支承是一个大直径的滚动轴承，与普通轴承相比，它的转速很慢，常用的结构形式有单排滚球式和双排滚球式两种。单排滚球式回转支承（见图6.5.5）主要由内圈、外圈、隔离体、滚动体和上下密封装置等组成。钢球之间由滚动体隔开，内圈或外圈被加工成内齿圈或外齿圈。内齿圈固定在行走架上，外圈与回转平台固联。回转驱动装置与回转平台固联，一般由回转液压马达、行星减速器和回转驱动小齿轮等组成。通过驱动小齿轮与内齿圈的啮合传动，回转驱动装置在自转的同时绕内齿圈作公转运动，从而带动平台作360°转动。

转柱式回转支承的结构中回转体与支承轴组成转柱，插入轴承座的轴承中。轴承座用螺栓固定在机架上。摆动油缸的外壳也固定在机架上，它的输出轴插入下轴承中。驱动回转体相对于机架转动。工作装置铰接在回转体上，随回转体一起回转，回转角度不大于180°。

（四）行走装置

行走装置是挖掘机的支承部分，它承载整机重量和工作荷载并完成行走任务，一般有履带式和轮胎式两种，常用的是履带式行走底盘。单斗液压挖掘机的履带式行走装置都采用液压传动，且基本构造大致相同。图6.5.6所示是目前挖掘机履带式行走装置的一种典型形式。

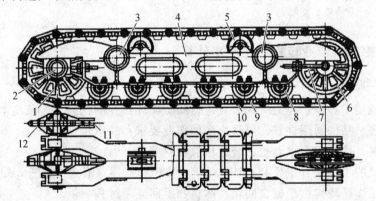

图6.5.6　履带式行走装置

1—驱动轮；2—驱动轮轴；3—下支承架轴；4—履带架；5—托链轮；6—引导轮；
7—张紧螺杆；8—支重轮；9—履带；10—履带销；11—链条；12—链轮

履带式行走装置主要由行走架、中心回转接头、行走驱动装置、驱动轮、引导轮和履带及张紧装置等组成。

行走架（见图6.5.7）由X或H形底架、履带架和回转支承底座组成。压力油经多路换向阀和中央回转接头进入行走液压马达。通过减速箱把马达输出的动力传给驱动轮。驱动轮沿着履带铺设的轨道滚动，驱动整台机器前进或后退。

驱动轮大都采用整体铸件，其作用是把动力传给履带，要求能与履带正确啮合，传动平稳，并要求当履带因连接销套磨损而伸长后仍能保证可靠地传递动力。

引导轮用来引导履带正确绕转，防止跑偏和脱轨。国产履带式挖掘机多采用光面引导轮，采用直轴式结构及浮动轴封。每条履带设有张紧装置，调整履带保持一定的张紧度，现代液压挖掘机都采用液压张紧装置。

行走驱动多数采用高速小扭矩马达或低速大扭矩液压马达驱动，左右两条履带分别由两个液压马达驱动，独立传动。图6.5.8所示为液压挖掘机的行走驱动机构，它有双速液压马达经一级正齿轮减速，带动驱动链轮。

当两个液压马达旋转方向相同，履带直线行驶时，如一侧液压马达转动，并同时制动另一侧马达，则挖掘机绕制动履带的接地中心转向；若使左、右两液压马达以相反方向转动，则挖掘机可实现绕整机接地中心原地转向。

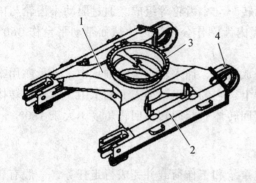

图 6.5.7　行走架结构

1—X 形底架；2—履带架；3—回转支承底座；
4—驱动装置固定座

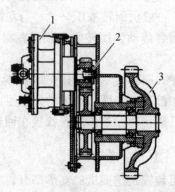

图 6.5.8　履带式挖掘机行走驱动机构

1—液压马达；2—减速齿轮；3—链轮

三、单斗挖掘机作业过程与生产率计算

（一）作业过程

单斗挖掘机是一种以铲斗为工作装置进行间隙循环作业的挖掘、装载施工机械，其特点是：挖掘能力强、结构通用性好，可适应多种作业要求，缺点是机动性差。其主要用途是：开挖路堑、沟渠，挖装矿石、剥土，装载松散物料等。

单斗挖掘机的工作装置主要有正铲、反铲、拉铲和抓斗等形式（见图 6.5.9）循环作业式机械。每一个工作循环包括挖掘、回转、卸料和返回 4 个过程。

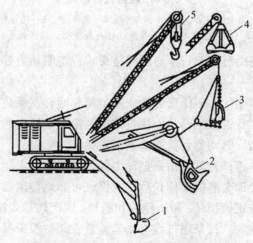

图 6.5.9　单斗挖掘机工作装置类型

1—反铲；2—正铲；3—拉铲；4—抓斗；5—起重

机械式单斗挖掘机的工作过程：

正铲挖掘机（见图 6.5.10）的工作装置由动臂 2、斗杆 5 和铲斗 1 组成。

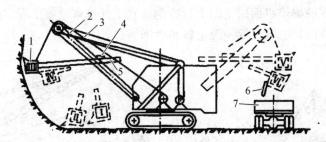

图 6.5.10 正铲过程简图

1—铲斗；2—动臂；3—铲斗提升钢索；4—鞍形座；5—斗杆；6—斗底；7—运输车辆

正铲的工作过程为：

（1）挖掘过程：先将铲斗下放到工作面底部（Ⅱ），然后提升铲斗（有的小型挖掘机依靠动臂下降的重力来施压）完成挖掘（Ⅱ→Ⅲ）。

（2）回转过程：先将铲斗向后退出工作面（Ⅳ），然后回转，使动臂带着铲斗转到卸料位置（Ⅴ）。同时可适当调整斗的伸出度和高度适应卸料要求，以提高工效。

（3）卸料过程：开启斗底卸料（Ⅵ）。

（4）返回过程：回转挖掘机转台，使动臂带着空斗返回挖掘面，同时放下铲斗，斗底在惯性作用下自动关闭（Ⅵ→Ⅰ）。

机械传动式正铲挖掘机适宜挖掘和装载停机面以上的 Ⅰ～Ⅳ级土壤和松散物料。

机械传动的反铲挖掘机（见图 6.5.11）的工作装置由动臂 5、斗杆 4 和铲斗 2 组成。动臂由前支架 7 支持。

反铲的工作过程为：

（1）先将铲斗向前伸出，让动臂带着铲斗落在工作面上（Ⅰ）。

（2）将铲斗向着挖掘机方向拉转，于是它就在动臂和铲斗等重力以及牵引索的拉力作用下完成挖掘（Ⅱ）。

（3）将铲斗保持Ⅱ所示状态连同动臂一起提升到Ⅲ所示状态，再回转至卸料处进行卸料。

反铲有斗底可开启式（Ⅵ）与不可开启式（Ⅴ）两种。

反铲挖掘机适宜于挖掘停机面以下的土，例如挖掘基坑及沟槽等。机械传动的反铲挖掘过程由于只是依靠铲斗自身重力切土，所以只适宜于挖掘轻级和中级土壤。

机械传动的拉铲挖掘机（见图 6.5.12）的工作装置没有斗杆，而是由格栅型动臂与带钢索的悬挂铲斗 1 组成。铲斗的上部和前部是敞开的。

拉铲的工作过程为：

（1）首先拉收和放松牵引钢索 3，使铲斗在空中前后摆动（视情况也可不摆动），将铲斗以提升钢索 2 提升到位置Ⅰ，然后同时放松提升钢索和牵引钢索，铲斗被顺势抛掷在工作面上（Ⅱ→Ⅲ），铲斗在自重作用下切入土中。

（2）拉动牵引钢索，使铲斗装满土壤（Ⅳ）。

（3）然后提升铲斗，同时放松牵引钢索，使铲斗保持在斗底与水平面成 8°～12°，防止铲斗倾翻卸料。

（4）在提升铲斗的同时将挖掘机回转至卸料处，放松牵引钢索使斗口朝下卸料。

（5）挖掘机转回工作面进行下一次挖掘。

拉铲挖掘机适宜挖掘停机面以下的土，特别适宜于开挖河道等工程。由于拉铲靠铲斗自重切土进行挖掘，所以只适宜挖掘一般土料和砂砾等。

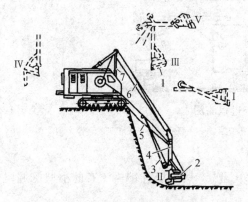 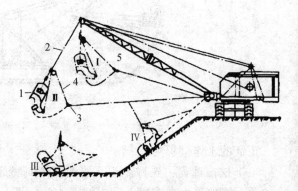

图 6.5.11　反铲工作过程简图　　　　　　　　　图 6.5.12　拉铲工作过程简图

1—斗底；2—铲斗；3—牵引钢索；4—斗杆；　　　　　1—铲斗；2—提升钢索；3—牵引钢索；
5—动臂；6—提升钢索；7—前支架　　　　　　　　　　4—卸料钢索；5—动臂

抓斗挖掘机（见图 6.5.13）的工作装置是一种带两瓣或多瓣的蚌形抓斗 1。抓斗用提升索 2 悬挂在动臂 4 上。斗瓣的启闭由闭合索 3 来执行。为了不使爪斗在空中旋转，用一根定位索 5 来定位。定位索的一端与抓斗固定，另一端与动臂连接。

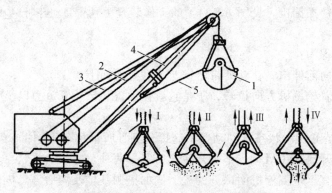

图 6.5.13　抓斗的工作原理图

1—爪斗；2—提升索；3—闭合索；4—动臂；5—定位索

抓斗的工作过程为：

（1）放松闭合索 3，固定提升索，使斗瓣张开。

（2）同时放松提升索和闭合索，让张开的抓斗落在工作面上，并借自重切入土中（Ⅰ）。

（3）逐渐收紧闭合索，抓斗在闭合过程中装满土料（Ⅱ）。

（4）当抓斗完全闭合后，提升索和闭合索收紧，并以同一速度将抓斗提升（Ⅲ）挖掘机转至卸料位置。

（5）放松闭合索，使斗瓣张开，卸出土料（Ⅳ）。

抓斗挖掘机适宜挖掘停机面以上和以下的土，卸料时无论是卸在车辆上或弃土堆上都很方便，特别适合挖掘垂直而狭窄的桥基桩孔、陡峭的深坑以及水下土方等作业。但抓斗受自重的限制，只能挖取一般土料、砂砾和松散料。

（二）挖掘机的生产率计算

任何形式的单斗挖掘机均是循环作业式的土方工程机械。它们的生产率是以单位时间内所挖掘的土方量来计算的，单位 m^3/h。可按下式计算：

$$Q = \frac{VNK_充}{K_松} \tag{6.5.1}$$

式中　Q——单斗挖掘机的生产率，m^3/h；

V——铲斗的几何容量，m^3；

N——挖掘机每小时的循环作业次数；

$K_充$——铲斗的充满系数；

$K_松$——土壤的松散系数。

铲斗的充满系数 $K_充$ 根据铲斗的形式和土壤的性质而定。土壤的松散系数 $K_松$ 根据铲斗的容量和土壤的级别而定，它们的关系可分别参考有关资料。

单斗挖掘机每小时的作业循环次数 N，按下式确定：

$$N = \frac{3\ 600K_时}{T_1 + T_2 + T_3 + T_4 + T_5} \tag{6.5.2}$$

式中　T_1——挖土时间，s；

T_2——由挖掘面转至卸土所消耗的时间，s；

T_3——在卸土处调整斗位及卸土所消耗的时间，s；

T_4——空斗返回挖掘面所消耗的时间，s；

T_5——空斗下落至挖掘面所消耗的时间，s；

$K_时$——时间利用率。

每一个工作循环所消耗的时间变化很大，它取决于机械的技术状况、驾驶员的操作技能以及施工组织的安排等因素。

第六节　压路机

压实就是通过对材料施加静态或动态的外力来提高材料的密实度和承载能力的过程。密实度通常用单位体积质量来表示。材料经压实后，密实度增加。

材料的压实过程是：向被压材料加载，克服松散多相材料中固体颗粒间的摩擦力、黏着力，排除固体颗粒间的空气和水分，使各个颗粒发生位移、互相靠近，从而使被压材料的颗粒重新排列达到密实。

路基土壤压实的目的在于减小土壤的间隙，增加土壤的密实度，提高它的抗压强度和稳定性，使之具有一定的承载能力。

压实方法通常有：静载压实、振动压实、冲击压实（见图 6.6.1）。

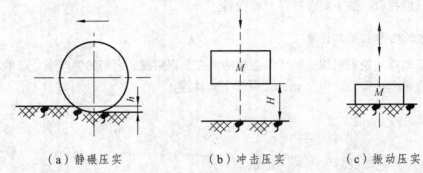

（a）静碾压实　　　　　　（b）冲击压实　　　　（c）振动压实

图 6.6.1　土壤压实方法示意图

静载压实设备采用机器的自重将压力作用于地面，挤压填充材料。随着土深度的加大，作用于土上的静压力很快下降，所以静压实工具的压实深度有限，但相对薄层填充材料的压实还是有效的。传统静压实设备包括静压三轮压路机、静压双轮压路机和轮胎压路机。

冲击压实也称夯实，是利用物体从某高度上自由下落时产生的冲击力，把材料压实。当自由下落物体与材料表面接触时，冲击力产生的压力波传入铺层材料中，使材料颗粒运动。

振动压实是对压实材料施加一系列小振幅高频率的交变力，以激起压实材料颗粒之间的相对运动，在垂直压力的作用下，使它们重新排列而变得密实。

在筑路工程中所使用的压实机械俗称压路机。通常有以下几种分类方法：

按滚轮性质的不同，压路机可分为钢轮压路机和轮胎压路机两种类型。钢轮压路机的滚轮是钢制的金属轮。由于这种压路机的结构简单、价格便宜，目前国内使用很普遍。

按压实方法的不同，压路机可分为静碾压压路机和振动压路机两种。

另外，按滚轮形状的不同，压路机又可分为光面滚轮压路机和凸块滚轮压路机（见图6.6.2）两种类型；凸块滚轮又称羊脚碾，是在光轮压路碾的表面上安装了许多凸块，由于这些凸块的形状与羊爪相似，所以称为羊脚碾。由于这些羊脚形的构件与被压土壤接触面积小，作用力集中，压实效果和压实深度均较同质量的光轮压路机高（重型羊脚碾的压实厚度可达30～50 cm）。所以，羊脚碾很适宜对含水量较大新填的黏性土进行压实，但不能用来压实砂土和工程的表面层。

筑路工程的压实工作量较大，且大多是大面积的。目前，国内使用较普遍的是钢轮静碾光轮压路机、振动压路机和轮胎压路机。下面分别予以介绍。

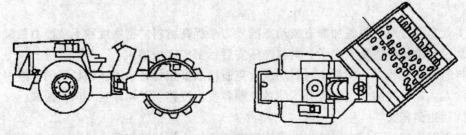

图 6.6.2　轮胎驱动凸块振动压路机

一、静碾光轮压路机

（一）用　途

静碾光轮压路机是借助自身重量对被压材料实现压实的，它可以对路基、路面、广场和其他各类工程的地基进行压实。其工作过程是沿工作面前进与后退进行反复地滚动，使被压实材料达到足够的承强力和平整的表面。

（二）分　类

根据滚轮及轮轴数目，自行式光轮压路机可分为：二轮二轴式、三轮二轴式和三轮三轴式 3 种，如图 6.6.3 所示。目前国产压路机中，只生产有二轮二轴式和三轮二轴式两种。

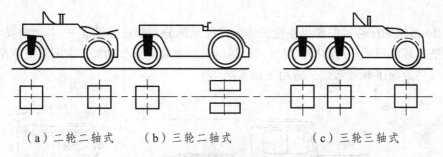

$$（a）二轮二轴式　　　　（b）三轮二轴式　　　　（c）三轮三轴式$$

图 6.6.3　压路机按滚轮数和轴数分类

根据整机质量静碾光轮压路机又可分为轻型、中型和重型 3 种。轻型的质量为 5 ~ 8 t，多为二轮二轴式，多用于压实路面、人行道、体育场等。中型的质量为 8 ~ 10 t，包括二轮二轴和三轮二轴式两种。前者大多数用于压实与压平各种路面，后者多用于压实路基、地基以及初压铺筑层。质量在 10 ~ 15 t、18 ~ 20 t 的为重型，有三轮二轴式和三轮三轴式两种。前者用于最终压实路基，后者用于最后压实与压平各类路面与路基，尤其适合于压实与压平沥青混凝土路面。另外，还有质量在 3 ~ 5 t 的二轮二轴式小型压路机，主要用于养护路面、压实人行道等。

二、轮胎压路机

轮胎压路机的滚轮是特制的充气光面轮胎。由于胶轮的弹性揉压作用，使物料颗粒在各个方向产生位移，因此压实表面均匀而密实。同时，由于胶轮的弹性变形，使压实表面的接地面积比铁轮宽，这就使被压实的土壤在同一点上所受压力的作用时间长，故压实效果好。由于轮胎压路机有以上特点，再加上灵活机动，因此它是一种比较完美的压实机械。轮胎压路机一般由发动机、传动系统、操纵系统和行走部分等组成。

国产 YL9/16 型轮胎压路机如图 6.6.4 所示，该型压路机基本属于多个轮胎整体受载式。轮胎采用交错布置的方案：前、后车轮分别并列成一排，前、后轮迹相互错开，由后轮压实前轮的调压部分。在压路机的前面装有 4 个方向轮（从动轮），后面装有 5 个驱动轮。轮胎是由耐热、耐油橡胶制成的无花纹的光面轮胎（也有胎面为刻花纹的），保证了被压实路面的平整度。

该机的机架是由钢板焊接而成的箱形结构,其前后分别支承在轮轴上。其上部分别固装着发动机、驾驶室、配重和水箱等。

传动系统的组成基本上与前述静作用光轮压路机相似。发动机输出的动力经由离合器、变速器、换向机构、差速器、左右半轴、左右驱动链轮等的传动,最后驱动后轮。

YD9/16 型轮胎压路机的变速器为带直接挡的三轴式四挡变速器,其操纵采用手动换挡式,而构造除了没有倒挡齿轮外,也基本上与汽车变速器相同。压路机在一挡时的最低速度为 3.1 km/h,四挡时最高速度为 23.55 km/h。因此,这种型号压路机既能保证按压时的慢速要求,又能满足压路机转移时的高速行驶,这也是轮胎压路机的一大优点。

YD9/16 型轮胎压路机的终传动为链传动,链传动既可保证平均传动比,又可实现较远距离传动。但因其运动的不均匀性,动载荷、噪声以及由冲击导致链和链轮齿间的磨损都较大。

YD9/16 型轮胎压路机的操纵系统分为转向操纵部分和制动操纵部分。其转向操纵采用摆线转子泵液压转向形式。制动操纵部分:手制动采用双端带式制动器,供压路机停车制动用;脚制动为气助力油压外胀蹄式,适用于行车制动。

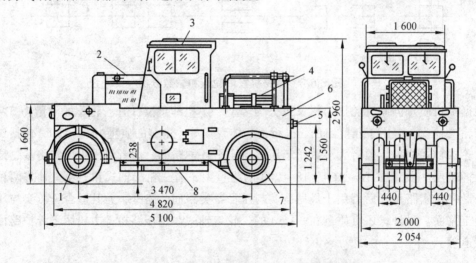

图 6.6.4   YL9/16 型轮胎压路机构造简图

1—方向轮;2—发动机;3—驾驶室;4—钢丝簧橡胶水管;5—拖挂装置;
6—机架;7—驱动轮;8—配重铁

三、振动式压实机械

(一)用途及分类

振动压路机(见图 6.6.5)用来压实各种土壤(多为非黏性)、碎石料、各种沥青混凝土等,主要用在公路、铁路、机场、港口、建筑等工程中,是工程施工的重要设备之一。在公路施工中,它多用在路基、路面的压实,是筑路施工中不可缺少的压实设备。振动式压实机械是利用偏心块(或偏心轴)高速旋转时所产生的离心力作用而对材料进行振动压实的。产生这种高频离心力的装置称为振动装置。将振动装置装在压路机上称为振动压路机,它适用于大面积的路基土壤和路面铺砌层的压实。

与静力式压路机相比，在同等结构质量的条件下，振动碾压的效果比静碾压高 1～2 倍，动力节省 1/3，金属消耗节约 1/2，且压实厚度大、适应性强。振动压路机的缺点是不宜压实黏性大的土壤，也严禁在坚硬的地面上振动。同时，由于振动频率高，驾驶员容易产生疲劳，因此需要有良好的减振装置。

振动压路机可以按照结构质量、结构形式、传动方式、行驶方式、振动轮数、振动激励方式等进行分类，其具体分类如下：

（1）按机器结构质量可分为：轻型、小型、中型、重型和超重型。

（2）按振动轮数量可分为：单轮振动、双轮振动和多轮振动。

（3）按驱动轮数量可分为：单轮驱动、双轮驱动和全轮驱动。

（4）按传动系统传动方式可分为：机械传动、液力机械传动、液压传动。

（5）按行驶方式可分为：自行式、拖式和手扶式。

（6）按振动轮外部结构可分为：光轮、凸块（羊脚碾）和橡胶滚轮。

（7）按振动轮内部结构可分为：振动、振荡和垂直振动。其中振动又可分为单频双幅、单频多幅、多频多幅和无级调频调幅。

（8）按振动激励方式可分为：垂直振动激励、水平振动激励和复合激励。

（二）总体构造

下面介绍自行式压路机的结构，自行式振动压路机一般由发动机、传动系统、操纵系统、行走装置（振动轮和驱动轮）以及车架（整体式和铰接式）等组成。图 6.6.5 为振动压路机构造图。

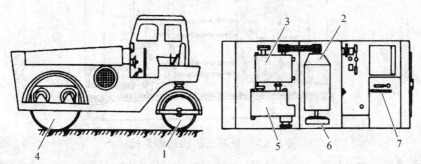

图 6.6.5 振动压路机构造图

1—转向轮；2—柴油机；3—分动箱；4—振动轮；5—变速箱；6—机架；7—操作机构

振动压路机的振动轮按结构不同，可分为偏心块式和偏心轴式两种。调整偏心块、偏心轴的偏心质量大小或偏心质量分布，可以改变振动轮激振力及振幅的大小，以压实不同类型的材料。而振动轮的振动频率调节是通过改变偏心块、偏心轴的转速来实现的。

振动轮（见图 6.6.6）中的振动轴在液压马达的驱动下高速旋转时，带动两个偏心轴旋转，从而使振动轮以一定的频率和振幅振动。振动轮和振动轴各自独立转动，互不干涉。

振荡轮（见图 6.6.7）主要由两根偏心轴、中心轴、振荡滚筒、减振器等组成。动力通过中心轴、同步齿形带传动，驱动两根偏心轴同步旋转产生相互平行的偏心力，形成交变扭矩使滚筒产生振荡。

垂直振动压路机振动轮是由两根带偏心块的偏心轴构成的。与振荡压路机振动轮不同的两根偏心轴是水平方向相对安装，反向旋转，水平方向的偏心力相互抵消，仅产生垂直方向的振动力。

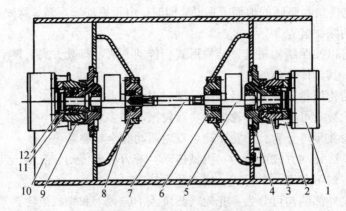

图 6.6.6　振动压路机振动轮的结构

1—连接板；2—减振器；3—法兰轴承座；4—轴壳；5—振动轴；6—轴承座；7—中间轴；8—振动轴承；
9—走行轴承；10—钢轮；11—花键套；12—轴承法兰

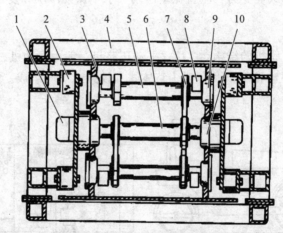

图 6.6.7　振荡压路机的振荡轮

1—振荡电机；2—减振器；3—振荡滚筒；4—机架；5—偏心轴；6—中心轴；7—同步齿形带；
8—偏心块；9—偏心轴轴承；10—中心轴轴承座

四、压实机械的应用

（一）生产率的计算

各种型号的压路机的生产率都按单位时间所压实的体积来计算。计算公式如下：

$$Q = \frac{3\,600(b-c)LhK_{b}}{\left(\dfrac{L}{v}+t\right)n} \tag{6.6.1}$$

式中　Q——静力式光轮压路机的生产率，m^2/h；

　　　b——碾压带宽度，m；

c——相邻两碾压带的重叠宽度，一般 $c \approx 0.15 \sim 0.25$ m；

L——碾压地段长度，m；

h——铺土层压实后的厚度，m；

v——碾压行驶速度，m/s；

t——转弯掉头或换挡时间，转弯时间一般为 $15 \sim 20$ s，换挡时间一般为 $2 \sim 5$ s；

n——在同一点碾压的遍数；

K_b——时间利用系数，一般为 $0.8 \sim 0.9$。

（二）施工运用

1. 路基的压实

路基压实的目的在于提高其强度和稳定性。如果路基压实不好，基础不稳，其上面铺设的路面就会很快损坏，因此，路基的压实工作对整个公路建设是至关重要的。

路基的压实作业，应遵循"先轻后重、先慢后快、先边后中"的原则。

（1）所谓先轻后重，是指开始时先用轻型压路机初压，随着被压实层密实度的增加，逐渐改用中型和重型压路机进行复压。

（2）所谓先慢后快，是指压路机碾压速度随着碾压遍数的增加可以加快。这是因为在初压作业时，土壤较松散，以较低速度进行碾压，可使碾压的作用时间长些，作用深度大些，土壤的变形也就更充分些，以利于发挥压路机的压实功能和避免因碾压速度过快造成推拥土壤或陷车的现象。随着碾压遍数的增加，铺砌层的密实度增加而加快碾压速度，有利于提高压路机的作业效率和表层的平整度。

（3）所谓先边后中，是指碾压作业应始终坚持从路基两侧开始，逐次向路中心移动碾压的原则，以保证路基的设计拱形和防止路基两侧的坍落。

另外，在碾压过程中，应始终保持压路机行驶方向的直线性。到达一碾压地段的尽头应迅速而平稳地换向，并使左右相邻两压实带有 1/3 的重叠量，以保证碾压质量。

路基土壤土质不同，可获得最大碾压密实度的最佳含水量不同。各种土壤的含水量和最大干容量的参考数值见表 6.6.1。

表 6.6.1 各种土壤的最佳含水量和最大干容重

项 目	土壤种类	变动范围	
		最佳含水量/%（质量比）	土颗粒最大干容重/（g/cm³）
1	砂 土	8 ~ 12	1.8 ~ 1.88
2	粉 土	16 ~ 22	1.61 ~ 1.80
3	砂亚土	9 ~ 15	1.85 ~ 2.08
4	亚黏土	12 ~ 15	1.85 ~ 1.95
5	重亚黏土	16 ~ 20	1.67 ~ 1.79
6	粉质亚黏土	18 ~ 21	1.65 ~ 1.74
7	黏 土	19 ~ 23	1.58 ~ 1.70

施工中，对压路机的选择，应根据土壤类型和湿度、压实度标准、压实层厚度、压路机的生产率、施工条件以及其他土方机械的配合等因素的综合影响来选择。如一般黏性土壤可选用光轮压路机；如土壤湿度越低，路基所需的压实度就越大，铺砌层厚度越厚（特别是重质土壤），则需选用重型或超重型压路机，并予较多遍数的碾压，但需防止由于压路机的压实功能过大而破坏土壤的现象。另外，还应根据土方机械和运输工具的生产能力，相应地选择压路机的数量和类型。

2．路面的压实

路面压实的目的在于获得表面最大的密实度，使道路表面形成一层坚硬的外壳，以保护它在自然气候和运输工具的作用下，都能保持铺砌层的相对稳定。

路面铺砌层的一般方法和路基的压实一样，从初压到以后各个阶段所选用的压路机也是先轻后重，速度由低到高。

为了防止混合料黏附在轮面上，应在压路机的滚轮面上抹一层特制的乳化剂或洒水（有的压路机设有专门的轮面洒水装置）。

在碾压过程中，应注意下列事项：

（1）相邻两碾压带应重叠 0.2～0.3 m。

（2）压路机的驱动轮或振动轮应超过两段铺砌层横接缝和纵接缝 0.5～1.0 m。

（3）前段横接缝处可留 5～8 m，纵接缝处留 0.2～0.3 m 不予碾压，待与下段铺砌层摊铺后，再一起进行碾压。

（4）路面的两侧应多压 2～3 遍，以保证路边缘的稳定。

（5）根据需要，碾压时可向铺砌层上洒少量的水，以利于压实和减少石料被压碎。

（6）不允许压路机在刚刚压实或正在碾压的路段内掉头或紧急制动。

（7）压路机应尽量避免在压实段同一横断面位置换向。

碾压不同的路面时，压路机的选用及施工程序也不同，应严格执行有关规定。

思考题与习题

1. 什么是推土机的作业循环和经济运距？
2. 什么是推土机的基本组成？传动方式有几种？
3. 什么是装载机的组成和作业方式？
4. 简述铲运机的组成及生产率的计算。
5. 铲运机的适用范围和作业循环是什么？
6. 平地机是循环作业机械吗？
7. 如何根据土方作业的要求选取作业机械？
8. 压实方法有哪几种？如何根据路基情况选用压路机？
9. 振动压力机的构造及压实原理是什么？
10. 液力传动和静液压传动的区别是什么？
11. 单斗液压挖掘机的用途和总体构造是什么？

第七章 石方工程机械

第一节 凿岩机械

一、概述

凿岩机械是用来对石方进行钻孔等作业的机械化设备，钻孔爆破法是最常用的凿岩方法。首先用凿岩机械在岩石的工作面上开凿一定深度和孔径的炮孔，然后装入炸药进行爆破，再将爆破后的碎石由装岩设备运走，从而实现凿岩和掘进。在钻孔爆破法施工中使用的凿岩机械有凿岩机和凿岩台车两种。而凿岩机的配套设备——空气压缩机则是各种风动机具（风动凿岩机）的动力来源。

凿岩机，按其动力来源可分为风动凿岩机、内燃凿岩机、电动凿岩机和液压凿岩机。

风动式以压缩空气驱使活塞在气缸中向前冲击，使钢钎凿击岩石，应用最广。

电动式由电动机通过曲柄连杆机构带动锤头冲击钢钎，凿击岩石，并利用排粉机构排出石屑。

内燃式利用内燃机原理，通过汽油的燃爆力驱使活塞冲击钢钎，凿击岩石，适用于无电源、无气源的施工场地。

液压式依靠液压驱使活塞在气缸中向前冲击钢钎，凿击岩石。凿岩机的冲击机构在回程时，由转钎机构强迫钢钎转动角度，使钎头改变位置继续凿击岩石。如此不断地冲击和旋转，并利用排粉机构排出石屑，即可凿成炮孔。液压凿岩机作为重要的工程设备之一，在矿山、公路、建筑等领域的工程施工中不可或缺。

凿岩机具有矿山开采凿孔、建筑施工、水泥路面、柏油路面等各种劈裂、破碎、捣实、铲凿等功能，广泛用于矿山、建筑、消防、地质勘探、筑路、采石、国防工程等。

二、风动凿岩机

风动凿岩机实际上是一只双作用的活塞式风动工具，它的工作原理如图 7.1.1 所示。压缩空气从储气筒经管路进入凿岩机的机体，再通过配气机构的作用，使压缩空气交替地进入气缸 2 的两端。与此同时，气缸两端也由于配气机构的作用而交替排气。在气缸两腔压力差的作用下，活塞 1 在气缸中往复运动，冲击钢钎 3 进行凿岩作业。

当配气机构将气缸上端的进气门 a 和下端的排气门 d 同时开启时，气缸上端进气而下端排气，于是压缩空气便推动活塞 1 下行，冲击钢钎 3 凿击岩石，将岩石击碎一小块，岩层便出现一个凹坑，其深度为 h。此行程为凿岩行程，简称冲程[见图 7.1.1（a）]。

当配气机构改变原来的配气位置，即关闭气缸上端的进气门 a 和下端的排气门 d，而开启其下端的进气门 c 和上端的排气门 b，这时气缸的下端进气而上端排气，于是压缩空气就推动活塞上行，为下一个凿岩行程做准备。此过程为返回行程，简称回程[见图7.1.1（b）]。

活塞在气缸内往复一次，就完成了凿岩和返回一个工作循环。在回程中，通过钢钎回转机构将钢钎回转一个小角度，以便下一个冲程可以转一个角度凿击。当钢钎回转一圈时，就可在岩层上按钎头的横断面尺寸凿进一个深度为 h 的圆孔。这样，活塞不断地进行往复运动，钢钎就如此不断地凿击岩层，直到所需要的深度为止。

在凿击岩层的过程中，孔内的石粉会越积越多，形成粉垫而影响凿击效能。因此，凿岩机还装有专门用来冲洗孔内石粉的冲洗设备。冲洗设备有干式和湿式之分。干式冲洗设备是利用压缩空气沿缸壁内的气道，经活塞杆和钢钎的中心孔，直达孔底，吹洗干净孔底的石粉，这种吹洗工作需经常进行。由于在工作中频繁地吹洗石粉，使施工现场粉尘飞扬，影响工人的身体健康。因此，目前大多数凿岩机都改用湿式冲洗法（用高压水冲洗）冲洗孔中的石粉。

根据上述凿岩机的工作原理，风动凿岩机必须由下列几部分组成：气缸-活塞组件、配气机构、钢钎回转机构、操纵阀以及冲洗设备等（见图7.1.2）。

钻杆和钻头是凿岩机的工作装置，对凿岩工效的高低影响较大，因此，下面介绍一些它们的基本知识。

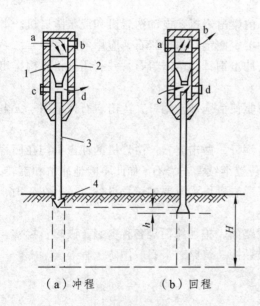

（a）冲程　　　（b）回程

图7.1.1　风动凿岩机的工作原理图

1—活塞；2—气缸；3—钢钎；4—钎头；
a—上进气门；b—上排气门；
c—下进气门；d—下排气门

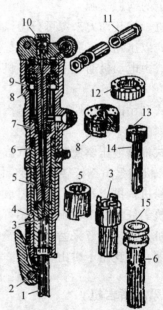

图7.1.2　风动凿岩机构造

1—钢钎；2—钎卡；3—钎套；4—机头筒体；5—转钎套；
6—活塞；7—螺旋棒螺母；8—气缸体；9—配气阀；
10—冲洗设备；11—手柄；12—棘轮；13—棘爪；
14—螺旋棒；15—螺旋帽

（一）钻　杆

钻杆又称钢钎，一般为六角形或圆形空心碳钢结构，中空的目的是为了清除孔底石粉之用，另外还可减轻钻杆的质量，节省钢材。

钻杆由杆柄、杆身和杆头（钻头）3部分组成。杆柄装在凿岩机的回旋套内，直接承受活塞的冲击作用。杆身的下端是钎头，也就是钻头，直接参加凿岩工作。凿岩机一般有 4～7 根不同规格的钻杆配套使用，可根据钻孔深度不同选用。

（二）钻 头

钻头由于直接参加凿岩工作，磨损很快，为了节省优质钢材，通常和杆身分开制造（即活动钻头），用螺纹（常用左螺纹）或锥度配合和杆身连成一体。为了增加其耐磨性，一般用于凿击坚硬岩石的钻头，刃口处镶有硬质合金工具钢。这种钻头的优点是钻头磨钝后，可以随时拆下更换，而杆身仍可继续使用。钻头的形状是根据所凿岩石的硬度相组成的不同而不同的，常用的钻头有单凿[见图 7.1.3（a）]、双凿[见图 7.1.3（b）]和十字形[见图 7.1.3（c）]3 种形式。

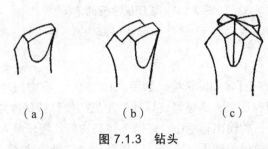

（a） （b） （c）

图 7.1.3 钻头

三、液压凿岩机

液压凿岩机是以循环高压油为动力，驱动钎杆、钎头，以冲击回转方式在岩体中凿孔的机械。与气动凿岩机相比，液压凿岩机具有能量消耗少、凿岩速度快、效率高、噪声小、易于控制、钻具寿命长等优点，但其对零件加工精度和使用维护技术要求较高。

液压凿岩机的机械结构主要由冲击机构、蓄能机构、转钎机构、排屑机构、液压控制系统等组成。

（一）冲击机构

冲击机构按配油机构分为有阀式和无阀式两种。有阀式冲击机构按回油方式，可分为单腔回油和双腔回油两种；按配油阀与冲击活塞的相对位置，又可分为单腔回油套阀式冲击机构和单腔回油柱阀式冲击机构。

有阀式冲击机构由活塞、缸体和配油阀等组成。压力油通过配油阀和活塞的相互作用不断改变活塞两端的受压状态，使活塞在缸体内往复运动并冲击钎尾做功。无阀式冲击机构由活塞、缸体组成，通过活塞运动时位置的改变实现配油。无阀式冲击机构在技术上尚未成熟。液压凿岩机多数采用单腔回油套阀式、单腔回油柱阀式和双腔回油柱阀式等冲击机构。

（二）蓄能机构

液压凿岩机大都采用一个或两个蓄能器，主要作用是蓄能和稳压。冲击行程时活塞速度很高，所需的瞬时流量往往是平均流量的几倍，为此，在冲击机构的高压侧有蓄能器，将回程过程中多余的流量以液压能形式储存于蓄能器中，待冲击行程时释放出来。蓄能器还能吸收液压系统的脉冲和振动能量。蓄能器有隔膜式和活塞式两种，大多采用隔膜式。

　　缓冲装置多采用液压缓冲机构，如图 7.1.4 所示。钎杆装在反冲套筒 2 内，反冲套筒的后面加反冲活塞 5，在反冲活塞的锥面上承受高压油。当钎杆反弹力经反冲套筒 2 传给反冲活塞 5 后，反冲活塞向后运动，把反弹力传给高压油路中的蓄能器，蓄能器将反冲能量吸收。为提高反冲效果，蓄能器应尽量靠近缓冲器的高压油室。

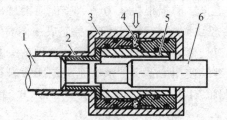

图 7.1.4　液压缓冲器的结构

1—钎杆；2—反冲套筒；3—缓冲器外壳；4—高压油路；5—反冲活塞；6—冲击锤

（三）转钎机构

　　转钎机构是凿岩时使钎杆转动的机构，如图 7.1.5 所示，有内回转和外回转两种。内回转转钎机构利用冲击活塞回程能量，通过螺旋棒和棘轮机构使钎杆每被冲击一次转动一定角度，为间歇回转。内回转转钎机构输出转矩小，多用于轻型支腿式液压凿岩机。外回转转钎机构又称独立回转机构，一般用单独的液压回路驱动液压马达经过齿轮减速，带动钎杆旋转，为连续回转，可无级调速并可反向旋转。外回转转钎机构输出转矩大，多用于导轨式液压凿岩机，其液压马达有齿轮马达、叶片马达和摆线马达 3 种。转钎机构主要采用独立回转机构较多。

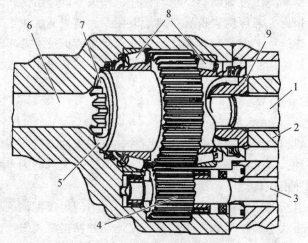

图 7.1.5　独立转钎结构

1—冲击活塞；2—缓冲活塞；3—传自长轴；4—小齿轮；5—大齿轮；
6—钎尾；7—花键套；8—轴承；9—缓冲套筒

（四）排屑机构

　　排屑机构是用水冲洗以排出孔内岩屑的机构，供水方式有中心供水和侧式供水两种。中心供水式排屑机构与气动凿岩机相同，冲洗水从后部通过水针进入钎杆、钎头流入孔底，冲洗水压为 0.3 ~ 0.4 MPa，这种冲洗方法多用于轻型液压凿岩机。侧式供水式排屑机构的冲洗水直接从凿岩机机头水套进入钎尾、钎杆和钎头。这种结构水路短，密封可靠，水压高（1.0 ~ 1.2 MPa），冲洗、排屑效果好，多用于导轨式液压凿岩机。

四、凿岩台车构造及原理

凿岩台车主要由凿岩机、钻臂、推进器、行走底盘、动力系统等组成，如图 7.1.6 所示。

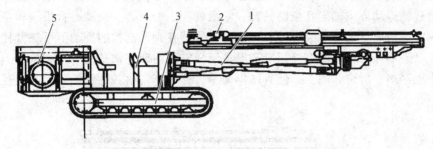

图 7.1.6　人控式凿岩台车

1—钻臂；2—凿岩机；3—行走机构；4—操作台；5—动力源

（一）底　盘

凿岩台车的底盘是工作机构、动力源及操作台的支撑基架，也是钻车的行走与转向机构，由于工作条件不同，可分为轨轮式、履带式和轮胎式 3 类。

（1）轨轮式底盘。轨轮式底盘为型钢和钢板焊成的车架与两对车轮组成，用于有轨矿山小断面巷道掘进，有拖行式和自行式两种。

（2）履带式底盘。履带式底盘多用于露天，在地下矿山使用的很少，主要用于煤矿岩巷掘进（见图 7.1.6）。

（3）轮胎式底盘。因轮胎式底盘机动灵活，移动到各个工作面的时间较快，所以被广泛采用。轮胎式底盘按结构分有整体底盘和铰接底盘（见图 7.1.7）两种，因铰接底盘转弯半径小，所以被广泛采用。

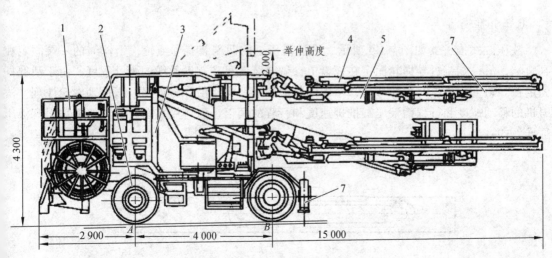

图 7.1.7　轮胎式铰接凿岩台车

1—动力系统；2—底盘；3—台车架；4—凿岩机；5—钻臂；6—推进器；7—稳车机构

（二）钻　臂

钻臂是用于支撑和推进凿岩机，并可自由调节方位以适应炮孔位置需要的机构，对台车的动作灵活性、可靠性及生产率有很大影响。按钻臂的结构特点及运动方式不同，有直角坐标式钻臂和极坐标式钻臂两类。

直角坐标式钻臂如图 7.1.8 所示，它是利用钻臂液压缸和摆臂液压缸使钻臂上下左右按直角坐标位移的运动方式确定孔位的钻臂，它由臂杆、推进器、自动平行机构和各个起支撑作用的支撑缸等组成。钻臂上装有翻转机构，推进器在翻转机构的推动下可绕臂杆轴线旋转任意角度。推进器还可通过俯仰液压缸和摆角液压缸灵活调整钻孔的角度和位置。直角坐标式钻臂操作程序多，定位时间长，但其结构简单，适用于钻凿各种纵横排列的炮孔。

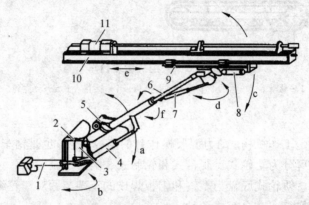

图 7.1.8　直角坐标式钻臂

a—钻臂起落；b—钻臂摆动；c—推进器俯仰；d—推进器水平摆动；e—推进器补偿；f—钻床旋转；
1—摆臂液压缸；2—钻臂座；3—转轴；4—钻臂液压缸；5—钻臂旋转机；6—钻臂；
7—俯仰液压缸；8—摆角液压缸；9—托盘；10—推进器；11—凿岩机

直角坐标式钻臂的臂杆支撑凿岩机及各构件的重量并承受凿岩过程中的各种反力，有定长式和可伸缩式两种。

（三）推进器

液压缸式推进器如图 7.1.9 所示，推进液压缸的两端装有导绳轮，钢丝绳的一端固定在导轨上，另一端绕过导绳轮固定在托盘上，调节装置可控制钢丝绳的张紧程度。由于活塞杆固定在导轨上，工作时缸体移动，牵引钢丝绳带动凿岩机沿导轨进退。根据动滑轮原理，凿岩机的移动速度和行程为液压缸推进速度和行程的两倍，而作用在凿岩机上的推力只有液压缸推力的一半。

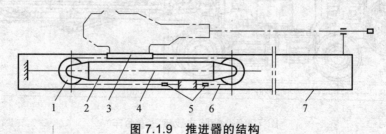

图 7.1.9　推进器的结构

1—导绳轮；2—推进液压缸；3—托盘；4—活塞杆；5—调节装置；6—钢丝绳；7—导轨

（四）控制系统

控制系统包括液压系统、主电路、控制电路、供气系统和供水系统，具有电动机液压泵和气动自动控制功能。

每台凿岩机配备有 1 个泵组，包括 1 台电动机、1 个双联泵、1 个操作台及 2 台凿岩机共用的配电箱，空气压缩机提供的压缩空气用以润滑钎尾并进行凿岩气控操作；增压水泵将水增压后供给凿岩机；主电路包括各电动机及其动力线路；控制电路控制各电动机启动，空气压缩机及水泵电动机随主电动机启动而启动。

液压系统包括电动机液压系统和发动机液压系统，发动机液压系统由发动机带动 1 个双联柱塞液压泵供油，驱动钻臂、平台、支腿、顶棚、卷筒和推进器，电动机液压系统由电动机带动双联柱塞液压泵供油，除驱动发动机液压系统驱动的动作外，还可驱动凿岩机冲击和旋转。

第二节　空气压缩机

一、概　述

空气压缩机简称空压机，是一种以内燃机或电动机作为动力，将自由空气压缩成高压空气的机械。压缩空气是驱动各种风动工具的动力源，因此，有时又将空气压缩机称为动力机械。

空压机的分类方法较多，按其工作原理分为往复式和旋转式两大基本类型。

往复式又称为活塞式，这种空压机是一种老式产品，按其气缸的排列形式有直立式，"V"形、"W"形和"L"形。活塞式空压机外形如图 7.2.1 所示。

旋转式空压机属于新产品，目前使用较多的有旋转滑片式、双螺杆式和"Z"形旋转螺杆式。旋转式空压机具有体积小、质量轻、结构简单、维修方便等优点，是空压机的发展方向。

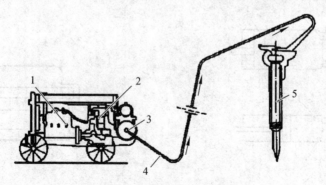

图 7.2.1　活塞式空压机外形图

1—内燃机；2—空压机；3—储气筒；4—管路；5—凿岩机

按空气被压缩的次数分为单级、两级和多级式 3 种。按其安装性能分，有移动和固定式两种。移动式空压机本身装有行驶车轮，故机动性较固定式好。在筑路工程中，大多采用移动式空压机。移动式空压机都采用柴油机驱动。它主要由柴油机、离合器、空压机、储气筒以及可移动的牵引拖车等组成。

　　柴油机产生的动力通过离合器传给空压机，空压机制备出来的压缩空气送入储气筒内储存备用。以上所用总成都安装在一辆特制的牵引拖车上，并有棚架和盖板将它们遮盖起来。储气筒内的压缩空气根据需要由气管引至各种风动工具。

　　下面以活塞式空压机为例介绍空压机的组成及工作原理。

二、活塞式空压机的工作原理

　　图 7.2.2 所示为活塞式空压机工作原理图。当活塞 2 由上到下运行时，气缸上部容积大，缸内空气压力变低，进气阀 4 打开，空气被吸入缸内。当活塞从下向上运行时，缸内气体容积变小，压力增大，进气阀关闭。随着活塞不断上移，缸内压力不断增大，直至能克服排气阀背压及弹簧张力的合力时，排气阀 3 打开，排出压缩空气。在活塞到达上止点时，由于缸内空气压力突然下降，排气阀在弹簧张力的作用下自行关闭。空压机就按这种工作循环（吸气、压缩、排气）周而复始地工作着。

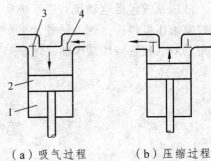

（a）吸气过程　　　（b）压缩过程

图 7.2.2　活塞式空压机的工作原理图
1—气缸；2—活塞；3—排气阀；4—进气阀

　　空气在气缸内被压缩的过程中，其温度猛烈升高，气温升高的程度与排气压力成正比。高温气体影响空压机的效率和使用，因此，现在对于大中型排气量，压力在 0.7 MPa 以上的空压机多数进行两次以上的多次压缩。在一、二级压缩之间可以进行一次中间冷却，以降低回气的气温和所耗的功，图 7.2.3 所示为两级活塞式空压机的工作原理。

　　多级压缩的工作原理和单级压缩的一样，不同的是把空气的压缩过程分两个或两个以上阶段，分别在向几个气缸中逐次压缩，使气压逐渐上升。

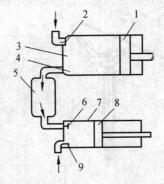
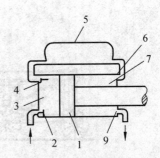

（a）二级压缩在两个单作用的气缸中进行　　　（b）二级压缩在一个双作用的气缸中进行

图 7.2.3　两级活塞式空压机的工作原理图
1、8—活塞；2、6—进气阀；3—低压缸；4、9—排气阀；5—中间冷却器；7—高压缸

三、空压机的自动调节系统

　　空压机制配出来的压缩空气首先输入储气筒中储存，然后用高压风管将空压机制配出来

的压缩空气输入储气筒，再用高压风管输送到各种风动机具中进行作业。储气筒的作用是平衡脉动的气流，使供应给风动机具的压缩空气的压力平稳，降低压缩空气的温度及分离夹杂在其中的油和水，保证风动机具的正常使用。

空压机的自动调节系统主要由气压调节器 1、减荷阀 5 和调速器 6 三部分组成，如图 7.2.4 所示。它们的结构有多种形式，但其工作原理大致相似。气压调节器直接接通储气筒，而减荷阀和调速器则与气压调节器连通。

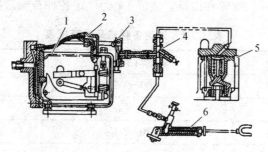

图 7.2.4　膜盒式气压自动调节系统工作情况

1—膜片式气压调节器；2—放气阀；3—导气阀；4—单向球阀；5—叉式减荷阀；6—调速器

第三节　石料破碎机械

一、石料破碎方法和破碎机分类

用凿岩机在岩层上开凿炮眼，放进炸药，经爆破后所得的是一些大小不等的石块，不能直接用来铺筑路面和配制混凝土材料。为了获得各种规格的碎石，还必须将大的石块破碎成碎石。破碎机就是一种用来破碎石块的机械。

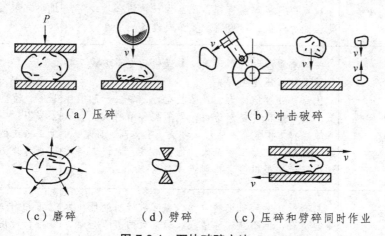

（a）压碎　　　　　　　　（b）冲击破碎

（c）磨碎　　　　（d）劈碎　　　（e）压碎和劈碎同时作业

图 7.3.1　石块破碎方法

根据破碎机的功用和作用原理，石块常采用以下破碎方法（见图 7.3.1）：（a）压碎；（b）冲击破碎；（c）磨碎；（d）劈碎；（e）压碎和磨碎同时作业等。在实际破碎过程中，通常综合使用几种方法。

破碎前石块尺寸 D 与最后加工成成品的碎石尺寸 d 之比，称为破碎比 i，即：

$$i = \frac{D}{d} \qquad (7.3.1)$$

破碎比 i 是评定破碎工作情况的参数，可用来衡量对石块的加工程度。当所供给石料和所需成品石料尺寸一定时，若选用的 i 值大，则破碎次数就越多，反之破碎次数就少。

破碎分为粗碎、中碎、细碎和微碎。表 7.3.1 为评定各种石质破碎材料的范围表。

表 7.3.1 评定各种破碎的范围表

破碎范围	原始材料/mm	破碎产品/mm
粗 碎	1 000 ~ 1 200	100 ~ 300
中 碎	100 ~ 300	30 ~ 70
细 碎	30 ~ 50	10 ~ 30
微 碎	1 ~ 10	< 0.1

破碎机按其结构的不同可分为颚式、锥式、锤式和滚筒式 4 大类。砂石加工厂常用破碎机、特点及适用范围如表 7.3.2 所示。

表 7.3.2 常用破碎机类型、特点及适用范围

序号	类型	特点	适用范围
1	颚式破碎机	主要形式有双肘简单摆动和复杂摆动两种。 优点：结构简单，工作可靠，外形尺寸小，自重较轻，配置高度低，进料口尺寸大，排料口开度容易调整，价格便宜。 缺点：衬板容易磨损，产品中针片状含量较高，处理能力较低，一般需配置给料设备	能破碎各种硬度岩石，广泛用作各型砂石加工系统的粗碎设备。小型颚式破碎机也可用作中碎设备
2	旋回破碎机	一般有重型和轻型两类，其动锥的支承方式又分普通型和液压型两种。 优点：处理能力大，产品粒型好，单位产品能耗低，大中型机可挤满给料，无须配备给料机。 缺点：结构复杂，外形尺寸大，机体高，自重大，维修复杂，土建工程量大。价格昂贵，允许进料尺寸小，大中型机要设排料缓冲料仓	重型适于破碎各种硬度岩石，轻型适于破碎中硬以下岩石。一般用作大型砂石加工系统的粗碎设备，小型机也可作为中碎
3	颚式旋回机	具有颚式破碎机进料口大、旋回破碎机处理能力高的优点，但不宜破碎坚硬和脆性大的岩石	可用作中硬岩石的粗碎设备，应用较少
4	圆锥破碎机	有标准、中性、短头 3 种破碎腔，弹簧和液压两种支承方式。 优点：工作可靠，磨损轻，扬尘少，不易过粉碎。 缺点：结构和维修都复杂，机体高，价格昂贵	适用于各种硬度岩石，是各型砂石系统中最常用的中、细碎设备

续表

序号	类　型	特　点	适用范围
5	反击式破碎机	有单转子和双转子，单转子又有可逆和不可逆式，双转子则有同向和异向转动等形式。砂石加工系统常用单转子不可逆式破碎机。 　优点：破碎比大，产品细，粒型好，产量高，能耗低，结构简单。 　缺点：板锤和衬板容易磨损，更换和维修工作量大，扬尘严重，不宜破碎塑性和黏性物料	适用于破碎中硬岩石，用作中碎和制砂设备，目前有些大型设备也可用于粗碎
6	捶式破碎机	有单转子、双转子、可逆和不可逆式，捶式铰接和固定式，单排、双排和多排圆盘等形式。砂石系统常用的是单转子、铰接、多排圆盘的捶式破碎机。 　优点：破碎比大，产品细，粒形好，产量高。 　缺点：锤头易破损，更换维修量大，扬尘严重，不适于破碎含水率在12%以上和黏性的物料	适用于破碎中硬岩石，一般用于小型砂石系统细碎；有算条时，用于制砂，目前在大、中型砂石系统中使用较少
7	棒磨机	有端部边孔排料型和中间周边排料型两种。中间周边排料型由两端轴孔进料，中间边孔排料，产品中粉粒较少，效率高，是砂石加工最常用的机型。 　优点：结构简单、操作方便，设备可靠、产品粒形好、粒度分布均匀、级配的规律、质量稳定等。对岩石适应性强。 　缺点（与立破相比）：常规为湿法生产，进料粒度小，产量低、电耗高、用水量大、钢耗高、建筑安装费用高等	适用于各种软硬石料制砂，是20世纪70~90年代主要制砂设备。目前主要用于与立轴破碎机联合生产，调整成品砂的细度模数、级配及石粉含量

二、几种破碎设备介绍

（一）颚式破碎机

颚式破碎机，俗称老虎口，由活动颚板和固定颚板两块颚板以及两侧的颊板组成破碎腔，是一种模拟动物的两颚运动而完成物料破碎作业的破碎机。其破碎原理如图7.3.2所示。

颚式破碎机在进行破碎作业时，活动颚板相对着固定颚板做周期性的往复运动，时而分开，时而靠近。分开时，物料进入破碎腔，成品从下部卸出；靠近时，使装在两块颚板之间的物料受到挤压、弯折和劈裂作用而破碎。颚式破碎机在破碎流程中一般用于粗碎，其破碎比通常为3~5。

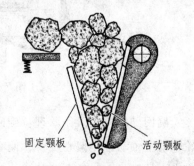

固定颚板　　　活动颚板

图7.3.2　颚式破碎机破碎原理图

颚式破碎机主要由机体、定颚、颊板、电动机、动颚部、肘板、调节装置、拉紧装置等零部件组成，其结构如图7.3.3所示。

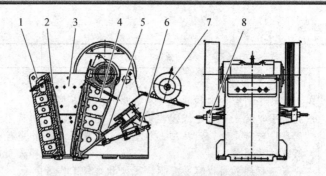

图 7.3.3　颚式破碎机破碎结构

1—机体；2—颚板；3—颊板；4—动颚；5—肘板；6—拉紧装置；
7—电动机；8—调节装置

（二）旋回破碎机

旋回破碎机主要适用于粗碎作业，属于粗碎机，破碎中等和中等硬度以上的各种矿石和岩石。旋回破碎机适宜于生产量较大的工厂和采料场中使用。旋回破碎机的优点是：破碎过程是沿着圆环形破碎腔内连续进行，因此生产率高，电耗低，工作平稳，适于破碎片状物料。从成品粒度组成中，超过出料口宽度的物料粒度小，数量也少，粒度比较均匀。此外，原始物料可以从运输工具直接倒进入料口，无须设置喂料机。

旋回破碎机主要由架体定锥、主轴动锥、水平小齿轮轴、油缸活塞 4 部分组成（见图 7.3.4）。

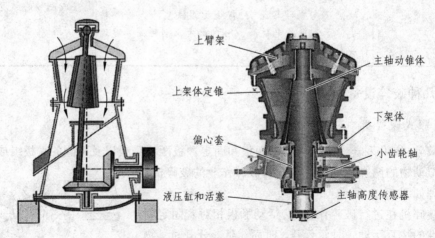

图 7.3.4　旋回破碎机的结构与实物图

旋回破碎机的工作原理：旋回破碎机工作时，电动机带动水平小齿轮轴旋转，通过伞齿轮带动主轴动锥作偏心旋转，偏心旋转的动锥与定锥沿圆周方向进行一开一合的运动，经上部进入的物料由此发生破碎，一开一合的距离称为偏心距，由偏心套决定；动锥与定锥最小的距离称为紧边排矿口，排矿口的大小可以通过油缸活塞的上下运动进行调整，工作原理如图 7.3.5 所示。

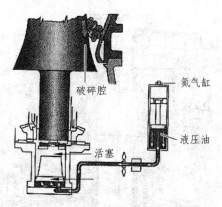

图 7.3.5　旋回破碎机工作原理图

（三）圆锥破碎机

因破碎机的种类繁多，各个厂家生产的结构均有所不同，本节仅介绍比较典型的圆锥破碎机。

国内某厂生产的 CC 系列单缸液压圆锥破碎机（见图 7.3.6），其主要分为上机架部件、主轴总成、下机架部件、小齿轮轴总成、偏心组件及液压缸总成。所有零件均从上部维护，如更换动锥衬板和定锥衬板十分方便，仅需将上下机架的连接螺栓拆除即可更换、定锥衬板。

图 7.3.6　圆锥破碎机实物图

齿轮侧隙往往在更换衬板时调整，将偏心组件吊起后在大齿轮架下端增加垫圈即可。

图 7.3.7 所示的 CC 系列单缸液压圆锥破碎机，具有超大的入料粒度，能够更好地适应二段破碎。其下机架绝大部分零件与标准系列的可以互换，大大降低了用户的维护成本。

圆锥破碎机的工作原理是：电动机通过皮带或联轴器带动传动轴转动，而安装在传动轴上的小锥齿轮将带动大锥齿轮，通过大锥齿轮的转动而带动偏心部件的旋转。而偏心部件的轴线与大锥齿轮的转动中心轴存在一定的夹角，偏心部件带动动锥将绕着齿轮的转动中心做锥面运动，这种运动叫进动运动也叫旋回运动。

圆锥破碎机往往用于中细碎，但是山特维克、美卓矿机、南昌矿机在中碎破碎上专门开发了适应中碎的 S 系列单缸液压圆锥破碎机，能够更好地破碎颚式破碎机破碎后剩余较大的物料。与标准的细碎破碎机相比，较多零件通用具有很好的互换性，其设计原理相同，仅仅是破碎腔和偏心部分不同，中碎圆锥需要满足大粒度进料，破碎腔往往比较深，但是必须遵

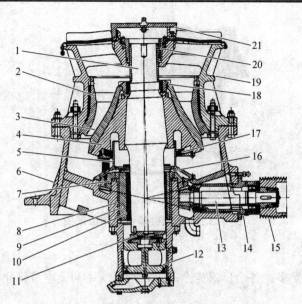

图 7.3.7　CC 系列单缸液压圆锥破碎机（一）

1—主轴；2—定锥衬板；3—动锥衬板；4—动锥体；5—防尘罩；6—下机架；7—耐磨盘；8—下机架衬套；
9—偏心套；10—偏心铜套；11—止推轴承；12—活塞；13—传动轴；14—传动轴承座；
15—皮带轮；16—挡板；17—防尘圈；18—顶部螺母；19—上机架；
20—臂架衬套；21—臂架帽

循物料的层压破碎原理，破碎腔的夹角和偏心距均不能太大，故作为中碎的破碎机的动锥角度相对较小。图 7.3.8 左侧部分为 S 系列圆锥破碎腔简图，右侧为用于细碎的标准型破碎腔简图。其中 CSS 为紧边排料口，OSS 为开边排料口。

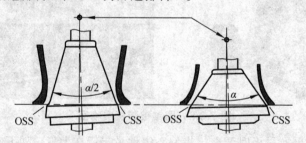

图 7.3.8　破碎腔部分示意图

（四）反击式冲击破碎机

反击式冲击破碎机（以下简称反击破）是一种以冲击破碎为主，反击破碎为辅，兼少量磨碎、劈碎的高效低能耗破碎设备，如图 7.3.9 所示。

1．反击式冲击破碎机的结构与工作原理

反击式冲击破碎机主要由机架、反击装置和转子 3 部分组成，如图 7.3.10 所示。

机架是整机的基础，所有零部件都安装在机架上。机架一般可分为上机架（可以绕旋转轴 8 翻转的部分为上机架）与下机架两部分，大型反击式冲击破碎机为便于生产和运输将机架分为上机架、前上机架、下机架和进料斗 4 部分。上机架与下机架间设有转轴，拆卸上下机架连接螺栓后可围绕转轴将上机架打开，便于破碎腔内检修。

图 7.3.9　反击式冲击破碎机实物图

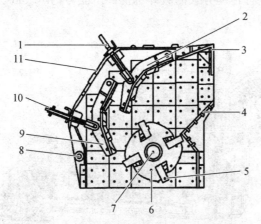

图 7.3.10　反击式冲击破碎机结构简图

1—悬挂装置；2—初级反击架；3—进料口挡板；4—进料口导流板；5—板锤；6—转子体；
7—主轴；8—旋转轴；9—次级反击架；10—次级悬架；11—机架

机架由高强度钢板焊接而成，进料口下部有进料口导流板，转子两端箱壁安装有耐磨衬板，下机架上安装有主轴轴承座。

反击装置由反击架、反击板、弹簧悬挂组成。反击板安装于反击破碎腔内反弹物料，反击架是反击板的支撑体，反击架一端安装在上机架的旋转轴上，另一端通过支撑杆与悬挂装置相连，使用时调整反击架的位置即可实现对破碎机排料口物料粒度的控制。

悬挂装置上设有弹簧，弹簧具有缓减反击架受到物料的冲击、自动调节排料口尺寸、保护破碎腔受非破碎物质损害的功能。

转子由转子体、板锤和主轴组装而成，主轴两端安装在下机架轴承座内的滚动轴承上；转子体是板锤的承载体，两者进行刚性连接。转子体紧锁在主轴上，随主轴一起旋转。转子体通常焊接或整体铸造而成，其质量较大，运行时具有很大的转动惯量。

破碎腔是高速旋转的板锤与反击装置形成的物料破碎空间，由转子、进料口导流板、排料口反击板与上方反击板组成的空间。

反击式冲击破碎机结构简单，主要核心部件为转子上安装的板锤。破碎机工作时旋转的板锤在转子体外部形成一层保护层，也称为锤击区。破碎作业时即要求物料进入锤击区，又要求进入锤击区的物料无法损伤到转子体，因此，板锤末端线速度及板锤寿命是影响反击式冲击破碎机性能的主要参数。

2．反击式冲击破碎机的传动系统

反击式冲击破碎机的传动可分为直接传动和液力偶合器传动两种方式。

直接传动是将电动机动力通过三角皮带直接驱动破碎机主机的传动方式，由于粗碎型反击式冲击破碎机以重型转子获得较高的冲击效果，中碎与细碎型反击式冲击破碎机虽然转子质量较轻，但转速较高，转子运行需要较大的转动惯量，因此设备启动时要求电动机具有较大的扭矩与较大的启动电流，为降低电动机启动对电网的冲击，通常采用星三角或软启动实现降压启动，为满足启动时的较大扭矩，这种传动方式的反击式冲击破碎机往往需要配置较大功率的电动机。在工作过程中，由于破碎机的冲击通过三角皮带直接传递给电动机，而电动机抗冲击能力有限，这种传动方式的破碎机抗冲击能力仍然较低。双电动机反击式冲击破碎机结构图如图 7.3.11 所示。

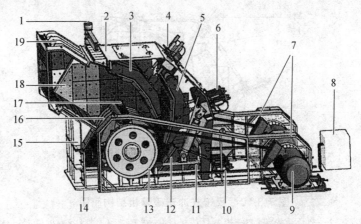

图 7.3.11　双电动机反击式冲击破碎机结构

1—维修吊架；2—上箱体；3—初级反击架；4—初级悬架；5—次级反击架；6—次级悬架；7—皮带护罩；
8—液压泵站；9—电动机；10—第三级悬挂；11—翻盖油缸；12—第三级反击架；
13—转子皮带轮；14—下箱体；15—前上机架；16—转子总成；
17—板锤；18—进料口导流板；19—进料斗

带液力偶合器的传动系统是液力偶合器与三角皮带将电动机动力柔性传递给反击式冲击破碎机的传动过程，在液力偶合器传动过程中，因传动的核心部件液力偶合器是通过液体动力将输入端与输出端实现柔性传动的，因而配置液力偶合器的传递系统具有柔性传动、减缓冲击、隔离扭振、延长启动时间、过载保护原动机、降低启动电流等优点。

带液力偶合器的传动系统可以有效地改善电动机的启动性能，使启动过程平稳，减少冲击；同时，由于电动机与破碎机主机没有直接的联系，可以避免振动的相互传递和叠加，有效减少了冲击和隔离扭振，起到保护电传动系统电动机和工作机械的作用。

带液力偶合器的柔性传动系统在反击式冲击破碎机上的应用是破碎行业发展的重大进步，将反击式冲击破碎机的特殊工况带来的启动难题、设备冲击问题、电网冲击问题、电动机保护问题与破碎机保护问题等难题得到彻底解决。

反击式冲击破碎机类型众多，按转子数量区分，可分为单转子和双转子两大类；按使用类型可分为粗碎型、中碎型、细碎型与整形型 4 大类；按破碎腔数量分可分为单腔型、两腔型与三腔型 3 大类。

图 7.3.12 所示为粗碎型反击式冲击破碎机原理简图，粗碎型反击式冲击破碎机进料口高度 L 较大，排料口尺寸（转子板锤外端面到反击板的最小距离，以下简称开口尺寸）S_2 的调整范围通常为 80～250 mm。

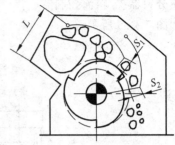

图 7.3.12　粗碎型反击式冲击破碎机原理简图

（五）立轴式冲击破碎机

立轴式冲击破碎机有中心料流（单料流）和中心与溢瀑料流（双料流）两种。这两种破碎机的结构除分料器、破碎腔差异较大外，其余结构基本相同。立轴式冲击破碎机实物图如图 7.3.13 所示。

图 7.3.13　立轴冲击破碎机实物图

中心料流（单料流）立轴式冲击破碎机由入料斗 1、转子总成 2、落料环 3、破碎腔 4、机架 5、主轴总成 6、排料斗 7、电动机 8、起吊架 9、起盖装置 10、工作平台 11 等组成，如图 7.3.14 所示。

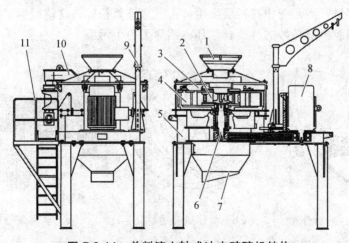

图 7.3.14　单料流立轴式冲击破碎机结构

1—入料口；2—转子总成；3—落料环；4—破碎腔；5—机架；6—主轴总成；7—排料斗；
8—电动机；9—起吊架；10—起盖装置；11—工作平台

中心与溢瀑料流（双料流）立轴式冲击破碎机由入料斗、布（进）料器、溢流器（瀑布流分料器）、料流控制器、转子、定子（破碎腔）、主轴装置、电动机、机架、排料斗等组成，如图 7.3.15 所示。

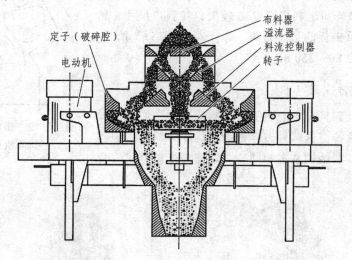

图 7.3.15　双料流立轴式冲击破碎机结构

立轴式冲击破碎机的工作原理（见图 7.3.16）：物料由进料斗进入破碎机，经分料器将物料分成两部分，一部分由分料器中间进入高速旋转的叶轮中，在叶轮内被迅速加速，其加速度可达数百倍重力加速度，然后以 60 ~ 70 m/s 的速度从叶轮 3 个均布的流道内抛射出去，首先同由分料器四周落下的一部分物料冲击破碎，然后一起冲击到破碎腔内物料衬层上，被物料衬层反弹，斜向上冲击到涡动腔的顶部，又改变其运动方向，偏转向下运动，从叶轮流道发射出来的物料形成连续的物料瀑。这样一块物料在涡动破碎腔内受到两次以至多次机率撞击、摩擦和研磨破碎作用。被破碎的物料由下部排料口排出，和循环筛分系统形成闭路，一般循环 3 次即可将物料破碎成 20 mm 以下。在整个破碎过程中，物料相互自行冲击破碎，不与金属元件直接接触，而是与物料衬层发生冲击、摩擦而粉碎，这就减少了污染，延长了机械磨损时间。破碎腔内部巧妙的气流自循环，消除了粉尘污染。

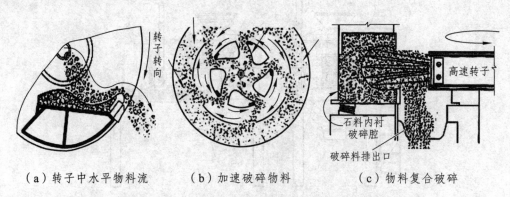

（a）转子中水平物料流　　　（b）加速破碎物料　　　（c）物料复合破碎

图 7.3.16　立轴式冲击破碎机的工作原理示意图

在立轴式冲击破碎机的物料破碎方式上可分为以下两类：一类为"石打石"型立轴式冲击破机，另一类为"石打铁"型立轴式冲击破机。而两者之间最大的不同在于破碎的方式。

第八章　隧道工程机械

第一节　盾构机

一、盾构机用途及分类

盾构的分类方法较多，可按盾构切削断面的形状；盾构自身构造的特征、尺寸的大小、功能；挖掘土体的方式；掘削面的挡土形式；稳定掘削面的加压方式；施工方法；适用土质的状况等多种方式分类。

（一）按挖掘土体的方式分类

按挖掘土体的方式，盾构可分手掘式盾构、半机械式盾构及机械式盾构 3 种。

（1）手掘式盾构：即掘削和出土均靠人工操作进行的方式。

（2）半机械盾构：即大部分掘削和出土作业由机械装置完成，但另一部分仍靠人工完成。

（3）机械式盾构：即掘削和出土等作业均由机械装备完成。

1．手掘式盾构

手工挖掘式盾构是指采用人工开挖隧道工作面的盾构。手掘式盾构是盾构的基本形式，其正面是敞开式的，开挖采用铁锹、风镐、碎石机等开挖工具人工进行。对开挖面一般采取自然的堆土压力支护及利用机械挡板支护。按不同的地质条件，开挖面可全部敞开人工开挖；也可用全部或部分的正面支撑，根据开挖面土体自立性适当分层开挖，边挖土边支撑。开挖土方量为全部隧道排土量。这种盾构便于观察地层和清除障碍，易于纠偏，简易价廉，但劳动强度大，效率低，如遇正面坍方，易危及人身及工程安全。在含水地层中需辅以降水、气压或土壤加固。

这种盾构由上而下进行开挖，开挖时按顺序调换正面支撑千斤顶，开挖出来的土从下半部用皮带运输机装入出土车，采用这种盾构的基本条件是：开挖面至少要在挖掘阶段无坍塌现象，因为挖掘地层时盾构前方是敞开的，如图 8.1.1 所示。

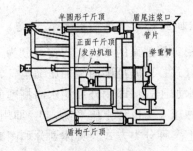

图 8.1.1　手掘式盾构

2．半机械式盾构

半机械式盾构（见图 8.1.2）是在手掘式盾构正面装上挖土机械来代替人工开挖。根据地层条件，可以安装反铲挖掘机或螺旋切削机。如果土质坚硬，可安装软岩掘进机的切削头。半机械式盾构的适用范围基本上和手掘式一样，其优缺点除可减轻工人劳动强度外，均与手掘式相似。

ϕ2.86 m反铲挖掘盾构　　　ϕ5.71 m反铲挖掘盾构　　　ϕ6.731 m反铲挖掘盾构

ϕ3.676 m旋臂掘进盾构　　　　　　ϕ6.03 m旋臂掘进盾构

图 8.1.2　半机械式盾构

3．机械式盾构

机械式盾构是在盾构的开挖面安装与盾构直径同样大小的大刀盘，以实现全断面切削开挖。若地层能够自立或采取辅助措施后能自立，可用开敞式盾构，如果地层较差，则采用封闭式盾构。机械式盾构机有气压式、泥水加压式、土压平衡式和混合式盾构机等几种。

（二）按掘削面的挡土形式分类

按掘削面的挡土形式，盾构可分为开放式、部分开放式、封闭式 3 种。

（1）开放式：即掘削面敞开，并可直接看到掘削面的掘削方式。

（2）部分开放式：即掘削面不完全敞开，而是部分敞开的掘削方式。

（3）封闭式：即掘削面封闭不能直接看到掘削面，而是靠各种装置间接地掌握掘削面的方式。

（三）按加压稳定掘削面的形式分类

按加压稳定掘削面的形式，盾构可分为压气式、泥水加压式、土加压式 3 种。

（1）压气式：即向掘削面施加压缩空气，用该气压稳定掘削面。

（2）泥水加压式：即用外加泥水向掘削面加压稳定掘削面。

（3）土加压式（也称土压平衡式）：即用掘削下来的土体的土压稳定掘削面。

综合以上三种分类方式，具体划分如图 8.1.3 所示。

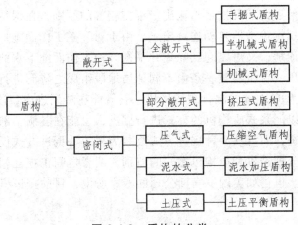

图 8.1.3 盾构的分类

1.压气式盾构

早期采用的压气式盾构机,由于密封压缩空气的挡板设在盾构机的尾部。操作人员要在有压的条件下工作,常造成精神过度紧张,影响正常工作,如今已很少采用。

2.泥水加压式盾构机

泥水加压盾构(Slurry Pressure Balance Shield),简称 SPB 盾构。它是应用封闭型平衡原理进行开挖的新型盾构,用泥浆代替气压支护开挖面土层,施工质量好、效率高、技术先进、安全可靠,是一种全新的盾构技术。

但由于泥水加压盾构,需要一套较复杂的泥水处理设备,投资较大(大概就占了整个泥水盾构系统的 1/3 的费用);施工占地面积较大,在城市市区施工,有一定困难,然而在某些特定条件下的工程,如在大量含水砂砾层,无黏聚力、极不稳定土层和覆土浅的工程,以及超大直径盾构和对地面变形要求特别高的地区施工,泥水加压盾构就能显示其优越性。另外对某些施工场地较宽敞,有丰富的水源和较好泥浆排放条件或泥浆仅需进行沉淀处理排放的工程,可大幅度降低施工费用。泥水加式盾构机如图 8.1.4 所示。

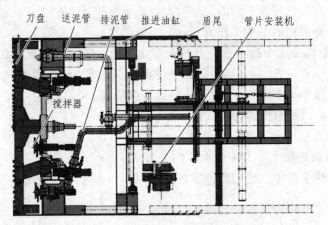

图 8.1.4 泥水式盾构机

3.土压式(土压平衡式)

土压平衡式盾构机的基本工作原理是把由刀盘切削下来的土砂先滞留在刀盘泥土仓与

排土螺旋输送机内。然后按照开挖量与输出量维持相等的原则，在保持对开挖工作面施加一定压力的条件下，由螺旋输送器自动连续出土。由于对开挖工作面施加了一定的压力，这样既可防止开挖工作面崩坍，又可以起到隔离并平衡开挖工作面地下水的作用。

近年来，为实现用一台机器对一条由不同地质地段组成之隧洞进行开挖，德国的海瑞克公司研制了一台直径为 11.6 m 的混合式盾构机。它既能在隧洞进出口段有地下水的黏土层、砂层和砂砾层等地区以泥浆式盾构机的方式进行掘进，也能在隧洞中部的磨砾岩层中以普通掘进机的方式进行掘进，而且从一种掘进方式改装为另一种掘进方式仅需较短的时间。由此可见，目前已很难区分掘进机和盾构机之间的差别，两者之间正在互相取长补短，以适应不同地质条件下的掘进。也正如美国罗宾斯公司的专家所说，目前掘进机与盾构机之间的差别正在闭合。

二、盾构机构造及工作原理

以下以土压平衡式盾构机为例分析盾构机的组成及工作原理。

（一）盾构机的工作原理

土压平衡盾构主要由盾壳、刀盘、螺旋运输机、盾构推进液压缸、管片拼装机以及盾尾密封装置等构成，如图 8.1.5、图 8.1.6 所示。它是在普通盾构基础上，在盾构中部增设一道密封隔板，把盾构开挖面与隧道截面分隔，使密封隔板与开挖面土层之间形成一密封泥土舱，刀盘在泥土舱中工作，另外通过密封隔板装有螺旋输送机。当盾构由盾构推进液压缸向前推进时，由刀盘切削下来的泥土充满泥土舱和螺旋输送机壳体内的全部空间，同时，依靠充满的泥土来顶住开挖面土层的水土压力，另外可通过调节螺旋输送机的转速控制开挖量，使盾构排土量和开挖量保持或接近平衡，以此来保持开挖地层的稳定和防止地面变形。但由于随着土质特性和流入压力的不同，螺旋输送机排土效率亦不同，因此要直接从调整螺旋输送机转速而得到准确的排土量是不可能的，要使排土量和开挖量达到平衡就更难以掌握。所以，实际上是通过调整排土量或开挖量来直接控制泥土舱内的压力，并使其与开挖面地层水、土压力相平衡，同时直接利用泥土舱的泥土对开挖面地层进行支护，从而使开挖面土层保持稳定。这就是土压平衡盾构的基本工作原理。

图 8.1.7 表示盾构施工中排土量、开挖量变化与地表变形的影响示意图，即排土量与开挖土量平衡时（ $P_W + P_E = P_{TBM}$ ），则地面处于稳定状态；排土量过大（ $P_W + P_E > P_{TBM}$ ），地面发生沉陷；排土量过小（ $P_W + P_E < P_{TBM}$ ），地面发生隆起。

P_{TBM} ——盾构机泥土舱中的泥土支护压力；

P_E ——开挖面的地层土压力；

P_W ——开挖面的地层水压力（含水沙性土）。

一般在软弱黏性土体中，确定理论支护 P 值时，可参考下列公式：

$$P = K \cdot \gamma \cdot H \qquad (8.1.1)$$

式中　K ——土压力系数（ $K = 0.8 \sim 1.0$ ）；

　　　γ ——泥土容重；

　　　H ——地面至盾构中心覆土深度。

在实际盾构施工中，泥土舱中设定的支护土压力 P_{TBM}，一般都小于理论土压力 P，P_{TBM} 值应根据盾构初期试推进过程中，通过不断检测地面变形和研究分析地质情况，对土压设定值 P_{TBM} 加以反复修正而确定。P_{TBM} 值实际上是一个稳定开挖面和保持地面不变形所需的当量值。

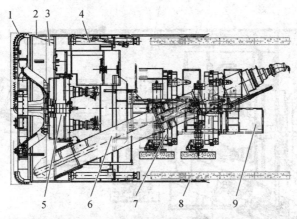

图 8.1.5　土压平衡盾构机的主组成

1—刀盘；2—盾体；3—土仓；4—推进油缸；5—刀盘驱动；6—螺旋输送机；
7—管片拼装机；8—盾尾密封；9—皮带输送机

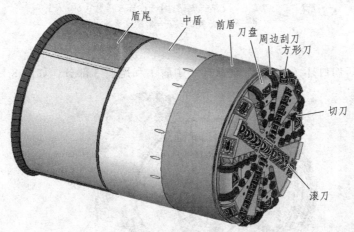

图 8.1.6　土压平衡盾构机三维模型

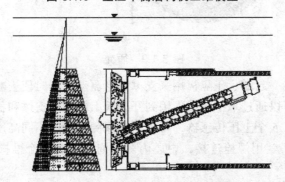

图 8.1.7　土压平衡盾构的工作原理

（二）盾构机的构造

盾构机主要由 9 大部分组成，包括盾壳、刀盘、刀盘驱动、双室气闸、管片拼装机、排土机构、后配套装置，电气系统和辅助设备。盾构机的构造如图 8.1.8 所示。

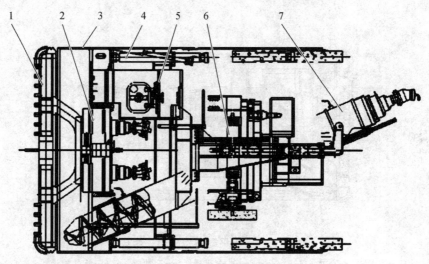

图 8.1.8　盾构机的构造

1—刀盘；2—刀盘驱动；3—盾壳；4—推进液压缸；5—人员仓；
6—管片安装机；7—螺旋输送机

1. 盾　壳

盾壳主要包括切口环（前盾）、支承环（中盾）和尾盾 3 部分，如图 8.1.9 所示。

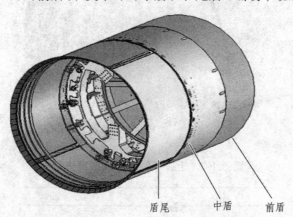

盾尾　　中盾　　前盾

图 8.1.9　盾壳

前盾和与它焊接在一起的承压隔板用来支撑刀盘驱动，同时使土舱与后面的工作空间隔开，推力油缸的压力可以通过承压隔板作用到开挖面上，起到支撑和稳定开挖面的作用。承压隔板不同高度处装有 5 个土压传感器，可以用来探测土舱中不同高度的土压力。

中盾和前盾通过法兰用螺栓连接，中盾内侧的周边装有多个推进油缸，用于盾构机的推进。

尾盾通过铰接油缸和中盾相连。这种铰接连接可以使盾构机易于转向。

盾壳的切口环受力复杂，壁厚比支承环和盾尾略厚，一般取 55 mm，其他部分厚度为 45 mm。切口环内焊接有承压隔板，它是刀盘驱动机构的基座，同时将泥土舱与后部工作区分开。推进油缸的推力可通过承压隔板作用到开挖面上，以起到支撑和稳定开挖面的作用。切口环的切割端带有 5 mm 硬化表面，以提高其硬度。承压隔板上还焊接一个双室人员舱，其内设有一道人行闸门。其下部连接有螺旋输送机。压力壁上按不同深度还安装了 5 个土压传感器，可以用来探测泥土舱中不同高度的土压力。

支承环和切口环之间通过法兰以螺栓连接，支承环内侧的周边位置装有 30 个推进油缸（或称千斤顶），推进油缸杆上安有塑料撑靴，撑靴顶推在后面已安装好的管片上，通过控制油缸杆向后伸出可以提供给盾构机向前的掘进力，这 30 个千斤顶按上下左右被分成 A、B、C，D 4 组，掘进过程中，在操作室中可单独控制每一组油缸的压力，这样盾构机就可以实现左转、右转、抬头、低头或直行，从而可以使掘进中盾构机的轴线尽量拟合隧道设计轴线。盾壳上预留超前钻孔功能。以便根据需要使用超前钻机。

支承环的后边是尾盾，尾盾通过 14 个被动跟随的铰接油缸和支承环相连，这种铰接连接可以使盾构机易于转向。盾尾和衬砌管片之间用 3 排可连续供应密封油脂的钢丝刷封闭起来。

2．切削刀盘

刀盘带有多个进料槽的切削盘体，位于盾构机最前部，用于切削土壤，是盾构机上直径最大的部分，由一个带 4 根支撑辐条的法兰板与刀盘驱动连接，刀盘上可根据被切削土质的硬度来选择安装硬岩刀具或软土刀具，刀具通常有两大类：一类是刮削刀具；另一类是滚动刀具。刀盘外侧装有一把扩挖刀，盾构机在转向时，可以操作扩挖刀油缸使扩挖刀沿刀盘的径向向外伸出，扩大开挖直径，从而易于实现盾构机的转向。刀盘上安装的所有刀具都是由螺栓连接，可以从刀盘后面的土舱中更换。法兰板的后面有一个回转接头，它的作用是向刀盘的面板输入泡沫或膨润土以及向扩挖刀液压油缸输送液压油，如图 8.1.10 所示。

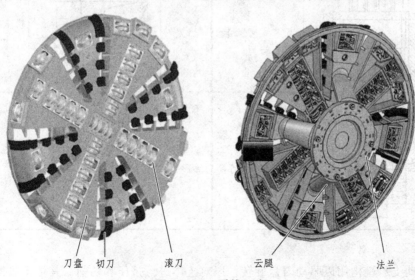

刀盘　切刀　　滚刀　　　　　云腿　　　　　法兰

图 8.1.10　盾构刀盘

广州地铁引进的海瑞克盾构其刀盘的开口率约为 28%，刀盘直径 6.28 m，是盾构机上直径最大的部分。刀盘上一个带 4 根支撑条幅的法兰板用来连接刀盘和刀盘驱动部分，刀盘上可根据被切削土质的软硬而选择安装硬岩刀具或软土刀具，刀盘的外侧装有一把超挖刀，盾构机在转向掘进时，可操作超挖刀油缸使超挖刀沿刀盘的径向方向向外伸出，从而扩大开挖直径，这样易于实现盾构机的转向，超挖刀油缸杆的行程为 50 mm，刀盘上安装的所有类型的刀具都由螺栓连接，都可以从刀盘后面的泥土舱中进行更换。表 8.1.1 为刀盘上的常用刀具。

法兰板的后部安装有一个回转接头，其作用是向刀盘的面板上输入泡沫或膨润土及向超挖刀液压油缸输送液压油。

表 8.1.1　刀盘上的常用刀具

名称	结构示意图	特点	名称	结构示意图	特点
单刃滚刀		用于硬岩掘进，可换装齿刀	中心齿刀		用于软岩掘进。背装式，可换装中心滚刀
双刃正滚刀		用于硬岩掘进，背装式可换装双刃齿刀	正齿刀		用于软土掘进，背装式，可换装正滚刀
双刃中心刀		用于硬岩掘进，背装式可换装齿刀	切刀		软土刀具，装于排渣一侧
刮刀		刀盘弧形周边软土刀具，同时在硬岩掘进中可用作刮渣	滚刀型仿形刀		用于局部扩大隧道断面

3．刀盘驱动支承机构

刀盘驱动支承机构用以驱动刀盘旋转，以对土体进行挤压和切削。其位于盾构切口环的中部。前部与刀盘的法兰相连，后部与压力壁法兰以螺栓连接。主要由驱动支承轴承、大齿圈、密封支撑、带轴承的小齿轮、减速器及马达等组成。

刀盘支承方式有中心支承式、中间支承式和周边大轴承支承式，如图 8.1.11 所示。中心支承式有一中心轴，设计简单，机械效率高。缺点是盾构中心被切削刀盘部件占满，不利于布置其他设备。周边支承式可以承受刀盘较大的和不均衡的负载，同时还可以在盾构中心留出较大的空间，并有利于设备维修和操作。

中间支承式的特点介于二者之间，同样可以承受刀盘较大的和不均衡的负载，由于轴承和密封相对较小，因此制造和维护更方便。它的另一个优点是导引稳定和刀盘辐臂能起一定的搅拌作用。中心部位的空间有利于布置向刀盘输送液体的中心回转接头，与周边大轴承支承形式一样是应用较广的支承形式。

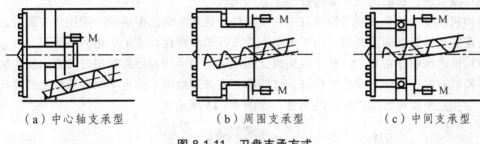

（a）中心轴支承型　　　　　　　（b）周围支承型　　　　　　　（c）中间支承型

图 8.1.11　刀盘支承方式

刀盘驱动（见图 8.1.12）是由螺栓连接在前盾承压隔板的法兰上，它是一个敞开式中心环形驱动。刀盘由主驱动箱内的带有环形内齿圈的主轴承支撑。刀盘驱动可以使刀盘在顺时针和逆时针两个方向上实现一定范围的无级变速。刀盘驱动主要由 9 组齿轮传动副和主齿轮箱组成，每组由一个斜轴式变量轴向柱塞马达和水冷式行星减速齿轮箱组成，其中一组传动副的行星减速齿轮箱中带有制动器，用于制动刀盘。安装在前盾承压隔板上的一台定量液压泵驱动主齿轮箱中的齿轮油，用来润滑主齿轮箱，这个油路中有一个水冷式的齿轮油冷却器用来冷却齿轮油。

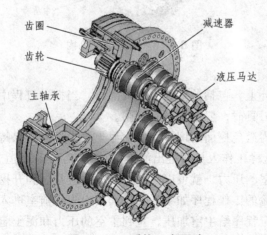

图 8.1.12　盾构刀盘驱动

为了获得最大的主轴承寿命，设置有内外密封系统。外密封用三道密封将轴承腔和工作面舱隔开。这三道密封都是耐用的网状加强型唇密封。三道密封系统均有不间断的加压润滑油系统来润滑。内密封为一个两道的唇密封，用以密封小齿轮箱。小齿轮安装在两个球形滚子轴承上，可以消除重压下几何结构偏移对齿轮啮合的影响。

刀盘驱动，可采用液压马达或电动机传动，前者传动平稳，调速方便，但效率较低。电动机传动效率高，但启动负荷大时起动困难，对负荷变化适应能力差。

4．推进机构

盾构推进系统安装在中盾内，主要由沿着中盾内侧周向按照一定方式布置的液压千斤顶组成，液压千斤顶前端与盾壳铰接，后部活塞杆端装有撑靴。在推进过程中，千斤顶活塞杆伸出，撑靴顶在后部已拼装好的一环管片上，这样就形成了盾构向前推进的力。同时推进系统还承担着盾构曲线施工的重要作用，由于推进千斤顶可以进行独立控制，因此可以只设置部分千斤顶推进，从而实现了盾构往多个方向偏转。

盾构机的推进是通过推进液压缸顶住安装好的管片来向前推进的。盾构机在掘进过程中按照指定的路线做轴向前进时，由于土层土质条件的多样性和施工中诸多不可预见因素的作用使盾构推进控制非常复杂，整个盾构机受到地层阻力不均而使盾构掘进时方向发生偏离，而且盾构机有时还要转弯或曲线行进，这些都要靠合理地调节推进系统各液压缸的推进压力得到所需扭矩来实现盾构机姿态的调整，如图 8.1.13 所示。

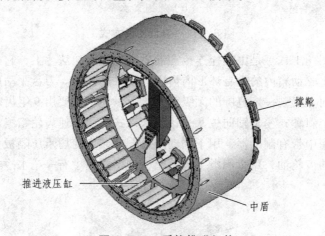

撑靴

推进液压缸

中盾

图 8.1.13　盾构推进机构

5．双室气闸

双室气闸装在切口环上，包括前室和主室两部分。当掘进过程中刀具磨损、工作人员进入到泥土舱检察及更换刀具时，要使用双室气闸。

在进入泥土舱时，为避免挖面的坍塌，要在泥土舱中建立并保持与该地层深度土压力与水压力相适应的气压，这样工作人员要进出泥土舱时，就存在一个适应泥土舱中压力的问题，通过调整气闸前室和主室的压力，就可以使工作人员适应常压和开挖舱压力之间的变化。

工作人员进入泥土舱的工作程序如下：工作人员甲先从前室进入主室，关闭主室和前室之间的隔离门，按照规定程序给主室加压，直到主室的压力和泥土舱的压力相同时，打开主室和泥土舱之间的闸阀，使两者之间压力平衡，这时打开主室和泥土舱之间的隔离门，工作人员甲进入泥土舱，如果这时工作人员乙也需要进入泥土舱工作，乙就可以先进入前室，然后关闭前室和常压操作环境之间的隔离门，给前室加压至和主室及泥土舱中的压力相同，打开前室和主室之间的闸阀，使两者之间的压力平衡，打开主室和前室之间的隔离门，工作人员乙进入主室和泥土舱中。

6．管片安装机

管片安装机的功能是准确地将管片放到恰当的位置上并能安全且迅速地把管片组装成所定形式。因此它需具备以下 3 个动作：即能提升管片，能沿盾构轴向平行移动，能绕盾构轴线回转。相应的拼装机构为举升装置、平移装置和回转装置。

图 8.1.14 所示，管片安装机由托梁、基本框架、转动架、管片举升装置和举重钳等组成。整个机构安装在托梁上，托梁通过螺栓与盾尾内的 H 形支柱相连接。安装机的移动架通过左右各两个滚轮安放在托梁上的行走槽中，管片的轴向平移由平移油缸推动移动架滚轮沿托梁行走槽水平移动来操作；管片的升降通过举升液压油缸伸缩实现；回转马达安装在移动架内。通过小齿轮驱动与回转架相连接的大齿圈转动，从而带动与转动架相连接的起升装置、举重钳将管片旋转到位。

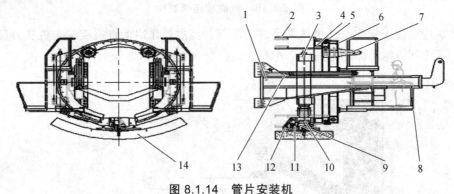

图 8.1.14　管片安装机

1—托梁；2—管路支架；3—举升油缸；4—转动架；5—回转支承；6—移动架；
7—回转马达；8—操作台；9—举重钳；10—抓取油缸；
11—偏转油缸；12—仰俯油缸；13—平移油缸

进行管片安装时，先粗定位，即用举重钳抓住管片，举升油缸将其提升，平移机构将提起的管片移到拼装的横断面位置，回转机构再将该管片旋转到相应的径向位置；然后再用偏转油缸、仰俯油缸和举升油缸的不同步伸缩进行微调定位。最后完成安装。

管片安装机能实现锁紧、平移、回转、升降、仰俯、横摇和偏转 7 种动作，除锁紧动作外的其余 6 种动作与管片的 6 个自由度相对应，从而可以使管片准确就位。管片 6 自由度示意图如图 8.1.15 所示。

安装人员可以使用遥控的控制器操作管片安装机安装管片，通常一环管片由 6 块管片组成，它们是 3 个标准块、2 块临块和 1 块封顶块。隧道成型后，管环之间及管环的管片之间都装有密封，用以防水，管片之间及管环之间都由高强度的螺栓连接。

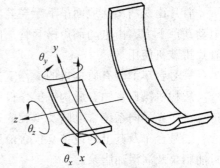

图 8.1.15　管片 6 自由度示意图

7．排土机构

盾构机的排土机构主要包括螺旋输送机和皮带输送机。渣土由螺旋输送机从土仓运输到皮带输送机上，再由输送机运输到渣土车。螺旋输送机上有前后两个闸门，前部的闸门关闭时可以使泥土舱和螺旋输送机隔断；后面的闸门在停止掘进或维修时关闭，在整个盾构机断电的紧急情况下，这个闸门也可由蓄能器贮存的能量自动关闭，防止开挖仓中的水及渣土在压力作用下进入盾构机。螺旋输送机将盾构机土舱的土压值与设定土压值进行比较，随时调整向外排土的速度，实现盾构机土舱内连续的动态土压平衡。螺旋输送机结构如图 8.1.16 所示。

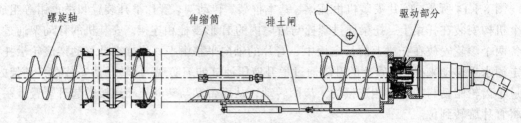

图 8.1.16　螺旋输送机结构

皮带输送机位于螺旋输送机排土闸口的下部，其重要作用为将螺旋输送机从刀盘土仓排出的渣土运送到盾构后部的电瓶运渣小车上，如图 8.1.17 所示。

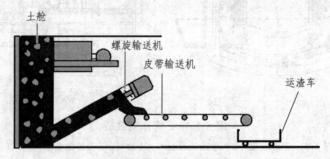

图 8.1.17　皮带输送机

8. 后配套设备

后配套设备主要由以下几部分组成：管片运输设备，四节后配套台车及其上面安装的盾构机操作所需的操作室、电气部件、液压部件、注浆设备、泡沫设备、膨润土设备、循环水设备及通风设备等。

管片运输设备包括管片运送小车、运送管片的电动葫芦及其连接桥轨道。

管片由龙门吊从地面吊运至竖井内的管片车上，由电瓶车牵引管片车至第一节台车前的电动葫芦下方，由电动葫芦吊起管片向前运送到管片小车上，由管片小车再向前运送，供给管片拼装机使用。

一号台车上装有盾构机的操作室及注浆设备。

盾构机操作室中有盾构机操作控制台、控制电脑、盾构机 PLC 自动控制系统、VMT 隧道掘进激光导向系统、电脑及螺旋输送机后部出土口监视器。

二号台车及其上的设备有包含液压油箱在内的液压泵站、膨润土箱、膨润土泵、盾尾密封油脂泵及润滑油脂泵。

液压油箱及液压泵站为刀盘驱动、推进油缸、铰接油缸、管片拼装机、管片运输小车、螺旋输送机、注浆泵等液压设备提供压力油。泵站上装有液压油过滤及冷却回路，液压油冷却器是水冷式。

盾尾密封油脂泵在盾构机掘进时将盾尾密封油脂由 12 条管路压送到 3 排盾尾密封刷与

管片之间形成的两个腔室中，以防止注射到管片背后的浆液进入盾体内。

润滑油脂泵将油脂泵送到盾体中的小油脂桶中，盾构机掘进时，4 kW 电机驱动的小油脂泵将油脂送到主驱动齿轮箱、螺旋输送机齿轮箱及刀盘回转接头中。这些油脂起到两个作用，一个作用是被注入到上述 3 个组件中唇形密封件之间的空间起到润滑唇形密封件工作区域及帮助阻止赃物进入被密封区域内部的作用，对于螺旋输送机齿轮箱还有另外一个作用，就是润滑齿轮箱的球面轴承。

三号台车上装有 2 台空压机、1 个 1 m³ 贮气罐，1 组配电柜及 1 台二次风机。

空压机可提供 8 bar 的压缩空气并将压缩空气贮存在贮气罐中，压缩空气可以用来驱动盾尾油脂泵，密封油脂泵和气动污水泵；用来给人员舱、开挖室加压；用来操作膨润土、盾尾油脂的气动开关；用来与泡沫剂、水混合形成改良土壤的泡沫；用来驱动气动工具等。

二次风机由 11 kW 的电机驱动，将由中间井输送至第四节台车位置处的新鲜空气，继续向前送至盾体附近，以给盾构提供良好的通风。

四号台车上装有变压器、电缆卷筒，水管卷筒，风管盒。

铺设在隧道中的两条内径为 100 mm 的水管作为盾构机的进、回水管，将竖井外地面上的蓄水池与水管卷筒上的水管连接起来，在与蓄水池连接的一台高压水泵驱动下，盾构机用水在蓄水池和盾构机之间循环。通常情况下，进入盾构机水管的水压控制在 5 bar 左右。正常掘进时，进入盾构机水循环系统的水有以下的用途，对液压油、主驱动齿轮油、空压机、配电柜中的电器部件及刀盘驱动副变速轮具有冷却功能；为泡沫剂的合成提供用水，提供给盾构机及隧道清洁用水；蓄水池中的水用冷却塔进行循环冷却。

风管盒中装有折叠式的风管，风管与竖井地面上的风机连接，向隧道中的盾构机里提供新鲜空气。新鲜空气通过风管被送至第四节台车的位置。

9. 电气设备

盾构机电气设备包括电缆卷筒、主供电电缆、变压器、配电柜，动力电缆、控制电缆、控制系统、操作控制台，现场控制台、螺旋输送机后部出土口监视器、电机、插座、照明、接地等。电器系统最小保护等级为 IP5.5。

主供电电缆安装在电缆卷筒上，10 kV 的高压电由地面通过高压电缆沿隧道输送到与之连接的主供电电缆上，接着通过变压器转变成 400 V、50 Hz 的低压电进入配电柜，再通过供电电缆和控制电缆供盾构机使用。

西门子 7-PLC 是控制系统的关键部件，控制系统用于控制盾构机掘进、拼装时的各主要功能。

例如盾构机要掘进时，盾构机司机按下操作控制台上的掘进按钮，一个电信号被传到 PLC 控制系统，控制系统首先分析推进的条件是否具备（如推进油缸液压油泵是否打开，润滑脂系统是否工作正常等），如果推进的条件不具备，就不能推进，如果条件具备，控制系统就会使推进按钮指示灯变亮，同时控制系统也会给推进油缸控制阀的电磁阀供电，电磁阀通电打开推进油缸控制阀，盾构机开始向前推进。PLC 安装于控制室，在配电柜里装有远程接口，PLC 系统也与操作控制台的控制电脑及 VMT 公司的隧道激光导向系统电脑相连。

盾构机操作室内的控制台和盾构机的某些现场操作控制台用来操作盾构，实现各种功能。操作控制台上有控制系统电脑显示器、实现各种功能的按钮、调整压力和速度的旋钮、显示压力或油缸伸长长度的显示模块及各种钥匙开关等。

螺旋输送机后部出土口监视器用来监视螺旋输送机的出土情况。

电机为所有液压油泵、皮带机、泡沫剂泵、合成泡沫用水水泵、膨润土泵等提供动力。当电机的功率在 30 kW 以下时，采用直接启动的方式。当电机的功率大于 30 kW 时，为了降低启动电流，采用星形-三角形启动的方式。

10．辅助设备

辅助设备包括数据采集系统、SLS-T 隧道激光导向系统、注浆装置、泡沫装置，膨润土装置。

1）数据采集系统

数据采集系统的硬件是 1 台有一定配置要求的计算机和能使该计算机与隧道中掘进的盾构机保持联络的调制解调器、转换器及电话线等原件。该计算机可以放置在地面的监控室中，并始终与隧道中掘进的盾构机自动控制系统的 PLC 保持联络，这样数据采集系统就可以和盾构机自动控制系统的 PLC 具有相同的各种关于盾构机当前状态的信息。数据采集系统按掘进、管片拼装、停止掘进三个不同运行状态段来记录、处理、存储、显示和评判盾构机运行中的所有关键监控参数。

通过数据采集系统，地面工作人员就可以在地面监控室中实时监控盾构机各系统的运行状况。数据采集系统还可以完成以下任务，用来查找盾构机以前掘进的档案信息，通过与打印机相连打印各环节的掘进报告，修改隧道中盾构机的 PLC 的程序等。

2）隧道掘进激光导向系统

德国 VMT 公司的 SLS-T 隧道掘进激光导向系统主要作用如下：

（1）可以在隧道激光导向系统用电脑显示屏上随时以图形的形式显示盾构机轴线相对于隧道设计轴线的准确位置，这样在盾构机掘进时，操作者就可以依此来调整盾构机掘进的姿态，使盾构机的轴线接近隧道的设计轴线，这样盾构机轴线和隧道设计轴线之间的偏差就可以始终保持在一个很小的数值范围内。

（2）推进一环结束后，隧道掘进激光导向系统从盾构机 PLC 自动控制系统获得推进油缸和铰接油缸的油缸杆伸长量的数值，并依此计算出上一环管片的管环平面，再综合考虑被手工输入隧道掘进激光导向系统电脑的盾尾间隙等因素，计算并选择这一环适合拼装的管片类型。

（3）可以提供完整的各环掘进姿态及其他相关资料的档案资料。

（4）可以通过标准的隧道设计几何元素计算出隧道的理论轴线。

（5）可以通过调制解调器和电话线与地面的一台电脑相连，这样在地面就可以实时监控盾构机的掘进姿态。

隧道掘进激光导向系统主要部件有激光经纬仪，带有棱镜的激光靶、黄盒子、控制盒和隧道掘进激光导向系统用计算机。

激光经纬仪临时固定在安装好的管片上，随着盾构机的不断向前掘进，激光经纬仪也要不断地向前移动，这被称为移站，激光靶则被固定在支承环的双室气闸上。激光经纬仪发射出激光束照射在激光靶上，激光靶可以判定激光的入射角及折射角，另外激光靶内还有测倾仪，用来测量盾构机的滚动和倾斜角度，再根据激光经纬仪与激光靶之间的距离及各相关点的坐标等数据，隧道掘进激光导向系统就可以计算出当前盾构机轴线的准确位置。

控制盒用来组织隧道掘进激光导向系统电脑与激光经纬仪和激光靶之间的联络，并向黄盒子和激光靶供电。黄盒子用来向激光经纬仪供电并传输数据。隧道掘进激光导向系统电脑则是将该系统获得的所有数据进行综合、计算和评估。所得结果可以被以图形或数字的形式显示在显示屏上。

3）注浆装置

注浆装置主要包括两个注浆泵、浆液箱及管线。

在竖井，浆液被放入浆液车中，电瓶车牵引浆液车至盾构机浆液箱旁，浆液车将浆液泵入浆液箱中。

两个注浆泵各有两个出口，这样总共有 4 个出口，4 个出口直接连至盾尾上圆周方向分布的 4 个注浆管上，盾构机掘进时，由注浆泵泵出的浆液被同步注入隧道管片与土层之间的环隙中，浆液凝固后就可以起到稳定管片和地层的作用。

为了适应开挖速度的快慢，注浆装置可根据压力来控制注浆量的大小，可预先选择最小至最大的注浆压力，这样可以达到两个目的，一是盾尾密封不会被损坏，管片不会受过大的压力；二是对周围土层的扰动最小。注浆方式有两种：人工方式和自动方式。人工方式可以任选 4 根注浆管中的 1 根，由操作人员在现场操作台上操作按钮启动注浆系统；自动方式则是在注浆现场操作台上预先设定好的，盾构机掘进即启动注浆系统。

4）泡沫装置

泡沫系统主要包括泡沫剂罐，泡沫剂泵、水泵、4 个溶液计量调节阀、4 个空气剂量调节阀、5 个液体流量计、4 个气体流量计、泡沫发生器及连接管路。

泡沫装置产生泡沫，并向盾构机开挖室中注入泡沫，用于开挖土层的改良，作为支撑介质的土在加入泡沫后，其塑性、流动性、防渗性和弹性都得到改进，盾构机掘进驱动功率就可减少，同时也可减少刀具的磨损。

泡沫剂泵将泡沫剂从泡沫剂罐中泵出，并与水泵泵出的水按盾构司机操作指令的比例混合形成溶液，控制系统是通过安装在水泵出水口处的液体流量计测量水泵泵出水的流量，并根据这一流量控制泡沫剂泵的输出量来完成这一混合比例指令的。混合溶液向前输送至盾体中，被分配输送到 4 条管路中，经过溶液剂量调节阀和液体流量计后，又被分别输送到 4 个泡沫发生器中，在泡沫发生器中与同时被输入的压缩空气混合产生泡沫，压缩空气进入泡沫发生器前也要先经过气体流量计和空气剂量调节阀，泡沫剂溶液和压缩空气也是按盾构机司机操作指令的比例混合的，这一指令需通过盾构机控制系统接收液体流量计和气体流量计的信息并控制空气剂量调节阀和溶液剂量调节阀来完成。最后，泡沫沿 4 条管路通过刀盘旋转接头，再通过刀盘上的开口，注入开挖室中。在控制室，操作人员也可以根据需要从 4 条管路中任意选择，向开挖室加入泡沫。

5）膨润土装置

膨润土装置也是用来改良土质，以利于盾构机的掘进，膨润土装置主要包括膨润土箱、膨润土泵，9 个气动膨润土管路控制阀及连接管路。与浆液一样，在竖井，膨润土被放入膨润土车中，电瓶车牵引膨润土车至膨润土箱旁，膨润土车将膨润土泵入膨润土箱中。

需要注入膨润土时，膨润土被膨润土泵沿管路向前泵至盾体内，操作人员可根据需要，在控制室的操作控制台上，通过控制气动膨润土管路控制阀的开关，将膨润土加入开挖室，泥土舱或螺旋输送机中。

三、盾构机的工作过程

（一）盾构机的掘进

液压马达驱动刀盘旋转，同时开启盾构机推进油缸，将盾构机向前推进，随着推进油缸的向前推进，刀盘持续旋转，被切削下来的渣土充满泥土舱，此时开动螺旋输送机将切削下来的渣土排送到皮带输送机上，后由皮带输送机运输至渣土车的土箱中，再通过竖井运至地面。

（二）掘进中控制排土量与排土速度

当泥土舱和螺旋输送机中的渣土积累到一定数量时，开挖面被切下的渣土经刀槽进入泥土舱的阻力增大，当泥土舱的土压与开挖面的土压力和地下水的水压力相平衡时，开挖面就能保持稳定，开挖面对应的地面部分也不致塌陷或隆起，这时只要保持从螺旋输送机和泥土舱中输送出去的渣土量与切削下来的流入泥土舱中的渣土量相平衡时，开挖工作就能顺利进行。

（三）管片拼装

盾构机掘进一环的距离后，拼装机操作手操作拼装机拼装单层衬砌管片，使隧道一次成型。

使用盾构法施工隧道，施工工艺过程如图 8.1.18。

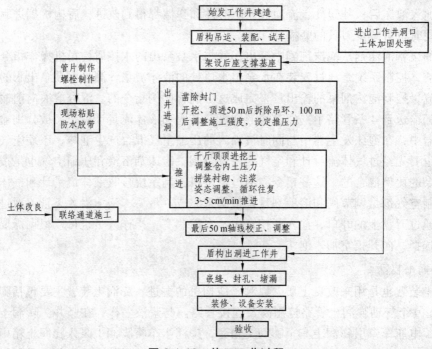

图 8.1.18 施工工艺过程

第二节 全断面岩石掘进机

一、全断面掘进机的用途及分类

全断面岩石掘进机（Full Face Rock Tunnel Boring Machine，TBM），TBM 是集机械、电子、液压、激光、控制等技术于一体的高度机械化和自动化的大型隧道开挖衬砌成套设备，是一种由电动机（或电动机-液压马达）驱动刀盘旋转、液压缸推进，使刀盘在一定推力作用下，贴紧岩石壁面，通过安装在刀盘上的刀具破碎岩石，使隧道断面一次成型的大型工程机械。TBM 施工具有自动化程度高、施工速度快、节约人力、安全经济、一次成型，不受外界气候影响，开挖时可以控制地面沉陷，减少对地面建筑物的影响，水下地下施工不影响水中地面交通等优点，是目前岩石隧道掘进最有发展潜力的机械设备。

全断面岩石掘进机的分类如下：

（一）按刀盘形状的不同分类

根据刀盘形状的不同，TBM 分为平面刀盘 TBM、球面刀盘 TBM、锥面刀盘 TBM。平面刀盘 TBM 最为常用。

（二）按作业岩石硬度的不同分类

根据全断面岩石掘进机作业岩石硬度的不同分为：软岩全断面掘进机（作业岩石单轴抗压强度 < 100 MPa），中硬岩全断面岩石掘进机（作业岩石单轴抗压强度 < 150 MPa）和硬岩全断面岩石掘进机（作业岩石单轴抗压强度可达 350 MPa）。

（三）按开挖断面形状的不同分类

根据全断面岩石掘进机开挖断面形状的不同分为圆形断面全断面岩石掘进机和非圆形断面全断面岩石掘进机。

（四）按全断面岩石掘进机与洞壁之间的关系分类

根据全断面岩石掘进机与开挖隧洞洞壁之间的关系分为开敞式全面断面岩石掘进机、护盾式全断面岩石掘进机和其他类型全断面岩石掘进机。护盾式全断面岩石掘进机又可以根据护盾的多少分为单护盾、双护盾和三护盾全断面岩石掘进机。其中应用范围最广的是开敞式和护盾式全断面岩石掘进机。

二、开敞式 TBM

（一）掘进机的主要组成

岩石掘进机的结构一般都由下列几个部件组成，即切削刀盘、主轴承与密封装置、刀盘驱动机构、主机架、推进装置、支撑机构、排渣装置、液压系统、除尘装置与电气、操纵等装置。

图 8.2.1 中，切削刀盘 14 由刀盘主驱动装置 3 驱动旋转。切削刀盘 14 通过主轴承与密封部件装置 2 支承在主机架 4 上，主机架 4 与主支撑架 6 通过推进液压缸 5 来连接。掘进机

作业时，主驱动装置驱动切削刀盘旋转；推进液压缸推进使主机架向前推出。此时，安装在切削刀盘上的盘形滚刀一边滚动，一边切入岩体。

主支撑靴 7 撑在隧道壁上时，将掘进机固定于隧道内，支持整机后端的重量。在掘进的过程中承受掘进力的反力和扭转力矩的反力矩作用。

后支承靴 11、底部前支撑 13 在工作循环过程中换步时，支撑机器。起重葫芦 12 吊装由洞外运进的材料和配件。

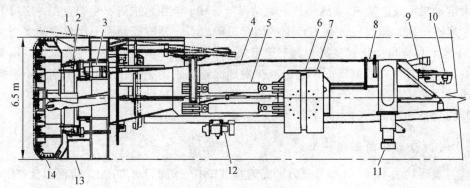

图 8.2.1　开敞式掘进机

1—顶部支撑；2—主轴承与密封部件；3—刀盘主驱动装置；4—主机架；5—推进液压缸；
6—主支撑架；7—主支撑靴；8—TBM 后部；9—通风管；10—皮带输送机；
11—后支撑靴；12—起重葫芦；13—底部前支撑；14—切削刀盘

（二）TBM 掘进工作原理

掘进机正常开挖隧道时的作业循环步骤如下：

（1）掘进开始：作业开始时，主支撑架相对主机架，处在前位，主支撑靴撑紧洞壁。在掘进机方向调整定位后，后支撑靴提起。驱动刀盘转动切削，同时推进液压缸伸出，掘进机向前掘进。直到推进液压缸全部伸出，此时 TBM 向前掘进了一个行程。

（2）掘进终了：准备换步，切削刀盘停止转动，后支撑靴伸出抵到仰拱上以承受机器后端重力；前支撑靴与底面接触以承受机器前端重力。主支撑靴回缩。

（3）换步开始：当主支撑靴回缩后，推进装置液压缸反向进油，则活塞杆回缩，带动主支承架与主支撑靴一起相对主机架向前移动一个行程。

（4）换步终了：步时推进液压缸活塞杆全部缩回，则换步终了，可以进行下一个掘进循环。即主支撑靴伸出，再与岩壁接触撑紧，提起后支撑靴离开仰拱，使前支撑靴处于浮动状态。TBM 定位找正，开始下一循环工作。

（三）开敞式 TBM 的基本构造及性能

1．总体构造

本节以德国维尔特公司制造的直径为 8.8 m 的 TBM880E 为例来介绍开敞式 TBM 的构造和原理。TBM880E 型开敞式 TBM 的主要结构如图 8.2.2 所示。

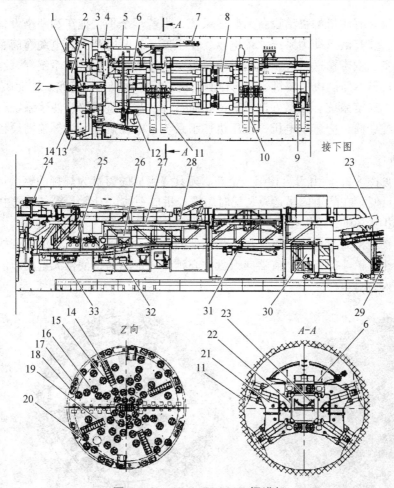

图 8.2.2 Wirth TB880E 掘进机

1—盘形滚刀；2—刀盘；3—刀盘护盾；4—圈梁安装器；5—锚杆钻机；6—推进液压缸；7—超前钻机；
8—刀盘回转结构；9—后下支承；10—"X"形后支撑；11—"X"形前支撑；12—刀具吊机；
13—铲斗；14—切刀；15—中心刀；16—正（面）刀；17—边刀；18—铲斗；19—刀盘；
20—护孔刀；21—外凯氏方机架；22—内凯氏方机架；23—出渣皮带机；
24—运输小车；25—水泵；26—除尘器；27—皮带机；28—吊机；
29—平架车；30—司机车；31—吊机2；
32—注浆机；33—仰拱吊机

开敞式 TBM 由 TBM 主机和 TBM 后配套系统组成，主要特点是使用内外凯氏（Kelly）机架。

TBM 主机主要由刀盘、刀盘护盾、刀盘主轴承与刀盘驱动器、辅助液压驱动、主轴承密封与润滑、内部凯氏、外部凯氏与支撑靴、推进油缸、后支撑、液压系统、电气系统、操作室、变压器、行走装置等组成。外凯氏机架上装有 X 形支撑靴；内凯氏机架的前面安装主轴承与刀盘驱动，后面安装后支撑。刀盘与刀盘驱动由可浮动的仰拱护盾、可伸缩的顶部护盾、两侧的防尘护盾所包围并支承着。刀盘驱动安装于前后支撑靴之间，以便在刀盘护盾的后面提供尽量大的空间来安装锚杆钻机和钢拱架安装器。刀盘是中空的，其上装有盘形滚刀、刮刀和铲斗，将石渣送到置于内凯氏机架中的皮带输送机上。

后配套系统装有主机的供给设备与装运系统，由若干个平台拖车和一个设备桥组成。在后配套系统上，装有液压动力系统、配电盘、变压器、总断电开关、电缆卷筒、除尘器、通风系统、操作室、皮带输送系统、混凝土喷射系统、注浆系统、供水系统等。在拖车上还安装有钢拱架安装器、仰拱块吊装机、超前探测钻机、锚杆钻机、风管箱、辅助风机、除尘器、通风冷却系统、通信系统、数据处理系统、导向系统、瓦斯监测仪、注浆系统、混凝土喷射系统、高压电缆卷筒、应急发电机、空压机、水系统、电视监视系统等辅助设备。

2．刀盘部件

刀盘结构见图 8.2.3。由刀盘构架、铲斗、刀具等组成的刀盘为焊接的钢结构件，分成两块便于运输，也便于在隧道内吊运，装配时用螺栓拼成一体。刀盘上装有 6 把中心刀、62 把正滚刀，3 把边滚刀和 2 把扩孔刀。滚刀为后装式，便于更换。

刮渣器与铲斗沿刀盘周边布置，用以将底部的石渣运送到顶部，再沿石渣槽送到输送带上面的石渣漏斗。铲斗的口与刮渣器向刀盘中心延伸一定距离，使得大量的石渣在落到底部之前，就已进入刀盘里面。

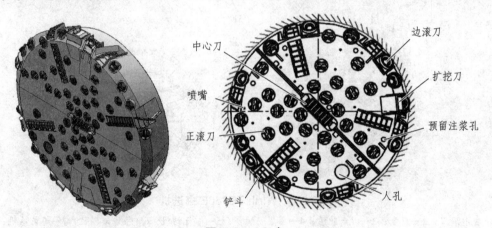

图 8.2.3　刀盘

3．刀盘护盾

护盾是一套保护顶棚以利于安装圈梁的装置。它防止大块岩石堵住刀盘，并在掘进或者在掘进终了换步时，支持掘进机的前部。护盾如图 8.2.4 所示

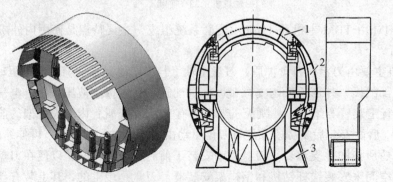

图 8.2.4　开敞式 TBM 刀盘护盾

1—顶部护盾；2—侧护盾；3—临时支承

刀盘护盾由液压预加载仰拱及前下支承与 3 个可扩张的拱形架组成。3 个可扩张的拱形架均可用螺栓安装格栅式护盾，以便在护盾托住顶部时，可安装锚杆。

4．刀盘回转驱动装置

刀盘回转驱动装置的动力由水冷式双速电动机经液压操作的多片式摩擦离合器、双级水冷式行星减速箱、再经过齿形联轴节、传动轴传到小齿轮上。小齿轮再驱动大内齿圈，带动刀盘转动。减速箱与电动机置于两凯氏外机架之间。另设有液压驱动的辅助驱动装置（微动装置），用以使刀盘可转至某一定位置，以便更换滚刀及进行其他维修保养作业。

5．主轴承与刀盘密封

主轴承为一两重式轴向、径向滚柱的组合体（见图 8.2.5 为主轴承结构示意图）。主轴承与末级传动采用三唇式密封保护，此密封为迷宫式密封，后者经常不断地由自动润滑脂系统清洗净化，图 8.2.6 为主轴承密封。

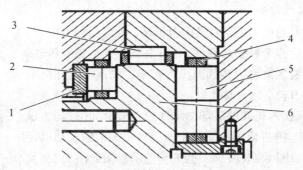

图 8.2.5　主轴承结构示意图

1—挡圈；2—副推力滚柱；3—径向推力滚柱；4—滚柱套；5—主推力滚柱；6—主轴承内圈

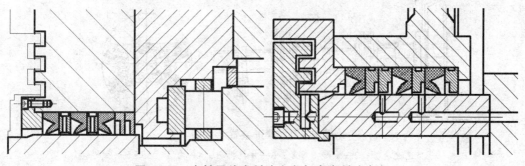

图 8.2.6　主轴承外密封（左）与内密封（右）

6．机　架

内凯氏方机架既作为刀盘进退之导向，也将掘进机作业时的推进力与力矩传递给外凯氏方机架。内机架的后端装有后下支承，前端与刀盘支承壳体连接，亦为上部锚杆孔设备提供支座。

连接 X 形支撑靴的外凯氏方机架可沿内凯氏方机架作纵向滑动。16 个由液压操作的支撑靴将外机架牢牢固定在挖好的隧道内壁，以承受刀盘传来的反扭矩与掘进机推进力的反力。

各个护盾有足够的径向位移量，以便掘进机在通过曲线时，有利于转向；如有必要，还可用以拆除刀盘后面的圈梁。在围岩条件不好时，即当一部分隧道壁不能承受支撑力时，还可以在一个或两个支撑靴板处于回缩位置时，使 TBM 继续作业。内凯式机架如图 8.2.7 所示。

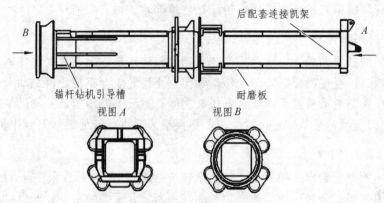

图 8.2.7　内凯式机架

7．X 形支撑及推进系统

作用在刀盘的推力的反力，经由凯氏内机架、外机架传到围岩。因凯氏外机架分为前后两个独立的部件，各有其独立的推进液压缸。后凯氏外机架的推进液压缸将力传到凯氏内机架，而前凯氏外机架则将推进力直接传到刀盘支承壳体上。

掘进循环终了，凯氏内机架的后部支承伸出至隧道仰拱部上（以承重），支撑靴板回缩、推进液压缸回缩使凯氏外机架向前移动以使循环重复。X 形支撑如图 8.2.8 所示，推进装置示意图如图 8.2.9 及图 8.2.10 所示。

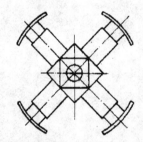

图 8.2.8　X 形支撑

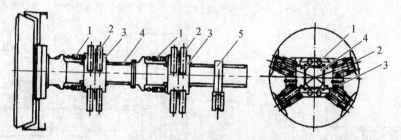

图 8.2.9　推进装置示意图

1—推进液压缸；2—X 形支撑靴；3—外凯机架；4—内凯机架；5—后支承

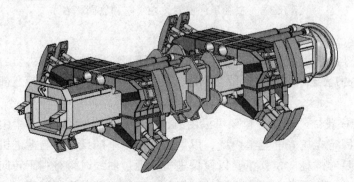

图 8.2.10　TBM 推进系统三维模型

8．后下支承

后下支承位于后凯氏外机架的后面，装在凯氏内机架上。后下支承由液压缸使之伸缩，还可用液压缸作横向调整。一旦支撑靴板缩回，凯氏内机架的位置可作水平方向与垂直方向的调节，用以决定下一个掘进循环的方向，保持 TBM 在要求的隧道中线上。

9．除尘装置

采用洞外压入式通风方式，在洞口外 25 m 左右装有串联轴流式风机，软风筒悬挂在洞顶。吸尘器置于后配套的前部，吸入管接到 TBM 凯氏内机架与刀盘护盾。吸尘器在刀盘室内形成负压，以使供至 TBM 前的新鲜空气的 40% 进入刀盘室，并防止含有粉尘的空气进入隧道。

10．激光导向系统

在 TBM 上安装 ZED 260 导向系统，设两个靶子与一套激光设备。前靶装在刀盘切削头护盾的后面，由一台工业用 TV 照相机监测，它将 TBM 相对于激光束的位置传送到司机室内的屏幕上。

另有一套装置用来测量 TBM 的转向与高低起伏，并将数据传送至司机室。司机室内可对 TBM 的支承系统做必要的纠正。掘进机激光导向系统示意图如图 8.2.11 所示。

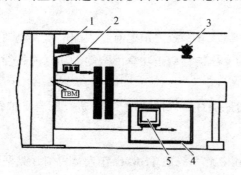

图 8.2.11　掘进机激光导向系统示意图

1—组合激光靶；2—激光靶自力盒；3—激光发生器；
4—掘进机控制台；5—工业 PC 及终端机

11．司机操作室

司机操作室置于后配套的前端，其内有操纵台，台上设有必要的阀、压力表、仪表、按钮、监测装置与通信设备，以便有效地操作 TBM。

12．支护设备

（1）锚杆钻机。锚杆钻机为两套液压凿岩设备，置于刀盘护盾后面，在凯氏内机架两边各装一套，在 TBM 掘进时，用以锚固围岩。

（2）超前钻机。深孔凿岩机主要用于在 TBM 前面打探测孔，此孔以小角度伸到刀盘切削头前面。打探测孔时，TBM 必须停止作业。此超前钻机置于凯氏外机架之上、前后支撑靴之间，在每次掘进行程结束后可以转动到位，可钻作业面前 30 m 的 ϕ450 mm 孔。

（3）圈梁安装器。圈梁安装器可在 TBM 掘进过程中，在刀盘后提前组合与安装圈梁。

13．后配套系统

后配套系统设计为双线，掘进机全部供应设备与装运系统均置于其上。石渣由列车运出。后配套由若干个平架车和一个过桥组成，过桥用于将平架车与 TBM 连接，平架车摆放在仰拱上面的轨道上、过桥之下。TBM 前进时，通过过桥带动平架车前移。

后配套平架车与过桥的某些部分，分别装着 TBM 的液压动力组件、配电盘、变压器、主断电开关、电缆槽、电缆卷筒、集尘器、通风集尘管、操纵台与输送带，也为混凝土喷射装置、注浆装置与灰浆泵提供了空间。

（1）皮带桥。大约为 12 m 长的皮带桥直接置于 TBM 后面，它向上搭桥以加大下面的作业空间，为的是便于铺设仰拱砌块与轨道。此皮带桥铰接于 TBM 后部，支承在第一个平架车上。

（2）平架车与装运设备。这一列后配套列车由多台平架车组成，每一台平架车长约 8.6 m，在仰拱上面的钢轨上拖行，钢轨轨距为 3 m。后配套的全长均为双线。

平架车是门架式拖车的下层，是斗车、载人车与牵引机车运行之处，其上层则为供应设备放置之处。

（3）液压系统。除了刀盘之外，TBM 全机与辅助装置均为液压驱动，液压动力站置于后配套平架车上。

（4）电力安装。设置于后配套系统之上的有：主配电盘，电动机和辅助装置用断流器与电磁启动器，带主断路器的变压器，纠正功率因素的无功电流补偿器，可控电流变压器，应急发电机。

照明系统设有很多强力照明灯，以便管理 TBM 进行围岩支护作业和铺设钢轨。

14．附属设备

（1）TBM 通信联络系统。此系统使 TBM 操作人员可与 3 处联络，一是直接到刀盘切削头后面；二是到钢轨安装与材料卸载处；三是到后配套末尾石渣换装处。

（2）灭火系统。在后配套系统上，为液压设备与电力动力设备提供一套人工操作的干式灭火系统。此外，在 TBM 与后配套上还放置若干手提式灭火器。

（3）数据读取系统。此系统将监测与记录下列数据：时间与日期；掘进距离；推进速度；每一步的行程长度与延续时间；驱动电动机的电流数；接入的驱动马达数；推进液压缸油压；支撑液压缸油压；TBM 操作人员要将换刀时间、停机时间填表记录。

上述数据可用来监测与存储并在任何时候都能打印进行检索。随着 TBM 的推进而记录存储的数据，可制成不同表格。

（4）甲烷监测器。本机提供一套带 3 个传感器的探测甲烷的监测装置。当甲烷气浓度超过临界值，此装置报警或关机。这 3 个传感器，一个装在 TBM 刀盘切削头后面，两个装在吸尘管内。

（5）通风管。隧道通风系统的终端，为后配套设备末尾处的通风管，根据耗风量设计后配套的通风系统，采用刚性吸管。

第三节 混凝土喷射机械

一、混凝土喷射机械的用途和分类

（一）混凝土喷射机械的用途

混凝土喷射机械是利用压缩空气将混凝土沿管道连续输送，并喷射到施工面上去的机械。分干式喷射机和湿式喷射机两类，前者由气力输送或干拌输送，在喷嘴处与压力水混合后喷出；后者由气力或混凝土泵输送混凝土混合物经喷嘴喷出。广泛用于地下工程、井巷、隧道、涵洞等衬砌施工。

混凝土喷射机械所喷射的混凝土的支护作用体现在以下 4 个方面：

1．支撑作用

喷射混凝土具有一定的物理机械性能要求，其中抗压强度是其主要性能之一，一般抗压强度可以达到 20 MPa，因此它能起着支撑地压的作用。经过层层射捣形成的混凝土，组织致密，抗压和抗剪强度比同样条件下浇灌的混凝土要高。喷射施工时，掺入一定数量的速凝剂，使混凝土凝结快，早期强度高，能紧跟掘进工作面，起到及时支撑围岩的作用，使围岩因掘进爆破而引起的压力松弛带不致有过大的发展。

2．充填作用

干拌和料通过压缩空气的输送，在喷枪出口处具有很高的速度，能很好地充填围岩的裂隙、节理，能填补凹穴的岩面。充填到岩缝或裂隙中的混凝土，不仅具有很高的黏结力，而且增加了岩层裂隙间的摩擦力，起到"楔子"的作用，这样能使原本分离的岩体能紧密的联合起来成为一个整体，有效地阻止了岩体之间的相对运动，增强了围岩自身的支撑能力。

3．隔绝作用

喷射混凝土直接紧密的粘接在岩土上，因此能完全隔绝空气、水与围岩的接触，可以避免因风化潮解而引起的围岩片帮和冒顶；同时由于围岩裂隙中充填的混凝土，使裂隙深处原有的填充物不致因风化作用而降低强度。因此隔绝作用的结果使围岩保持了原有的稳定性和强度。

4．转化作用

高速喷射到岩面上形成的混凝土层，具有很高的黏结力和较高的强度，混凝土和围岩紧密结合，能在结合面传递各种应力。隔绝作用和充填作用的结果提高了围岩的稳定性和自身的支撑能力，因而喷射混凝土层与围岩形成了一个共同作用的力学统一体，具有把围岩载荷转化为岩石承载结构的作用，从根本上改变了过去各种支护消极支撑的弱点。

（二）混凝土喷射机械的分类

混凝土喷射机械主要分为干式混凝土喷射机和湿式喷射机两种。

1．干式混凝土喷射机

干式混凝土喷射机是比较成熟的设备，具有输送距离长、工作风压低、喷头脉冲小、工艺设备简单、对渗水岩面适应性好以及混合料存放时间较长、耐用等特点，在矿山井巷和地下工程中有着广泛的应用。干式喷射机按机械结构形式的不同主要有双罐式、螺旋式以及转子式 3 种。

（1）双罐式混凝土喷射机。双罐式喷射机是最早发展起来的一种喷射机，主要由料斗、上下罐体、上下钟形阀、气控装置、油水分离器以及车架等部分组成这种喷射机体积大，手柄多、阀门多，操作复杂，且粉尘较大，目前已没有厂家生产。

（2）螺旋式喷射机。螺旋式喷射机是用螺旋作给料器，把从料斗下来的拌和料推挤到吹送室进行吹送。这种喷射机优点是体积小，上料高度低，可连续出料，易于操作，生产能力大。其缺点是耐压能力低，输送距离短，功耗大，会出现反喷现象。

（3）转子式混凝土喷射机。转子式喷射机是由瑞士 ALIVA 公司最先研制成功的。其工作原理是：在立式转子上，周向开有许多料孔，转子在转动过程中，有的孔对上料斗的卸料口，就向料孔加料；有的孔对上吹风口，则压缩空气把拌和料压送至输送管中。转子式喷射机是目前比较现代化和应用最为广泛的一种喷射机，其水平输送距离可达 250 m，垂直输送高度可达 100 m。设备开动后，只要向料斗加料，即自行吹送，故操作简单、劳动强度低。

2．湿式混凝土喷射机

湿式喷射法是针对于干喷法存在粉尘大、回弹率大、水化程度不高等问题而发展起来的喷射混凝土的新工艺方法。自 20 世纪 90 年代以来，随着湿喷技术（工艺、机具、材料）的不断发展与完善，应用越来越广泛，已成为世界各国喷射混凝土技术的发展方向。目前在一些西方发达国家中，湿喷机已逐渐成为主要的混凝土喷射作业机具；在国内，湿喷技术已在铁路隧道和地面支护工程中得到一定程度的推广和应用。

根据喷射机的工作原理，其可分为泵送型和风送型两大类。泵送型湿喷机一般以"稠密流"形式输送拌和料，风送型利用压缩空气将拌和料以"稀薄流"形式输送至喷嘴。

1）泵送型

（1）活塞式湿喷机。活塞式湿喷机主要料斗、活塞式混凝土泵管路等组成。活塞式混凝土泵是这种喷射机的主要组成部分，两个活塞的交替工作，首先将料斗进入的混凝土自吸至活塞料腔，然后推至输送管路，并在输送管喷嘴处通入压缩空气喷射出去。这类湿喷机输送距离远。一般较笨重。

（2）螺杆泵式湿喷机。螺杆泵式湿喷机主要结构有料斗、螺杆、定子套、辅助元件、输送管路组成，结构如图 8.3.1 所示。这种结构定子套和螺杆组成送料机构，通过湿喷机螺杆与定子套相互啮合时接触空间容积的变化来输送混凝土料。该种机型的输送压力大，距离长，性能稳定，工作可靠，与活塞泵式相比，自吸能力强，吸入高度强，借助调速器可实现喷射量的自动调节；缺点是生产效率低，螺杆及定子套磨损严重，应用范围不大。

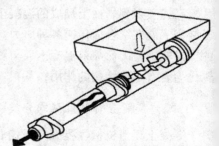

图 8.3.1　螺杆泵式湿喷机

（3）软管挤压泵式湿喷机。这种喷射机由搅拌斗、泵送软管、泵体和输料管等部件组成。泵体为圆筒形，中部的行星传动机构带动两个滚轮转动，连续挤压泵送软管内的湿混凝土料，使之进入输料管压送出去。挤压泵原理需要的功率，造成泵送软管的磨损大、寿命短、消耗量大，只能通过更换软管来解决，增加了维修的难度和成本。结构如图 8.3.2 所示。

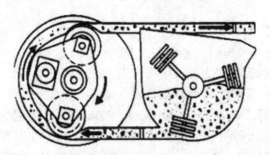

图 8.3.2　软管挤压泵式湿喷机

2）风送型

（1）转子式湿喷机。转子式湿喷机是在干喷机的基础上进行改进的，使其能处理湿拌和料。这种喷射机中最有代表性的是瑞士 ALIVA 公司产生的 ALIVA-280 型干湿两用转子式混凝土喷射机。该机的工作原理：工作时料斗中的湿拌和料落入转子料孔，经旋转 180° 后料孔与压缩空气进气口相通，湿拌和料以悬浮状态被压至出料管，经在喷嘴混合室与液体速凝剂混合后从喷嘴高速喷出。国内典型的转子式湿喷机有北京矿业研究总院研制的 SPZ-6 型和 SPZ-Ⅱ型混凝土湿喷机。这种结构的湿喷机必须在转子的端面进行密封，一般采用不同材质的密封板和衬板，由于密封板和衬板接触面积大，使得混凝土细小颗粒容易进入密封板和衬板之间，造成摩擦力增大，从而使密封件磨损严重，容易出现漏风跑尘的现象。

（2）转子活塞式湿喷机。铁道科学研究院西南分院研制了 TK-961 型转子活塞式混凝土湿喷机。该机的工作原理是：在转子的每个料腔内有一个活塞，转子活塞与凸轮组成联动机构，在转子的转动过程中，通过凸轮、活塞杆，转子联动机构迫使活塞在料腔内上下移动，完成下料和喂料。全湿混凝土料由活塞强制推送喂入气料混合仓，与压缩空气混合后形成稀薄流形态，通过管道输送到喷嘴喷出。这种机内泵送和管道稀薄流输送相结合的混凝土输送方式，在一定程度上综合了泵送型和风送型湿喷机的优点，是一种全新的喷射机结构。该机已在成都和深圳市政工程、西康和朔黄铁路隧道工程中得到了应用。但该机宜输送水灰比较大的混凝土，喷射混凝土的坍落度大（6~20 cm），输送距离短（水平 30 m，垂直 20 m），需用风压高（≥0.5 MPa）。同时该机所需配套设备多且体积大（如：需 350 L 以上的搅拌机 3 台、6 m 混凝土运输罐车 1 个等），不适宜断面小的巷道进行湿喷混凝土作业。

（3）叶轮式湿喷机。安徽安庆恒特工程机械研究所研制的 HTS 系列叶轮式混凝土湿喷机，采用"叶轮喂料压气送料装置"作为核心部件取代传统和现有其他各种混凝土喷射机的喂料和送料方式，实现了连续均匀喂料和出料，并通过压风将全湿混凝土输送到喷嘴喷出。该机属于风动式湿喷机，适宜输送水灰比较大的混凝土喷射，输送距离短（水平 40 m，垂直 20 m），所喷射的混凝土坍落度大。同时该机型存在体积大、叶轮磨损快、难以清洗的问题，不适宜煤矿井下进行湿喷混凝土。目前该机型仅用于铁路隧道、公路边坡等工程中施工。

二、混凝土喷射机组

混凝土喷射机组是将喷射机、喷射机械手以及空压机的整个设备安装在自带动力的专用底盘上，实现快速喷射支护作业。下面以 Sika-PM500PC 型混凝土喷射机组为例，介绍其结构组成和工作原理。

（一）主要组成和配置

Sika-PM500PC 型是瑞士 Sika 公司与德国 Putzmeister 公司联合研制推出的混凝土喷射机组，其主要应用于隧道、边坡等大规模混凝土喷射施工。Sika-PM500PC 型喷射机组的主要由 Putzmeister BSA1005 活塞式混凝土泵、Aliva-403.5 液态添加剂计量输送泵、Putzmeister SA13.9 型喷射机械手、液态速凝剂箱、Betico PM77 空压机、电缆卷盘、LM 4WD 型刚性底盘等部分组成，如图 8.3.3 所示。PM500PC 型喷射机组采用刚性底盘，内燃-静液压传动，四轮驱动，四轮转向，双向驾驶，并配有安全顶棚司机室。SA13.9 型喷射机械手为全液压驱动，有线遥控操纵，作业时由动力电缆提供电力。

（二）喷射机械手

Putzmeister SA13.9 型喷射机械手主要由臂座、大臂、小臂托架、小臂回转架、小臂、喷射头以及液压缸等部分组成，如图 8.3.4 所示。通过随动油缸 4 和小臂俯仰油缸 11 形成静液压调平机构，即油缸 4 和油缸 11 结构尺寸相同且它们的无杆腔和有杆腔分别相连，实现大臂俯仰过程中小臂自动保持水平。小臂回转架为三角形结构，其与小臂回转油缸组成小臂回转机构，实现小臂的左右摆动、折叠和回转动作，如图 8.3.5 所示。在运输时通过小臂向回转座方向的折叠，可缩小喷射机械手的运输尺寸，提高通行能力。

图 8.3.3　PM500PC 型喷射机组配置

1—底盘；2—Aliva-403.5 计量输送泵；3—高压水泵；4—电控箱；5—电缆卷盘；6—1 000 L 液压速凝剂箱；
7—BSA1005 活塞式混凝土泵；8—PM77 空压机；9—喷射附件；10—SA13.9 型喷射机械手

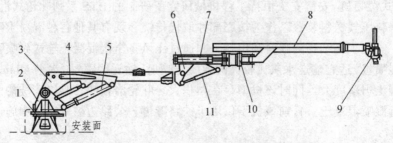

图 8.3.4　SA13.9 型喷射机械手结构示意图

1—回转座；2—臂座；3—大臂；4—随动油缸；5—大臂俯仰油缸；6—小臂托架；7—小臂回转油缸；
8—小臂；9—喷射头；10—小臂回转架；11—小臂俯仰油缸

图 8.3.5　处于折叠状态的喷射机械手

喷射机械手可实现大臂的回转、俯仰和伸缩，小臂的俯仰、伸缩和折叠以及喷射头的回转、摆动和喷嘴的刷动，如图 8.3.6 所示。喷射机械手的运动可以通过有线遥控器控制，也可以手动操作控制阀组作业。喷射机械手的控制阀组位于回转座上，并有防护罩保护。

喷射头是喷射机械手的重要组成部分，用于把混凝土、压缩空气以及液态速凝剂混合后喷出喷嘴。喷射头主要由喷嘴、变流器、分流管、混流器、刷动马达、摆动马达以及回转马达等部分组成，如图 8.3.7 所示。混凝土、压缩空气和速凝剂在喷射头中的混合过程是：压缩空气与速凝剂在混流器中混合后，经两根分流管进入变流器中；以稠密流输送的混凝土在变流器中与混有速凝剂的压缩空气混合形成稀薄流状态，经喷嘴喷出。摆动马达可使喷射头摆动 240°，使其喷射盲区只有喷射头背后的 120°。通过刷动马达带动偏心轮实现喷嘴沿锥面做 360° 连续回转运动。

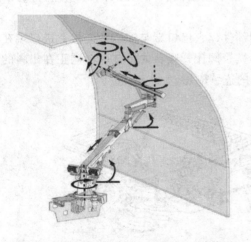

图 8.3.6　SA13.9 型喷射机械手运动方式

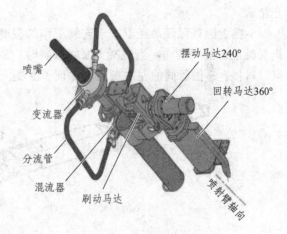

图 8.3.7　喷射头结构示意图

（三）速凝剂系统

在混凝土中加入速凝剂，可使喷射出的混凝土快凝早强，增加一次喷层厚度，提高喷射效率。PM500PC 型喷射机组的液态速凝剂系统如图 8.3.8 所示。速凝剂一般贮存在速凝剂箱 10 中，也可用速凝剂吸管 11 从速凝剂罐中抽取。选择阀 9 用于选择接通速凝剂箱 10 或速凝剂吸管 11。速凝剂从输送泵 8 泵出，与压缩空气混合，经过止回阀 5 进入喷射头 3 中。压力表 7 带有限压开关，当管路压力超过限定压力，则自动关闭输送泵 8，必要时可打开管路排放阀 4 以释放管路压力。止回阀 5 的作用是保证进入喷射头 3 中的速凝剂不会回流。

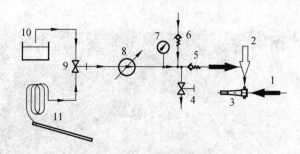

图 8.3.8　速凝剂系统

1—混凝土输送系统；2—压缩空气系统；3—喷射头；4—管路排放阀；5—止回阀；
6—压缩空气输入管和止回阀；7—压力表；8—速凝剂输送泵；9—选择阀；
10—速凝剂箱；11—速凝剂吸管

（四）泵送系统

混凝土泵通过电动机—液压泵—液压油缸驱动，液压油缸（5）驱动混凝土泵活塞（4）做往复运动以完成混凝土的泵送。泵送系统如图 8.3.9 所示。

当混凝土泵活塞（4）向后运动，将混凝吸入混凝土泵缸（3）中。当混凝泵缸活塞（4）向前运动，将缸内混凝土推送出去，混凝土通过 S-摆管阀（2）、弯管（1）将混凝土送入输送管，完成一个工作循环。两个泵缸的连续交替运动保证了泵送的连续性。

抽吸行程：混凝土泵活塞（4）在泵送行程中间时，停止向前泵送而开始向后抽吸，此时 S-摆管阀（2）位置不变，混凝土从输送管路中被抽回料斗。此种转换功能有助于防止堵管。

S-摆管阀是保证泵送混凝土连续工作的关键部件，它出口端与输送管连接，进口端在两个混凝土泵缸间摆动。当混凝土泵缸吸料时，S-摆管阀让开吸料的泵缸口，同正在出料的泵缸口对接。S-摆管阀的左右摆动，保证了混凝土的连续输送。

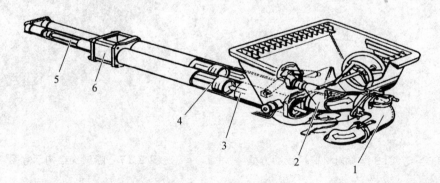

图 8.3.9　泵送系统

1—弯管；2—S-摆管阀；3—混凝土泵缸；4—混凝土泵活塞；5—液压油缸；6—冷却水箱

S-摆管阀的基本结构如图 8.3.10 所示。阀体 7 形状呈 S 形，其壁厚也是变化的，磨损大的地方壁厚也大。摇臂轴 C 与摇臂相连，摇臂轴穿过料斗时，有一组密封件起密封作用。图 8.3.10 中所示为一个 Y 形密封圈 5 与一个蕾形密封圈 3，内部充满润滑脂。大部分 S-摆管阀在切割环 13 内有弹性（橡胶）垫层，可对切割环与眼睛板之间的密封起一定的补偿作用。

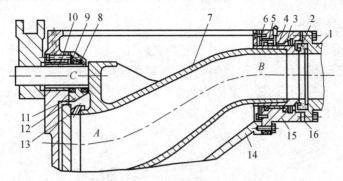

图 8.3.10　S 阀的基本结构

1—连接法兰；2—减磨压环；3、9—蕾形密封圈；4—护帽；5、8—Y 形密封圈；6—密封环；7—阀体；
10—轴套；11—O 形圈；12—密封圈座；13—切割环；14—装料斗；
15—支承座；16—调整垫片

第四节　隧道支护机械

一、锚杆钻机

（一）锚杆钻机分类

锚杆钻机主要用于地下矿山采矿、交通隧道以及其他地下工程的锚杆支护施工，其形式、种类较多，可按结构形式、动力形式、破岩方式对其进行分类。

按结构形式可将锚杆钻机分为单体式钻机、台车式钻机和机载式钻机。台车式钻机一般采用履带或轮式底盘，其上可安装 1 到 4 台钻机。机载式钻机是将钻机安装在隧道掘进机等设备上。

按动力形式可将锚杆钻机分为电动、液压和气动 3 类。电动锚杆钻机一般由专用防爆电机驱动实现回转钻孔，不需要二次能量转换，能耗少，效率高，但受到电机重量影响，功率一般较小。气动锚杆钻机以高压气体为动力，在单体式钻机中应用较多，钻孔速度较快，特别适合中硬岩的钻孔，重量轻，操作简单，但噪声大、粉尘大，工作环境艰苦，对工人身心健康影响较大，在风压低时会影响钻孔效率。液压锚杆钻机由泵站输出的液压油提供动力，带动液压动力头旋转或冲击，噪声小，钻孔速度快，与台车结合，可实现锚杆的快速作业。

按破岩方式可分为回转式、冲击式、冲击回转式和回转冲击式 4 种。目前国内外锚杆钻机的破岩方式主要有回转式切削破岩和冲击回转式破岩两种。回转式破岩是采用多刃切削钻头回转切削岩石，在岩石上形成圆形岩孔。回转式破岩必须具备以下条件：① 钻机具有一定的转矩，以克服钻头切削时的阻力矩；② 钻机具有一定的输出转速，带动钻杆、钻头旋转；③ 对钻机要施加一定的轴向推力，即对钻头施加一定的正压力，实现钻头切削的进给。冲击回转式破岩机理是：凿岩钎头在冲击应力波的作用下，以一定的冲击频率将钎头刃面下的局部岩体表面凿碎，钎头做冲击运动的同时做回转运动，使钎头在孔中 360° 范围内凿碎岩石。冲击回转式破岩必须具备以下条件：① 凿岩机具有一定的冲击功及冲击频率；② 凿岩机输出轴在做冲击直线运动的同时能实现 360° 旋转；③ 给凿岩机施加一定的轴向推力。

（二）锚杆台车基本结构与工作原理

锚杆台车基本结构如图 8.4.1 所示，采用铰接式底盘，其可完成钻孔、注浆、由锚杆架上取锚杆并安装捣实等动作。用同样的锚杆机头可灌注树脂和水泥，无须更换任何部件。锚杆架子为回转式，可装 8 根锚杆。支臂为伸缩式结构，伸缩距离 1 200 mm，并可旋转 360°。水泥料灌注系统可灌注树脂和水泥两种锚固剂。

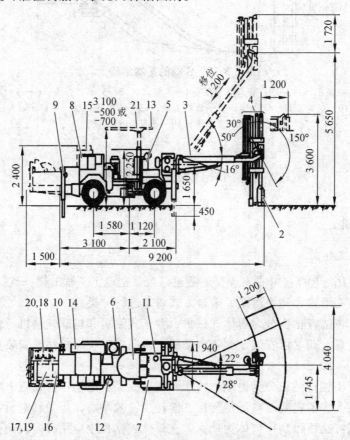

图 8.4.1　锚杆台车基本结构

1—底盘；2—凿岩机；3—支臂；4—供灌浆筒和水泥料用的锚杆机头；5—控制盘；6—动力箱；7—油冷却器；
8—主开关系统；9—液压支腿；10—水减压阀；11—钎尾集中注油器；12—空气净化器；
13—作业照明和行驶照明；14—水压泵；15—钎尾润滑装置；
16—接地保护和过电流保护装置；17—自动电缆卷筒；
18—自动水管卷筒；19—手动电缆卷轮；
20—手动水管卷轮；21—安全棚
注：14～21 为选配件

二、隧道钢拱架安装车

（一）国内外发展状况

在隧道施工中，当围岩软弱破碎严重时，需及时安装钢拱架作为初期支护，以控制围岩变形，防止坍塌。国外发达国家对于隧道机械化施工研究较早，各施工工序都配置了配套的机械化作业线，机械化程度高，设备配套齐全，在软弱围岩的支护作业中，拱架安装设备被广泛使用。国外拱架安装设备主要有以下两种。

1. 专用拱架安装车

这类拱架安装车专门用来进行钢拱架的安装，根据举升钢拱架的机械臂的数目可分为单臂和双臂两种结构，分别如图 8.4.2 和图 8.4.3 所示。单臂式拱架安装车只能进行整体式或已组装好的钢拱架的安装。由于钢拱架挠度较大，且单臂式安装车只有一个抓举点，不易克服拱架挠度，造成就位困难、安装时间增长。双臂式拱架安装车具有两个举升臂，将拱架分为两节进行安装，举升的拱架挠度较小，可解决单臂式安装车所遇到的问题。

图 8.4.2　单臂拱架安装车

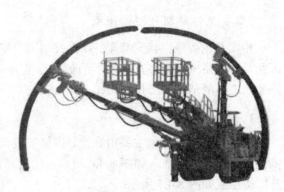

图 8.4.3　双臂拱架安装车

2. 由现有设备改装而来的拱架安装车

这类拱架安装车是对挖掘机、叉装车等现有设备改装而来的，如图 8.4.4 所示。这类拱架安装车结构相对简单，当无需进行拱架安装时，可将其迅速恢复为原来的功能。但这类安装车也存在着与单臂拱架安装车同样的问题。

图 8.4.4　由叉装车改装而来的拱架安装车

目前国内钢拱架安装主要采用人工安装方式，即借助简易台架或装载机依靠人力将拱架安装到位。这种安装方式施工人员多、劳动强度大、作业效率低，并且安装质量不高、施工危险性较大。随着国内人力成本的上涨以及隧道快速施工的要求，拱架安装设备的研制已得到相关单位的重视。如图 8.4.5 所示为中铁隧道集团利用挖掘机改装开发了拱架安装车，已在三都隧道和高田头隧道进行了型钢拱架和格栅拱架的安装试验。

图 8.4.5　由挖掘机改装而来的拱架安装车

（二）工作原理与结构组成

相比其他类型拱架安装车，双臂式钢拱架安装车具有安装就位容易、安装速度快等优点，因此双臂式是拱架安装车的发展趋势，也是国产化研究的主要对象。因此这里只介绍双臂钢拱架安装车的结构和工作原理。

1．拱架安装车结构组成

双臂式拱架安装车主要由底盘、拱架安装机械手、工作平台、平台举升臂以及液压系统、电控系统等部分组成，如图 8.4.6 所示。滑台可沿轨道前后移动，安装机械手铰接于滑台上，其结构组成如图 8.4.7 所示。

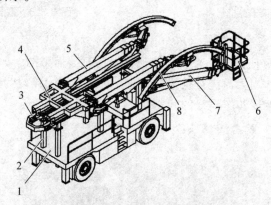

图 8.4.6　拱架安装车主要组成示意图

1—底盘；2—轨道支承；3—轨道；4—滑台；5—安装机械手；
6—工作平台；7—平台举升臂；8—钢拱架

在图 8.4.7 中建立坐标系，沿拱架安装机械手伸缩臂伸缩方向建立 x 轴，基座 2 转动轴线为 z 轴。为完成拱架的举升和姿态调整，机械手能够实现以下自由度的动作：伸缩臂的伸缩、俯仰和绕 z 轴的摆动；小臂 16 保持水平、绕 z 轴的左右摆动；夹持器 6 绕 y 轴的摆动、绕 z 轴的摆动以及沿 y 轴的夹紧。采用静液压调平方式实现小臂的自动调平。随动油缸 12 和平衡油缸 9 的结构尺寸完全相同，它们的有杆腔和无杆腔分别相连，使得油缸 12 伸长（缩短）的长度与油缸 9 缩短（伸长）的长度相等。当基臂 3 举升时，随动油缸 12 伸长，$\angle BAC$ 增大，平衡油缸 9 缩短相同距离，$\angle DEF$ 减小，合理设计 $\triangle CAB$ 和 $\triangle FED$ 的边长，可使 $\angle DEF$ 减小的角度约等于 $\angle BAC$ 增大的角度，实现小臂的水平调节。

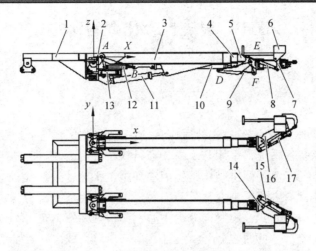

图 8.4.7　拱架安装机械手结构示意图

1—滑台；2—基座；3—基臂；4—第一节伸缩臂；5—第二节伸缩臂；6—夹持器；7—夹持器与小臂连接件；
8—夹持器俯仰油缸；9—平衡油缸；10—第一节伸缩臂油缸；11—基臂变幅油缸；12—随动油缸；
13—基臂摆动油缸；14—伸缩臂与小臂连接件；15—小臂摆动油缸；
16—小臂；17—夹持器摆动油缸

2．作业流程

（1）抓取并运输钢拱架。拱架安装车利用安装机械手抓取钢拱架并运输到安装位置，抓取及运输钢拱架过程中滑台处于轨道靠近车尾一端，如图 8.4.6 所示，这样可增加运输过程中车辆的稳定性。

（2）举升钢拱架并进行姿态调整。到达安装位置后，液压支腿张开，滑台移动到轨道靠近车头一端，安装机械手进行钢拱架的举升和姿态调整，使钢拱架达到安装高度并平行于隧道截面，如图 8.4.8 所示。

（3）安装螺栓。对两个钢拱架进行点动，进一步调整姿态，实现钢拱架在空中的对接，通过工作平台将安装人员提升到一定高度，安装拱架接头端板的连接螺栓。

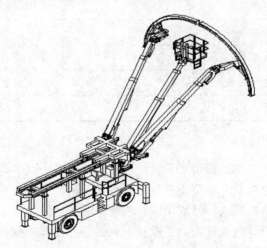

图 8.4.8　处于安装状态的拱架安装车

第五节 混凝土二次模筑衬砌机械

一、仰拱模板台车

（一）功能与组成

铁路隧道仰拱快速作业台车是一种适应目前高速铁路隧道施工进度要求和技术规范条件的实用性仰拱作业装备系统，采用与跳板式通行栈桥配合使用，其工艺简单、移动方便、定位准确、立模快速，实现了仰拱结构整体灌注和施工平行作业，能较好地解决传统仰拱作业与衬砌施工不同步，不协调，进度落后等问题。该系统由五大部分组成，第一部分为跳板式栈桥；第二部分为仰拱模架；第三部分为中心水沟模架；第四部分为端头梁；第五部分为模板系统动力的电动绞车（见图 8.5.1、表 8.5.1）。

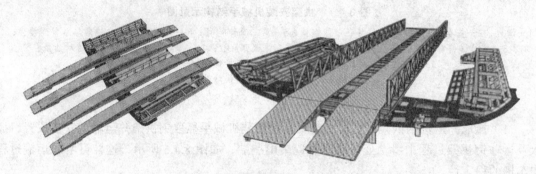

图 8.5.1 仰拱模板台车结构形式

表 8.5.1 仰拱模板台车主要部件

序号	名称	数量	部件	约重/kg
1	端头梁	1	组成部件	3 275
2	模板支架	2	组成部件	1 114
3	分段仰拱模板	2	组成部件	5 318
4	水沟模板	1	组成部件	1 930
5	牵引走行系统	1	组成部件	460
6	通行栈桥	4	组合部件	38 000

（二）台车各部分的设计

（1）仰拱模架。因仰拱中部弧形半径大，坡度比较平缓，可不设模板。混凝土通过自然摊铺的方法从中间向两边浇筑，混凝土浇至仰拱模板下沿时，混凝土改由仰拱两侧的顶部入模，使仰拱混凝土一次浇筑完成。经现场试验证明：混凝土坍落度在：120～140 mm 的情况下，从仰拱与二衬边墙设计施工缝处向下设置 3.0 m 长的弧形模板，即可很好地满足仰拱混凝土的施工要求（见图 8.5.2）。

仰拱模架设计为左右两幅，分别由刚性骨架和模板组成（不被填充掩埋的部分），主要作用是固定、存放和移动模板，以及安设走行装置绞车，传递动力。模板采用大块组合钢模，每幅3块，模板间用枢纽连接，以翻折方式安装和拆除。每块长6 m，宽0.8~1.2 m，用10 cm槽钢做加强肋，使模板具有足够的刚度，仅通过销钉固定模板两端就可完成模板固定，以简化模板加固措施。

（2）中心沟模架。中心沟模架采用模架、模板一体式设计，即用20 cm工字钢为模架，在模架上有6 mm钢板作曲板和底板（见图8.5.3）。

图 8.5.2　仰拱模板示意图　　　　　　　图 8.5.3　中心水沟模架图

（3）端头梁。根据仰拱和填充混凝土的结构尺寸设计端头梁，以满足端头就位后，仰拱模架、中心沟排架就位的要求。梁底为弧形，与仰拱中埋式止水带位置一致，用于固定中埋式止水带。梁上边缘与填充混凝土面标高一致，可控制填充混凝土浇筑标高。在端头梁两端设立仰拱模架靠柱，定位仰拱模架。为适应隧底开挖清理后的地形情况，共设置8根可自由伸缩的支柱，梁部采用2 cm工字钢制作，设计承载60 t。

（4）栈桥。考虑洞内施工中设备配套情况，每幅栈桥采用两片分离式，每片重约10 t，使一台挖机可完成栈桥的移动。为保持在仰拱混凝土施工时，洞内交通畅通，由4片梁组成两幅栈桥形成双车道。栈桥长19 m，单片宽1.2 m。在仰拱施工中，两端支撑长度各2.5 m，有效工作长度约13 m。其中，端头梁宽度1 m，有效工作面长约12 m，平均分为两个仰拱作业面。栈桥设计为双层结构，上层主要采用20 cm工字钢，做成弧形，使桥面成为拱桥，下层用36 cm工字钢制作，上下两层之间每隔1 m左右。设一道联系横梁，使下层主梁受力荷载符合均布荷载模型，加强结构整体性和承载能。

（5）走行设备。为使栈桥能够作为快速施工设备的吊梁，利用栈桥每片梁两边工字钢翼板作为轨道，配备一个轨道吊车，使之吊起端头梁，在绞车的拉动下，可以拉着仰拱模架、中心沟模架一起移动到下一工作面。轨道车采用20 cm槽钢作为梁，每侧各设两个滑轮与栈桥的底层工字钢翼板咬合，确保走行顺畅。

（6）轨道吊车的吊运和卸货定位。吊运：因端头梁有可以伸缩的支柱，所以，把端头梁用拉杆与吊车连接拉紧后，收缩端头梁的支柱，就起吊了。仰拱模架、中心沟模架一端在已施工的填充面上，安设轮子可滑行。另一端与端头梁连接，在绞车的拉动下使整体向前移动。

卸载定位：模架移动到设计里程后，需要上下调整标高，左右调整平面位置。这时在栈桥上挂设手动葫芦，提升端头梁，轨道车松动拉杆就卸载了。通过手动葫芦先上下调整端头梁至设计标高，横向再用千斤顶左右调整端头梁设计平面位置，然后放下端头梁的支柱完成定位。

（三）台车主要特点

（1）工艺简单，移动方便，定位准确，立模快速，平行作业，其灵活性好。

（2）仰拱结构整体灌注成型，确保工程质量。

（3）系统设计合理，简易可行，适应性好，实用性强。

（4）施工组织，设备配套容易，满足快速、高效施工要求。

（5）使用操作便利，工作稳定、安全。

（6）模块化设计，通用性好，其制作精良，质量可靠，成本低。

（四）台车主要技术参数和要求

台车主要技术参数和要求如表 8.5.2 所示。

表 8.5.2　台车主要技术参数及要求

序号	名称	数量	备注
1	每循环长度	6	m
2	模筑周期	1~2	个/天
3	栈桥数量	2（双线 4 梁）	套
4	栈桥长度	19	m
5	配套功率	7.5×2	kW
6	模架最大外形尺寸	9×12.6×2.6	m
7	立、收模方式	螺旋及葫芦操作	
8	走行方式	牵引拖曳/轨行式	选配

（五）应用效果

（1）施工循环时间大大缩短。双线铁路隧道，以 6 m 为一循环，传统仰拱施工需要 58 h 左右，而采用该系统只需 19 h 左右。

（2）施工成本大幅降低。比传统仰拱施工，仅模板安装费用每米节约成本百元人民币以上。

（3）工程质量明显提高。系统采用端头梁定位固定，模架刚度好，整体模板，整体灌注，确保工程质量，使仰拱砼达到了内实外美的效果。

（4）施工速度快。该系统工艺简单，移动方便，立模快速，整体灌注，平行作业，同步协调，互不干扰，仰拱施工进度每月可达 200 m 以上。

（5）优化隧道内施工组织，利于标准化作业和安全文明施工。

二、全断面钢模板衬砌台车

目前所用的各种模板台车，结构形式大致相同，仅在模板形状及局部结构上有所区别。模板台车实际上是钢结构台车与模板通过液压缸、螺旋千斤顶连接而构成。按衬砌作业的力式不同，可分为平移式和穿行式。平移式的台车与模板是不可分离的，一次浇注混凝土后需等其具有一定强度后，才能脱模前移，开始下一循环；穿行式备有两套模板，台车与钢模板之间的连接可以拆卸，浇注混凝土后台车即脱离模板，混凝土由模板拱形结构独立支承，台车后移将后一段已凝固混凝土的模板连接，并拆模、收拢，从前面的模板下穿行通过，到新的衬砌地段作业。

（一）主要要求

隧道模注衬砌作业中推广混凝土泵送技术后，采用模板台车可以极大地提高衬砌速度及衬砌质量，并能减少模板的损耗及模板拼装时间，降低了劳动强度。

全断面钢模板衬砌台车一般应符合以下要求，其结构如图 8.5.4 所示。

（1）模板支撑桁架门下净空应满足隧道衬砌前方施工所需大型设备通行要求；桁架各层平台的高度要满足混凝土施工要求，利于工人进行安管、混凝土捣固等施工作业；桁架杆件荷载计算按所承受荷载最大值的 1.5 倍考虑。

（2）台车整体模板板块由面板、支撑骨架、铰接接头、作业窗等组成，当衬砌断面较大，所承受荷载较大时，支撑骨架应制成桁架结构，并尽量减少板块接缝数量。

为保证衬砌净空，模板外径按设计轮廓线扩大 5 cm 考虑；模板表面的平整度、光洁度应满足衬砌混凝土外观质量要求；模板制作应有足够的强度和刚度，通常钢面板厚度不得小于 8 mm。

作业窗布置应合理、美观，起拱线、拱肩、拱顶位置均应设作业窗，以方便衬砌混凝土浇注，保证振捣质量。

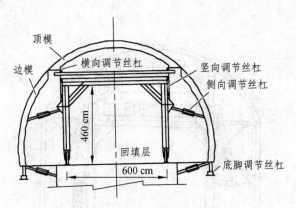

图 8.5.4　整体钢模台车结构示意图

（3）衬砌台车长度应和隧道平面线形、进度指标、施工能力等相适应。直线隧道衬砌台车长度宜为 10~12 m，曲线隧道且半径较小时、长度宜为 6~11 m。

（4）台车模板的液压支顶、收缩系统应布置合理，满足衬砌施工需要。

（5）衬砌台车应满足自动行走要求，并有闭锁装置，保证定位准确。

（二）主要技术性能及参数

表 8.5.3 所列为几种全断面钢模板衬砌台车的主要技术性能及参数。

表 8.5.3　模板台车技术性能参数

项　目	单位	参　数		
		佐贺	岐埠 GKK	SMT-12
适用断面	mm	R5540、R5510、R7390 组合成的曲拱断面	R4390、R5590、R5450 组合成的曲拱断面	专隧 0016、专隧 0025 之规定断面
模板长度	m	12	12	12
线路形式		直线	直线	直径、半径≥600 m 的曲线
作业方式		平移式	平移式	穿行式
轨　距	mm	6 000	5 700	5 100
车　速	m/min	6.5	8	30～40
总　重	t		96.1	90/130
下净空（宽×高）	m	4.5×4.8	4.5×4.8	4.15×4.8
模板收拢方式		铰接	铰接	铰接
生产厂家		日本佐贺	日本岐埠	铁道建筑总公司科研所

（三）主要结构及工作原理

以 SMT-12 型模板台车为例，SMT-12 型模板台车是穿行式，由钢模板、台车、液压动力系统组成，如图 8.5.5 所示。

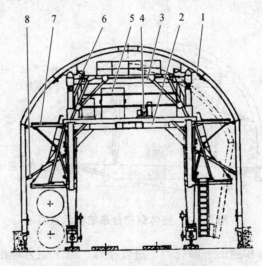

图 8.5.5　SMT-12 型模板台车

1—模板；2—横梁；3—托梁；4—卷扬机；5—电气柜；6—垂直油缸；
7—侧向油缸；8—侧向油缸机械锁

（1）模板部分。长 12 m 的模板由 6 个 2 m 长的拼接段组成，每段包括翻转块、边墙、拱脚、拱腰、加宽块等，各块模板间用螺栓对接。边墙模板分为直边墙和曲边墙，可在洞内更换。边墙模板底部设有基脚千斤顶和牛腿。为便于立模、拆模，每个拼接段均设有收拢铰，而且其中 4 个拼接段设有连接铰。

为适用于半径 > 600 m 的曲线隧道，采用变更拱顶加宽块类型，最大加宽值 90 cm，最小加宽值 10 cm。此时，由于模板呈折线连接，所以两套模板的连接处外侧会产生缝隙，其大小随曲线半径的大小而变。故在钢模板的后端沿纵向设置了伸缩杆，在伸缩杆上铺放接缝模板。

墙头板一块，设在每套模板的前进端，用 U 形螺栓固定于拱架上。模板上共开有 575 × 580 mm 的作业窗 60 个。振捣方式为插入式。

穿行作业时，两套模板的最小间隙为 10 cm。

（2）台车部分。台车车体为刚架和桁架组合结构，由走行机构、端门架、中门架、纵梁桁架及托架等组成。门架为箱形截面，其余均为型钢组合构件。台车两端刚架间距为 9 m（即前、后轮对的轴距）。由于台车的下净空较高，所以只设一层平台，平台上设有托架及液压动力系统，施工时可将托架作为一个升降平台。托架可由螺旋千斤顶作横向调整，以改变模板中心位置。平台两侧分两层没有可翻转的脚手板。台车前端设 0.5 t 电动铰车 1 台，并设有人梯。

走行机构有 4 对车轮，前端的两轮对为驱动轮，左右分别用 JZ2-41-8 型电机通过蜗轮蜗杆和链驱动。

（3）液压系统。液压系统共有 4 个垂直油缸、8 个侧向油缸完成立模、拆模作业。液压缸参数如表 8.5.4 所示。

表 8.5.4 液压缸参数

名 称	数 目	外 径	内 径	最大推力	上升速度	最大拉力	行 程
垂直油缸	4	152 mm	125 mm	17.18 t	0.4 m/min		950 mm
侧向油缸	8	133 mm	110 mm		0.3 m/min	8.94 t	850 mm
系统工作压力	16 MPa						
系统最大压力	20 MPa						
系统流量	26.4 L/min						

第六节 悬臂掘进机

一、概 述

（一）悬臂掘进机的分类

悬臂式掘进机按截割头的布置方式，可分纵轴式和横轴式两种；按掘进对象，可分为煤巷悬臂式掘进机、煤-岩巷悬臂式掘进机和全岩巷悬臂式掘进机 3 种；按机器的驱动形式，可分为电力驱动（各机构均为电动机驱动）和电-液驱动两种。悬臂掘进机的分类情况如图 8.6.1 所示。

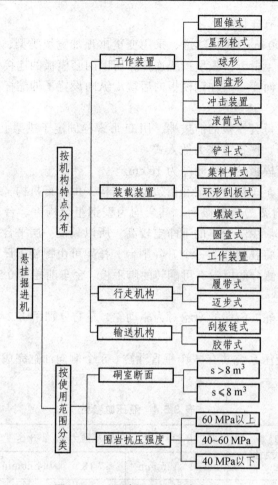

图 8.6.1 悬臂掘进机的分类图

（二）悬臂掘进机的用途与特点

悬臂掘进机是一种有效的开挖机械，它集开挖、装载功能于一身，可用于采矿、公路隧道、铁路隧道、水洞、矿用巷道及其他地下洞室的开挖施工。与钻爆法相比，用悬臂掘进机开挖不会引起围岩松动，适用于城市和矿区地下工程施工。近些年来，随着掘进机在土木工程和采矿工程中的大量应用，目前掘进机已经成为各产煤国不可缺少的主要生产设备之一，而且各国制造、推广使用的煤、岩和煤-岩巷掘进机多以悬臂式部分断面掘进机（boom-type roadheader）为主。实践证明悬臂式部分断面掘进机有以下主要优点：

（1）由于其工作机构相对来说比较灵活，可在机器的允许范围内随意摆动，截割头能够截割出任意形状不同断面的巷道，可以分别截割半煤岩巷道的煤和岩石，对于采掘标准巷道断面的规格形状和煤岩赋存情况的适应能力比较好，所掘进巷道断面尺寸形状的变化范围较宽。

（2）工作效率高，质量好。如果掘进后再安排支护作业，这种掘进机就可以实现连续掘进，而且能够同时完成破煤岩、运输等工作，效率非常高，且掘进机是机械破岩，断面形状易于掌控，所以其掘进的煤岩巷道周围煤岩壁完整光滑，超挖掘量少，减少了支护量，这与钻爆法相比,掘进速度可提高 1～1.5 倍,劳动效率提高 1～2 倍,巷道成本可降低 30%～50%,可以有效地避免爆破作业时,巷道周围煤岩因爆破振动而破坏的现象发生。

（3）结构简洁紧凑、技术成熟先进。目前悬臂式掘进机多采用耙装式装载机构和履带式行走机构。其装载能力大、行动灵活、工作可靠,对环境的适应能力强,再加上悬臂式工作机构的外形尺寸比掘进断面小,有充足的空间用于维修和更换截齿,对于在机器附近或靠近掘进工作面安装临时液压自移支架或进行人工支护也非常方便,空顶面积小,安全生产性能高,从而使其使用范围得到了大大的推广。

（4）经济安全、成本低、效率高,可以连续工作,有着非常好的经济效益和社会效益。工人的劳动条件和劳动强度也得到大大的改善,体力劳动减少了 0.5～1 倍（与钻爆法相比）。同全断面掘进机（TBM）相比,掘进同样尺寸的巷道断面,悬臂式掘进机的基本投资费用仅仅相当于全断面掘进机（TBM）的 15%,尤其是在中短巷道的施工中,这一优势更加明显,因此对于绝大多数的矿山井下巷道掘进,采用悬臂式部分断面掘进机是非常划算的。同时避免了因爆破钻进而造成的人员伤亡,事故率大大减少。

二、主要结构及工作原理

根据截割头与悬臂的布置方式的不同,悬臂式掘进机可以分为两类:横轴式掘进机和纵轴式掘进机,它们的工作原理如图 8.6.2 所示。

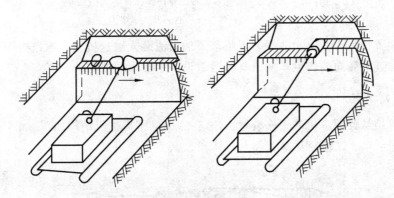

图 8.6.2 横轴式和纵轴式悬臂掘进机工作原理图

横轴式悬臂掘进机的截割头旋转轴与悬臂轴线垂直布置,其结构如图 8.6.3 所示,这种类型的掘进机工作时截割出的巷道侧壁一般都是不平整的,其截割头运动轨迹为空间螺旋线,截割时在巷道两侧壁上会留下与截割头形状相对应的台阶,所以必须加设专门的附属设备,或者通过控制行走机构,使截割悬臂的伸出长度可以调节,截割出的巷道侧壁才能保持平整。纵轴式悬臂掘进机的截割头旋转轴与悬臂轴线同轴布置,截割头运动轨迹近似于平面摆线。因此,当截割头的形状和方位与巷道断面形状相适应时,如图 8.6.4 所示,就能够截割出平整光滑的巷道。

悬臂掘进机通常由切割装置、装载装置、输送机构、行走机构、液压系统和电力系统几部分组成,如图 8.6.5 所示。

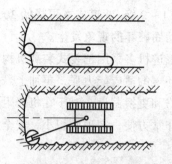
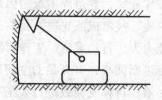

图 8.6.3　横轴式掘进机所掘巷道侧壁图　　　图 8.6.4　纵轴式掘进机所掘巷道侧壁图

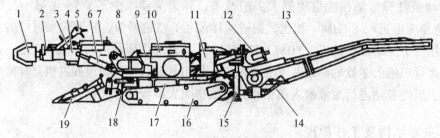

图 8.6.5　悬臂式煤巷掘进机

1—截割头；2—工作臂；3—减速器；4—伸缩导轨；5—托梁器；6—升降油缸；7—伸缩油缸；8—回转座；
9—回转油缸；10—液压泵站；11—操纵台；12—刮板输送机；13—转载机；
14—升降油缸；15—起重油缸；16—履带行走机构；17—主机架；
18—铲板升降油缸；19—扒爪装载机

当切割装置切削岩石时，装载装置将落下的石渣装入输送机构，输送机构又将石渣送到紧跟在悬臂掘进机后面的转载车辆或其他运输设备中运出洞外。

（一）切割装置

切割装置是悬臂掘进机的工作装置，EBZ-125XK 型掘进机结构如图 8.6.6 所示，主要由截割电机、叉形架、二级行星减速器、悬臂段、截割头等组成。

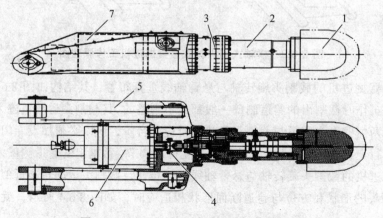

图 8.6.6　EBZ-125XK 型掘进机截割机构

1—截割头；2—悬臂段；3—二级行星减速器；4—齿轮联轴节；
5—叉形架；6—截割电机；7—电机护板

截割部为二级行星齿轮传动，由 125 kW 的水冷电动机输入动力，经齿轮联轴节传至二级行星减速器，经悬臂段，将动力传给截割头，从而达到破碎煤岩的目的。

整个截割部通过一个叉形框架、两个销轴铰接于回转台上。借助安装于截割部和回转台之间的两个升降油缸，以及安装于回转台与机架之间的两个回转油缸，来实现整个截割部的升、降和回转运动，由此截割出任意形状的断面。

（二）装载机构

装载机构由电动机（或液压马达）、传动齿轮箱、安全联轴器、集料装置、铲板等组成。铲板作为基体倾斜安装在主机架前端，后部与中间输送机连接，前端与巷道底板相接触，靠液压缸推动可做上下摆动。为增加装载宽度，通常铲板装有左右副铲板，有的则借助一个水平液压缸推动铲装板左右摆动。铲板上装有集料装置，由铲板下面的传动装置带动。当机器截割煤岩时，应使铲板前端紧贴底板，以增加机器的截割稳定性。

悬臂式掘进机采用的装载机构形式有扒爪式、刮板式和圆盘星轮式 3 种，如图 8.6.7 所示。

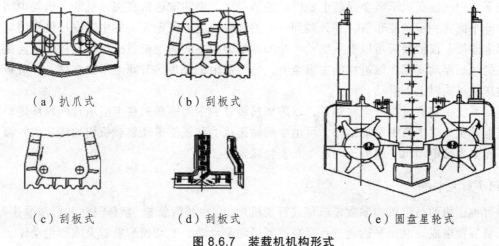

（a）扒爪式　　　（b）刮板式

（c）刮板式　　　（d）刮板式　　　（e）圆盘星轮式

图 8.6.7　装载机机构形式

（1）刮板式装载机构可形成封闭运动，装载宽度大，但机构复杂，装载效果差，应用较少。

（2）扒爪式装载机构由偏心盘带动扒爪运动，两扒爪相位差为 180°，扒爪尖的运动轨迹为腰形封闭曲线，可将煤岩准确运至中间刮板输送机，生产率高，结构简单，工作可靠，应用较多。

（3）圆盘星轮式装载机构的星轮直接装在传动齿轮箱输出轴上，靠星轮旋轮将煤（岩）扒入中间输送机。工作平稳，动载荷小，装载效果好，使用寿命长，多用于中型和重型掘进机。

（三）输送机构

输送机构的作用是将装载装置收集的石渣输送到紧跟在悬臂掘进机后面的转载车辆或其他运输设备中运出洞外。

刮板输送机结构如图 8.6.8 所示，主要由机前部、机后部、驱动装置、边双链刮板、张紧装置和脱链器等（改向轮组装在装载部上）组成。刮板输送机位于机器中部，前端与主机架和铲板铰接，后部托在机架上。机架在该处设有可拆装的垫块，根据需要，刮板输送机后部可垫高，增加刮板输送机的卸载高度。刮板输送机采用低速大扭矩液压马达直接驱动，刮板链条的张紧是通过在输送机尾部的张紧油缸来实现的。

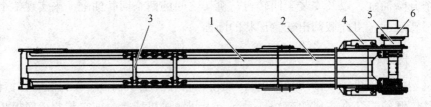

图 8.6.8　刮板输送机

1—机前部；2—机后部；3—边双链刮板；4—张紧装置；5—驱动装置；6—液压马达

中间输送机由电动机（或液压马达）、传动齿轮箱、安全联轴器、驱动轴、改向轴、张紧装置、链条、刮板和机槽等组成。在集中驱动，而且电动机或液压马达安装在装载机构上的情况下，中间输送机不需要再装电动机或液压马达。中间输送机在掘进机的主机架中间通过，与地平面成一定角度布置，并升高到一定的卸载高度。固定安装的中间输送机机槽与主机架固定连接，仅铲装板可以上下摆动。非固定安装的中间输送机机槽与铲装板固定连接，输送机的一端浮动支撑在掘进机的主机架上，另一端由铲装板的升降液压缸支撑，铲装板与中间输送机可同时上下摆动。

传动系统中装有过载安全联轴器，以防集料装置和中间输送机被卡阻堵转而损坏传动件或烧毁电动机。对于集中驱动结构，可由中间输送机的刮板链带动装载机构的传动齿轮箱工作，不需要再装电动机（或液压马达）和安全联轴器。

（四）行走机构

悬臂掘进机的行走机构多数是履带式行走机构，它由履带装置、液压马达和行星减速器、履带张紧装置组成。液压马达通过行星减速器带动驱动轮，驱动履带装置完成行走动作。

（五）液压系统

液压系统在掘进机上非常重要，大多数机型除截割头旋转单独由一个截割电机驱动外，其余动作都是靠液压来实现的。这种掘进机定义为"全液压掘进机"。

液压系统主要由油泵站、液压操纵台、油马达、油缸及油管等组成。油泵站由 90 kW 电动机（1 470 r/min）、分动箱、齿轮泵、油箱、吸油过滤器、回油过滤器、冷却器及空气过滤器等组成。主要实现以下功能：机器行走；截割头的上、下、左、右移动及伸缩；星轮的转动；第一运输机的驱动；铲板的升降；后支承部的升降；提高锚杆钻机接口等功能。

（六）电力系统

电力系统由马达、控制装置和电源设备 3 部分组成。控制装置包括：开关柜、控制台、信号箱、变压器柜、紧急制动开关、按钮开关、警报器等。这些部分组装在一起，形成一个配电柜。电源设备包括变压器和动力电缆，动力电缆分为拖动电缆和固定电缆两部分。电源设备由使用单位自行配套使用。

电力系统向掘进机提供动力，驱动掘进机上的所有电动机，同时也对照明、故障显示、瓦斯报警等进行控制，并可实现电气保护。

思考题与习题

1. 隧道施工主要有哪些方法？选用时主要考虑哪些因素？
2. 简述土压平衡盾构机的组成及其工作原理。
3. 简述盾尾密封的作用。
4. 简述盾构和 TBM 掘进机构造和作业原理有何不同。
5. 简述液压凿岩机作业原理。
6. 简述混凝土喷射机械的用途和分类。
7. 钻爆法施工机械有哪些？各有何用途？

第九章 桥梁工程机械

第一节 架桥机

一、架桥机分类

（一）按用途分类

900 t 双线箱梁架桥机；450 t、550 t、600 t 单线箱梁架桥机。

（二）按导梁有无与导梁用途分类

① 无导梁式。② 有承架桥机半自重过孔的导梁式。顾名思义，此型架桥机有一略长于一跨、承重不大（1/2 自重）的导梁，却带来过孔安全稳定的优良性能，从而成了 900 t 级的主流架桥机，JQ900C 型。③ 导梁承箱梁重式架桥机。由运梁车上的前后移梁小车驮梁上导梁到梁位上方，定点起吊箱梁，退出二移梁小车，吊起导梁前移让出桥位，落箱梁到位。④ 下导梁承梁重（900 t）加车重（230～280 t）式架桥机。运梁车驮着箱梁直接驶上导梁，没有导梁承箱梁重式架桥机过渡的困难，但导梁则要增加 25%～30% 的匀布载荷（车重），而且，后腿要用两套腿（C 形供梁支腿和吊梁承重支腿）代替 O 形腿。

（三）按起吊方式分类

（1）前吊梁小车先起吊前吊点在主梁上移行、再起吊后吊点、再移行到位落梁式。

（2）利用导梁运梁到位，定点起吊，退出移梁小车或运梁车，吊起导梁前移让出梁位落梁式。

部分架桥机的主要性能指标如表 9.1.1 所示。

表 9.1.1 部分架桥机的主要性能

项 目	型 号				
	JQ900	JQ600/32D	DF450/32	DF900D	SPJ900/32
起吊能力/t	900	600	450	900	900
梁体吊装方式	四点起吊三点平衡				
作业最大坡度/%	1.2	1.2	1.2	2	1.2
架桥机过孔运行速度/（m/min）	3	3	—	3	3

续表

项　目	型　号				
	JQ900	JQ600/32D	DF450/32	DF900D	SPJ900/32
导梁纵移速度	1.2 m/min	—	—	5.0 mm/s	—
最小工作曲线半径/m	3 000	3 000	1 500	—	5 000
外形尺寸（不解体）/m	53×16.68×12	58×10×13.2	70×8.9×9	59.3×17.1×12.5	67.5×18.2×12.2
整机质量/t	468	471	336	515	520
架梁方式	单跨简支、定点提梁、微调就位	—	—	—	—
制造单位	中铁大桥局		郑州大方	郑州大方	中铁武桥重工

二、SPJ900/32 型架桥机

本节主要介绍 SPJ900/32 型架桥机，其总体结构如图 9.1.1 所示。专为架设 900 t 级 32 预制混凝土箱梁而研制的架桥机。

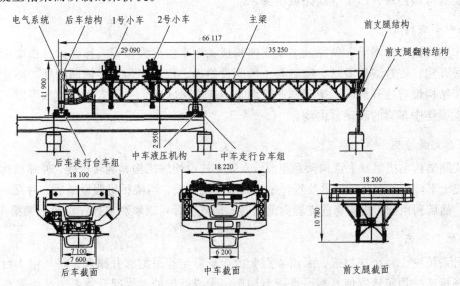

图 9.1.1　SPJ900/32 型架桥机总体结构

架桥机额定起重能力 900 t，采用前中后三点支承式，通过吊具起升，台车走行，起重小车横移定位、落梁，整机过孔等动作完成架梁工作，全部动作的完成均在司机室内由司机控制。

架桥机工作分为两种，一种为空载过孔走行，另一种为重载架梁。

空载过孔时，两台车梁后移至后门柱，前支腿收起，司机室控制 4 组台车组在预先铺好的轨道向前移动，使前支腿港在下一个桥墩处，单独控制前支腿伸缩油缸、升起前支腿，用 4 个钢销定位。调节中车液压缸使中车台车的车轮离开轨道，在台车和轨道之间加垫板，使整个中车受力经过台车架和液压缸传到轨道上。

重载架梁时，用运梁车将混凝土梁送入后门柱和中车结构之间，先起用 1 台车梁将混凝土梁一端吊起，跨过中车，移动到一定位置时，起用 2 台车梁，吊起混凝土梁的另一端，此时两台车梁联动，将整个混凝土梁运至架梁位置，通过台车梁上横移小车调整落梁的精度，使混凝土梁落在指定位置。完成后进行过孔作业，进入下一跨的施工。

（一）SPJ900/32 箱梁架桥机主要组成部分

SPJ900/32 箱梁架桥机主要由电气控制系统、结构部分、机械动作部分、液压系统及走行轨道等部分组成。基本结构由导梁、桁车后支腿、中车、前支腿组成。

1．主　梁

架桥机采用双主梁结构，每组主梁由两片桁架组成，桁高 4.34 m，为三角形再分桁架，桁间上下平联及横联，桁架上弦杆上方安装轨道梁，轨道梁只在导梁节点处与上弦杆接触，这样可以保证起重小车（1 号和 2 号小车）负载走行时，主梁只承受节点荷载。主梁直接座在中车横梁上，与后车结构、前支腿结构通过螺栓相连。

2．后车结构

后车结构采用 Ω 形门架结构，以适应运梁车驮运箱梁进出，在后车结构与后车走行台车组之间设有可调垫块，以适应线路坡度要求。

3．中车结构

中车结构由中车横梁、斜撑及主梁支座构成，中车横梁为鱼腹式悬臂梁，横梁中部纯弯区段腹板开洞，安放液压泵站，横梁与主梁间设斜撑，用以提高主梁侧向刚度，防止主梁侧倾。中车结构设有顶升机构，架梁作业时调整中车支承状态。主梁支座仅设水平限位装置，不限制主梁绕中车梁的转动自由度。

4．前支腿结构

前支腿结构由横梁及平面构架系组成，支腿立柱设伸缩机构和翻转机构，伸缩机构用来调整架桥机上下坡架梁、变跨架梁及悬臂过孔时前支腿高度，当架桥机假设最后一片梁时，先收缩支腿，然后利用翻转机构将前支腿向前翻转，前支腿即可以顺利支撑在桥台上架梁作业。

5．起升系统

起升系统由 2 台小车组成，采用 4 点受力 3 点静定起吊的起升原理，将其中 1 台小车的两个卷扬机通过均衡装置使其两吊点受力均衡，形成静定的 3 点起升体系，从而避免 4 个吊点横向起升差别对箱梁梁体造成附加转矩，保证梁段在吊装过程中平衡、平稳、安全。

6．液压系统

液压系统包括中车液压机构、前支腿液压伸缩及翻转机构、起重小车横移机构。中车和前支腿液压机构可以保证架桥机安全完成架梁准备工作，而小车横移机构的横移精度为 1 mm，可以保证箱梁精确对位。

7．电气系统

电气系统控制架桥机的吊装作业、走行过孔和施工照明，是架桥机架梁作业的操作控制系统。司机控制室内设有监控系统和故障诊断系统、司机可随时监控架桥机运行情况，确保作业安全。

（二）架梁施工

1．架桥机悬臂过孔

一孔梁架设完毕后，必须确保 1、2 号小车后移到位后，才能收前支腿，而且，收前支腿之前，不得松开中车和后车的卡轨器。在收缩前支腿时，两个支腿上液压缸必须同时工作，平行落顶，严禁单缸工作，避免前支腿侧向倾斜。在悬臂走行时，必须时刻注意架桥机走行情况，即将走行到位时，及时降速低速前进，走行到位后，迅速拧紧中车与后车卡轨器，并使其与车架密贴。同时将主机纵走电路的低压断路器断开，以防误操作带来的危害。

2．架桥机就位准备工作

架桥机的主体结构形式采用两孔连续双主梁，打起前支腿，支好中车后，必须保证架桥机前、中、后 3 个支点在一条直线上。由于架梁作业时，中车液压缸不能受力，因此在利用液压缸顶起中车，并在台车架于钢轨间垫好钢板后，切记回收液压缸活塞杆，避免液压缸受力损坏。前支腿支撑处垫石须平整，前支腿复位时必须保证其垂直度，支撑要牢固可靠。

3．喂梁作业

喂梁作业需要注意吊具销轴端部的螺母要拧紧，箱梁起吊及下落过程中吊具要求水平（目测）。施工工艺流程图如图 9.1.2 所示。

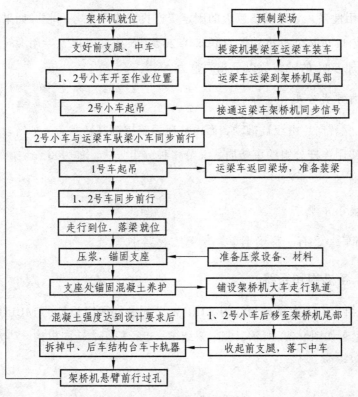

图 9.1.2　施工工艺流程图

第二节　运梁车

一、运梁车的分类

运梁车一般是与架梁机配套使用的，主要作用是向架梁机运送混凝土箱梁，在必要时还可以协助架梁机进行转场。

下面分别从以下几个方面介绍客运专线桥梁施工运梁车的分类。

（一）按用途分类

① 900 t/32 m 双线箱梁运梁车。为主流车型。② 450 t/32 m 运梁车，运行于二并置单线箱梁上为架桥机分左右片供箱梁式，如 DCY450 型、ZST450 型运梁车。③ 550 t/32～600 t/32 m 运梁车，运行于单线箱梁上为架桥机供箱梁式，如 TJ550 型、TJ600 型，北戴河通联为中铁 8 局集团成灌城际铁路 TLC 型运梁车。

（二）按主车架结构分类

① 中置单主梁式；② 上置双主梁式。

用单一运梁车运送混凝土箱梁，运梁车车架承受巨大的纵向弯矩，要求车架有大的箱形断面。因此，目前主要采用中置单主梁式。此结构形式的缺点是主梁还要承受双向弯矩；通用性差，亦即专用性强，导致设备巨大的固定资产投资难于充分回收。如果用上置双主梁则要用 12.00R20 或 11.00R20 标准轮胎双联取代 26.5R25 或 23.5R25 专用大轮胎，以保持车全高不变，同时增加 50% 的轴线数以承相同重力。

（三）按转向方式分类

① 轮架全独立转向。由液缸推动，而由液压系统控制其转角差（如转弯时）或不差（如斜行时）。② 轮架用连杆分组约束转向。又分多种分组方式。如 900 t 运梁车分四组，TJ550 型分六组等。

（四）按移梁小车数

① 无移梁小车；② 有一移梁小车；③ 有二移梁小车。

二、运梁车各机构和系统

本节主要介绍由中铁大桥局与德国 KIROW 公司共同研究设计的 MBEC900 型运梁车。MBEC900 型运梁车如图 9.2.1 所示，由车架结构、走行轮组、转向机构、动力箱、液压系统、电气系统等组成。

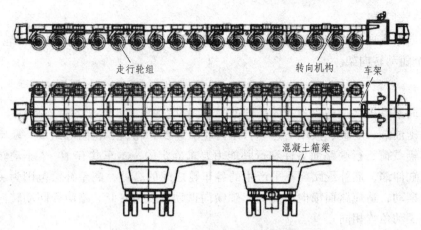

图 9.2.1 MBEC900 型运梁车总体结构

（一）车架结构

运梁车车架结构为中主梁形式，由主梁和横梁组成，主梁置于车架中间，横梁置于主梁两侧。横梁又分为单横梁和双横梁。

主梁为焊接箱型结构，由四个节段组成，从前至后各节段长度划分为 8 760 mm +11 500 mm + 9 200 mm + 9 200 mm，断面尺寸为 1 900 mm × 1 440 mm，各节段之间采用高强度螺栓连接。由于运梁车车身较长，装载混凝土箱梁后，车架主梁会产生竖向挠度，因此主梁预留拼装中垂挠度 100 mm。

全车共有 18 个单横梁、8 个双横梁，单横梁用于安装单个转向架，双横梁用于安装两个转向架载荷，双横梁顶部中间设置混凝土箱梁支座。单横梁和双横梁与主梁均采用高强度螺栓连接。

运梁车车架主结构构料采用钢材为 St52-3（德国钢材），或者 Q345D（中国钢材）。

（二）转向架

全车共有 34 个转向架，每个转向架两个轮胎，轮胎规格为 23.5R25。转向架中包含驱动转向架 10 个、制动转向架 12 个和随动转向架 12 个。转向架布置如图 9.2.2 作所示。

图 9.2.2 转向架布置图

1—平衡油缸串联组示意（颜色相同，即为同一串联组）；2—随动转向架；
3—制动转向架；4—驱动转向架

1．随动转向架

随动转向架主要部件有回转支承、基架、摆动臂、平衡油缸、车轴、轮毂、轮胎等组成，本车有 12 个随动转向架。

2．驱动转向架

驱动转向架是提供走行驱动力的转向架，如图 9.2.3 所示、主要部件有回转支承、基架、摆动臂、平衡油缸、车轴、液压马达、行星齿轮减速器、轮毂、轮胎等组成。驱动转向架数量是根据车辆载荷、行驶路面条件和行驶能力要求确定的，本车共有 10 个驱动转向架。转向架平衡油缸伸缩，能补偿路面不平产生的各车轮之间的高差，高差补偿范围为 ±300 mm。车轴能横向摆动，适应路面横向坡度，车轴横向摆动角度为 ±4°。随动和制动转向架的高差补偿和横向摆动角均相同。

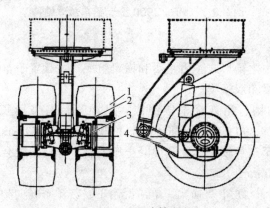

图 9.2.3　驱动转向架

1—轮胎；2—轮毂；3—液压马达及减速器总成；4—摇动臂

3．制动转向架

制动转向架是提供制动力的转向架，如图 9.2.4 所示，主要部件有回转支承、基架、摆动臂、平衡油缸、车轴、制动风缸、制动杆、制动鼓、轮毂、轮胎等组成。制动转向架数量根据车辆制动力要求确定的，本车有 12 个制动转向架。制动器采用空气制动，气压释放，弹簧制动。

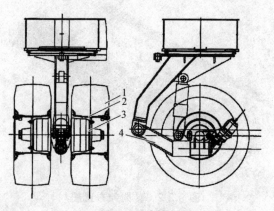

图 9.2.4　制动转向架

1—轮胎；2—轮毂；3—制动鼓；4—摇动臂

4．载荷平衡系统

全车 34 个转向架、每个转向架都有一个平衡油缸．平衡油缸通过分组串联方式、达到两种平衡功能：一是使每个转向架所承受的载荷保持均衡，当运梁车行驶路面不平时，平衡油缸能使车轮随路面高差变化，保持轮组支承的均匀分布，避免局部超载，始终保持各轮组的载荷平衡。二是通过三点支承方式，全部转向架始终保持对车架的均衡支承，保证车架上混凝土箱梁的四个支点始终处于同一平面，从而使所运输的混凝土箱梁始终处于正常支承状态。

各转向架平衡油缸串联方式为：运梁车左侧前 8 个转向架平面油缸和右侧前 8 个转向架平衡油缸轮共 16 个平衡油缸，通过液压油管串联，成为一个车架交点；运梁车左侧后 9 个转向架油缸通过液压油管串联，成为一个支架支点；运梁车右侧后 9 个转向架油缸通过液压油管串联，成为一个车架支点。通过以上对 34 个平衡油缸的分组串联，形成三点支承。

（三）转向机构

MBEC900 运梁车采用全轮独立转向驱动，全车 34 个转向架由各自的转向驱动油缸单独驱动转向。

转向机构如图 9.2.5 所示，转向机构包括转向油缸、回转盘、回转支承、转向角度检测器等，转向时，通过转向油缸的伸缩，驱动回转盘带动转向架转向。本车转向架最大转向角度 ±42°。

由于运梁车车身长而宽，弯道行驶时，要求每组车轮沿转弯中心有不同的转向角度，这样才能保证轮胎的纯滚动，因此，只有每个转向架都能单独转向驱动，才能实现各转向架有不同的转向角度，达到最佳转向效果。本车全轮独立转向系统设定了 6 种转向模式，在每种转向模式下，根据转向操作要求，各转向架的转向角度由控制系统自动控制。

6 种转向模式为：全轮转向、前轮转向（锁后轴）、后轮转向（锁前轴）、对角线转向、全自动导航行驶转向、停车转向（八字形）。转向模式如图 9.2.6 所示。

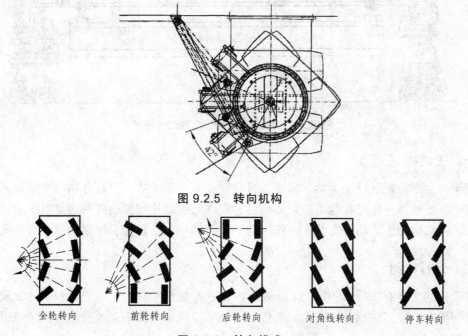

图 9.2.5 转向机构

| 全轮转向 | 前轮转向 | 后轮转向 | 对角线转向 | 停车转向 |

图 9.2.6 转向模式

三、技术特点

MBEC900 型运梁车主要技术特点是：

（1）全液压悬挂系统，保证全部轴线载荷均匀，混凝土箱梁平衡支承。

（2）转向采用全轮独立转向，共有 6 种转向模式，适应各种工况条件下使用。

（3）自动导航驾驶，自动纠偏、报警和停车，具有高的运输功效和对通过桥梁结构的安全保障。

（4）能通过无线遥控驾驶。在架桥机内对位行走时，能就近观察操作。

（5）车身结构简单、质量轻，采用单元模块式，安装拆卸方便，便于工地转移运输。

第三节　提梁机

ML900-43 型轮胎式提梁机由北京万桥兴业机械有限公司和意大利爱登公司（EDEN TECHNOLOGY S. R. L）联合设计制造，用于中铁大桥局京津城际 7 号梁场。该机设计用于梁场内混凝土箱梁的吊运和为运梁车进行装车作业等，能吊运铁路客运专线 20 m、24 m 和 32 m 双线箱梁。轮胎式提梁机的主要特点：

（1）能覆盖整个梁场进行吊运作业。工效高，速度快。

（2）与轮轨式提梁机相比，走行路基相路面不需要特殊的加固。

ML900-43 型轮胎提梁机见图 9.3.1。

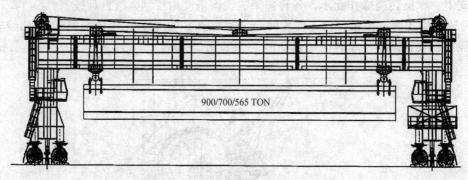

900/700/565 TON

图 9.3.1　ML900-43 型轮胎式提梁机

一、主结构

提梁机主结构包括一个主梁、两个垂直立柱和两个下横梁。立柱分别与主梁和下横梁连接。主梁、立柱和下横梁均匀为箱形结构，它们之间由螺栓连接构成吊远梁机的主结构。各连接法兰经机械加工，箱梁由钢板制作。为了加强结构和稳定性，箱梁内部设有各向筋板。

二、走行轮组

提梁机共安装有 28 个轮组、56 个轮胎。轮轴经强化处理。轮组支架和滚动轴承分别承载纵向与横向负载。轴承上设有密封装置，使轴承受到保护而不受水的侵蚀，轴承通过球形加油嘴润滑。

三、液压系统

液压传动系统的动力传递由 20 组变、定量液压马达与两个变量液压泵组成。系统压力补偿泵可以补偿主回路流量的损失，保持系统压力的稳定。通过变化柴油发动机的供油量可以精确的调整液压系统的开启和停止，系统流量可以通过变量泵上的变量调节装置来实现流量的逐渐减速至停止。

四、制动系统

提梁机有两套制动系统：常规制动，适合正常的传动制动，用来制动液压马达；刹车制动，位于减速器和液压马达之间。

五、转向系统

提梁机前后端各有 14 组轮组。在行驶中需要转向时，所有的轮组将沿提梁机的转向半径转向。为了保证提梁机实现原地 90° 转向，所有轮组都有各自独立的可以实现 90° 转向的双作用的液压缸和连杆机构。本机的转向机构可使每个轮组以不同角度转动，它们的回转轴心在同一条线上。

控制提梁机转向的操作杆在驾驶室里。操作杆控制液压系统的分配器，减压阀控制液压系统的最大压力。

六、提升装置

提升装置包括吊具和提梁小车。共有 4 个液压卷扬机。每个液压卷扬机都有一个带槽卷筒，钢丝绳在卷筒上可以平整缠绕。卷筒轴上装有轴承、卷筒、减速器和液压马达。多片盘式制动器位于减速器和液压马达之间，为常闭制动器。当绞车到达其行程终点时，旋转控制器会使卷筒停止；卷筒的转速如超过限定值，卷扬机的紧急制动装置将立即起作用，使卷筒停止转动。在发生紧急情况时，按下红色的紧急停止按钮同样会使紧急制动装置实现卷筒的制动。

卷扬机安装在主梁的上部，并设有平台，便于它的维修和保养。

卷扬机的钢丝绳缠绕在吊梁小车的定滑轮和吊具上的动滑轮之间。每个滑轮都装有向心球轴承。当提升负载的时候，动滑轮协同吊具可将负载提升到适当的位置。提升系统共有 3 根钢丝绳，其中有两根钢丝绳分别缠绕在两个卷筒上。另外两个卷筒上缠绕同一根钢丝绳，实现三吊点方式吊梁。

卷扬机液压系统、每个绞车都设有独立的压力分配单元控制阀组。驾驶室的操纵杆和按钮可以控制绞车。4 台卷扬机可以分别动作或同步动作。当卷扬机到达其行程终点或操作者松开操纵杆时，控制执行元件的电磁阀将会处于停止供油状态，此时制动系统对卷扬机实施制动。如果由于油管爆裂导致整个系统压力下降，制动系统马上会自动制动以阻止负载的继续坠落。操纵杆上的按钮开关是很灵敏的，但即使由于某些原因，操纵杆被偶然的碰到了也不会出现问题。在低载荷运行时，节流阀将会控制液压马达的输入流量。节流阀的使用避免了由于液压马达转速过高而导致的液压绞车超负荷运转。

七、动力机组

主发动机、液压泵、提升装置控制装置、转向装置控制装置、伺服系统、液压油箱、分配器、电磁阀、蓄电池等一起安装在一个封闭的柜子里组成提梁机的动力机组。这个柜子安装在一个平台上，平台放置在下横梁上方。柴油发电机和水冷装置安装在一个减振装置上，由司机操作。所有的液压泵都通过一个变速箱传递发动机的功率。主液压泵连接在变速器的一个输出口上，其余的卷扬机、液压小车和转向装置用的液压泵连接在另一个输出口上。油箱的出油口和泵的进油口安装在同一个水平面内。

思考题与习题

1. 简述 32 m 架桥机的主要组成和作业原理。
2. 简述运梁车的构造。
3. 简述提梁机的结构组成和特点。

第十章 大型养路机械

我国大型养路机械发展是在 20 世纪 80 年代，自 1989 年引进奥地利普拉塞陶依尔公司大型养路机械设备以来，开发了清筛、捣固、动力稳定、配砟整形 4 个系列近 30 种具有自主知识产权的产品。80 年代中期，因为大型养路机械的普遍使用，从根本上变革了我国传统的铁路工务系统的维修体制和作业方式，大大提高了养护线路的质量和效率，解决了运行和施工之间的矛盾，而且大大降低了施工过程中发生事故的可能性，特别是满足了近几年高速铁路运营线路的维修养护 。本章介绍涉及大型线路捣固车、道砟清筛机、动力稳定车、配砟整形车和钢轨打磨作业车四类铁路线路机械。

一、养路机械的分类

养路机械是专门对铁路线路进行养护、修理、更换及检测的专业机械设备。养路机械的分类如下：

（一）根据养路机械质量（重量）分类

可以分为轻型和重型两类。轻型机械如液压捣固机械、电镐、边坡清筛机等，质量轻体积小、构造简单，作业时不要求封闭线路，不需借助任何辅助设备，可以随时上道、下道，适用于线路维修保养。

重型机械如大型液压捣固车、大型的道砟清筛机等，体重、形状大、效率高，工作时需要占据线路，要在列车运行图中预留"天窗"，重型机械效率高，操作人员少，减轻了工人劳动强度，作业质量好，适用于线路的大修与新建。

（二）根据养路机械动力源分类

可以分为内燃、电动两类。内燃机主要是柴油机和汽油机两种。内燃机直接安装在机械设备上，机械在哪里作业，即可在哪里发动，特别适合于流动作业的需要，但内燃机容易损坏，维修量大，作业时噪声大。

以电动机为动力的机械，电源一般为两种：一是配备内燃机发电机组；一是采用固定电源。目前我国以内燃机发电为主，固定电源采用的少。使用电动机为动力，操作简单，维修方便，但在区间需要搬移发电机组或固定电源等，造成工作不便。

（三）根据养路机械作业用分类

可分为：用于捣固作业的机械叫捣固车，用于道床石砟清筛的机械叫清筛机。此外还有起拨道机、回填机、夯拍机、锯轨机、钻孔机、轨缝调整器等。

二、铁路轨道及线路病害

铁路线路包括路基、桥隧建筑物和轨道。轨道是行车的基础，它是由钢轨、轨枕、连接零件、道床、防爬设备和道岔等部件组成的一个整体。路基、轨道及桥隧统称为铁路线路设备。

（一）轨道简介

我国铁路的标准轨距为 1 435 mm，线路上使用的钢轨主要有 75（kg/m）、60（kg/m）、50（kg/m）、43（kg/m）等几种，钢轨出厂的标准长度有 12.5 m 和 25 m 两种。无缝线路地段铺设的钢轨是焊接成长 1 000～2 000 m 的长轨条；近几年也铺设了不少跨区间无缝线路。铁路正线多用 Ⅱ 型或 Ⅲ 型混凝土轨枕，每千米铺设轨枕的根数依运营条件不同为 1 440～1 840。铁路有砟道床常用填筑材料是粒径为 20～70 mm 的石砟，道床断面呈梯形，正常厚度为 30～50 cm。

为了正常地传递列车载荷，道砟应具有相当密实度，同时，道床应具有弹性。一定密度的道砟颗粒之间存在的空隙摩擦力使道床具有弹性及缓冲性能。

（二）轨道病害

铁路线路作为一种设备，在列车运行及各种其他外力作用下，状态会发生有害变化。

最典型的轨道渐进病害变化有：轨距不标准、线路横断面及纵断面误差超标（高低、水平）、局部下沉和单边沉陷（小坑、三角坑等）、曲线病害（正矢、超高、鹅头反弯）等。轨道的这些病害变化超过了一定程度，若不及时整治，轻则影响行车平顺性，重则可能造成事故。

由于路基翻浆冒泥、煤砂等运输物资的撒漏等各种原因，铁路道床可能产生硬结而失去弹性，此时轨枕所受的荷载就会增大，不利于列车安全运行。所以，应及时清筛道床。

第一节　大型线路捣固车

我国铁路现用的几种大型自动整平起拨道捣固车均是由奥地利普拉塞与陶依尔（Plasser-Theurer）公司进口，或引进该公司生产技术，由昆明中铁大型养路机械集团公司批量生产的。近年襄樊金鹰轨道车辆公司和兴平养路机械厂生产的中型捣固车也有一定运用。

捣固车用在铁道线路的新线建设、旧线大修清筛和运营线路维修作业中，对轨道进行拨道、起道抄平、石砟捣固及道床肩部石砟的夯实作业，使轨道方向、左右水平和前后高低均达到线路设计标准或线路维修规则的要求，提高道床石砟的密实度，增加轨道的稳定性，保证列车安全运行。

捣固车可以单独进行起拨道抄平作业或是捣固作业．但是为了提高作业质量，一般情况都是拨道、起道抄平、捣固作业同时进行，即综合作业。

捣固车是集机、电、液、气为一体的机械，采用了大量的先进技术，如电液伺服控制技术、自动检测技术、微机控制技术、激光准直等。本节将以 08-32 型捣固车为例简要介绍抄平起拨道捣固车的作用、工作原理以及工作过程。

一、总体结构及工作原理

08-32 型捣固车的实物图和外形简图如图 10.1.1 所示。08-32 型捣固车主机是由两轴转向架、专用车体和前、后司机室、捣固装置、夯实装置、起拨道装置、检测装置、液压系统、电气系统、气动系统、动力及动力传动系统、制动系统、操纵装置等组成。附属设备有材料车、激光准直设备、线路测量设备等。

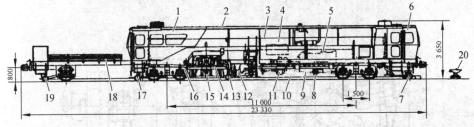

图 10.1.1　08-32 型捣固车

1—后司机室；2—中间车顶；3—高低检测弦线；4—油箱；5—柴油机；6—前司机室；7—D 点检测轮；
8—分动箱；9—传动轴；10—方向检测弦线；11—液力机械变速箱；12—起拨道装置；
13—C 点检测轮；14—夯实器；15—捣固装置；16—转向架；17—B 检测轮；
18—材料车；19—A 点检测轮；20—激光发射器

（一）捣固车工作原理

铁路轨道是行车的基础设备，轨道由钢轨、软枕、联结件、道床及道岔等组成。轨道起着对机车车辆运行导向的作用，并直接承受车轮传来的压力。道床是由粒径为 20 ~ 70 mm 的碎石组成的散粒体结构。道床的作用很多，用来传递和分布轨枕荷载于路基上，阻止软枕纵、横向移动，保持轨道的正确位置，增加轨道弹性，排除轨道中的雨水。

捣固车作业的对象是道床，由于道床是碎石组成的散粒体结构，所以轨道产生方向和水平偏差的主要原因是列车往复作用下道床产生残余变形。而消除轨道的左、右水平和前后高低偏差，主要是通过调整道床来实现。据统计在日常线路维修作业中。捣固、起道、拨道作业约占全部线路维修作业量的 70%。

08-32 型捣固车采用单弦检测轨道方向，双弦检测轨道的前后高低。由于铁路曲线半径都是很大的，现场无法用实测半径的方法来检查曲线圆顺。通常是利用曲线半径、弦长、正矢之间的几何关系，用一定长度的弦线测量曲线正矢的方法，来检查线路曲线的圆顺。人工用这种方法来检查整正曲线的圆顺称为绳正法。捣固车上线路方向的检测也是运用绳正法的基本原理，用电液位置伺服系统自动整正线路方向，达到整正曲线的目的。在 08-32 型捣固车上把这一自动检测拨道系统，称为单弦检测拨道系统，也有的捣固车采用双弦检测拨道等不同的检测方法。

（二）捣固车工作方式

使轨道在水平面内向左或是向右进行拨动，称为拨道作业。其目的是为了消除线路方向偏差，使曲线圆顺、直线平直。捣固车进行拨道作业时，拨道量的大小及方向，是由安装在捣固车上的线路方向偏差检测装置测出的，经电液伺服控制的拨道机构自动地进行拨道作业，在直线和圆曲线地段不需要人工参与。

线路水平包括线路横向水平和纵向水平。纵向水平检测装置和横向水平检测装置同时进行测量，起道量要考虑横向水平偏差和纵向水平偏差，使起道作业后的线路轨道的前、后、左、右都处在同一平面内，符合线路维修规则的要求。通常又把这一作业过程称为起道抄平作业。

二、捣固装置

08-32 型捣固车有两套捣固装置，左右对称安装。每套捣固装置装有 16 把捣镐（见图 10.1.2 ）。

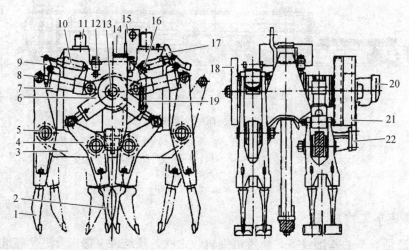

图 10.1.2　捣固装置

1—外镐；2—内镐；3—箱体；4—内捣固臂；5、8—销轴；6—内侧夹持液压缸；7—外侧夹持液压缸；9—加宽块；10—气缸；11—导向柱；12—油杯；13—偏心轴；14—注油嘴；15—悬挂吊板；16—加油口盖；17—油管接头集成块；18—飞轮；19—油位表；20—液压马达；21—油箱；22—固定支架

08-32 型捣固车采用异步等压捣固原理。捣固装置内装有液压马达驱动的偏心振动轴，运转后可通过夹持液压缸使捣镐产生振动。夹持油缸除了起使捣镐产生振动的连杆作用外，还使捣镐产生相向夹持运动。

为了实现捣固作业，捣固装置可以垂直升降以实现捣镐插入道砟及提起的运动；也能横向移动以满足曲线轨道上捣固作业的需要。

捣镐直接完成碎石道床的捣固，它由冲击韧性较高的高强度合金钢模锻制成，外边缘堆焊耐磨材料。使用磨损后可堆焊修复。

三、夯实装置

夯实装置安装在捣固装置的横移框架上，夯实装置和捣固装置同步工作，在捣固装置下降的同时，夯实器也下降，夯实器落在被捣固轨枕外的道床肩上进行道床夯实。当捣固装置升起时，夯实器也随着升起，准备向下一个夯实位置移动。

夯实装置如同浮着式平板惯性振动器，它浮着在道床肩部夯实道床，提高道床肩部的石碴密实度，增大道床的横向阻力。

夯实装置的结构如图 10.1.3 所示，它由激振器（夯实器）、升降限位机构、减振及锁定机构组成。

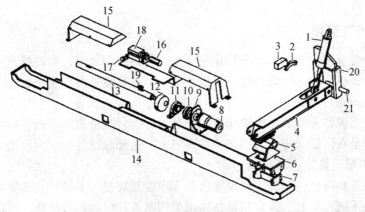

图 10.1.3　夯实装置

1—升降油缸；2—限位铁；3—支架；4—吊臂；5—减振器；6、7—连接座；8—油马达；9—马达支架；
10—联轴器；11—轴承座；12—偏心轮；13—轴；14—底板；15—防护罩；16、21—销轴；
17—拉环；18—滑套；19—平键；20—横移框架

（一）激振器

激振器由油马达 8、马达支架 9、联轴器 10、轴承座 11、偏心轮 12、轴 13、底板 14 等组成。

油马达 8 装在马达支架 9 上，油马达通过联轴器 10 驱动轴 13。轴 13 上装有两个偏心轮 12，两个偏心轮的安装位置相同，以增大转动惯性力。油马达支架和轴承座装在底板上，当油马达驱动轴 13 转动时，由于偏心轮旋转产生离心力，使底板 14 产生周期变化的惯性振动力作用于石砟上。

碎石道床是由大小不等的石砟组成的散粒体结构，石渣间空隙较大。石砟受到振动后各个石砟向较稳定的地方运动、小颗粒向较大空隙中填充，使道床的密实度增加，石砟颗粒的相对稳定性加大，从而提高道床的整体强度。经测定激振器的振动频率为 30 Hz、激振力约为 3 850 N。

（二）升降及限位机构

升降及限位机构的作用是吊挂夯实器，并且随着捣固装置的升降动作自动升降夯实器。

升降及限位机构由升降油缸 1、吊臂 4、限位铁 2 等组成。吊臂的一端用销轴 21 与框架 20 连接，另一端吊挂夯实器。升降油缸 1 推拉吊臂 4 使夯实器升降，升降高度由限位开关控制。

限位机构由限位铁 2、限位开关（接近开关）等组成。限位铁 2 与吊臂一起转动，限位铁触动限位开关来控制电磁液压换向阀，使升降油缸动作，达到自动控制夯实器升降高度的目的。

（三）减振器及锁定机构

为了避免把夯实器的振动传到吊臂上，在吊臂与夯实器之间采用组合式橡胶棒减振器连接。组合式橡胶棒减振器由金属内、外套和橡胶棒组成，4 个橡胶棒装在金属外套的四角内。捣固车高速运行时，夯实器升起，通过销轴 16 吊挂在捣固装置的振动油马达支架上。吊挂时用手拉拉环，使销轴插入吊耳。

四、起、拨道装置

起、拨道装置有左、右两套，分别作用于左、右两股钢轨上，对轨排进行提起或者左、右移动，即起道、拨道作业。通过起、拨道作业来消除轨道方向和水平偏差，使线路曲线圆顺，直线平直，确保行车安全。

一般情况，捣固作业和起、拨道作业同步进行。起、拨道装置可以单独进行起道或是拨道单项作业。但是在实际工作中为了减小拨道阻力，在无起道量的单项拨道作业时，也要设置 10 mm 左右的起道量。

起、拨道装置和电液伺服阀、线路方向及水平检测装置、电子控制装置共同组成起、拨道电液位置伺服系统，而起、拨道装置是该位置伺服系统中的执行机构。因此，起拨道作业是自动完成，不需要人工操纵。

（一）起道装置

起、拨道装置的结构如图 10.1.4 所示，它由起道油缸、拨道油缸、导向柱、拨道轮、夹轨轮组、起道架和摆架等组成。起、拨道装置中除拨道油缸和拨道轮外，其他零部件都是起道装置的组成部分。

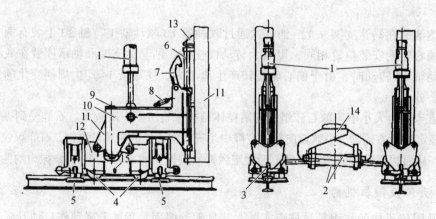

图 10.1.4　起、拨道装置

1—起道油缸；2—拨道油缸；3—夹轨油缸；4—拨道轮；5—夹轨轮；6—导向柱；7—挂钩；
8—气缸；9—竖销轴；10—起道架；11—吊耳；12—摆动架；
13—钩座；14—车架；15—接近开关

　　起道油缸 1 与车架纵梁铰接，起道架 10 沿导向柱 6 上、下移动，摆动架 12 通过吊耳 11 和销轴与起道架 10 连接，摆动架 12 以竖销轴 9 为中心左、右摆动。摆架下部装拨道轮 4，两端装夹轨轮组。

　　起道油缸是单作用油缸。起道力是油缸的拉力，起、拨道装置下降依靠自重。拨道轮 4 在钢轨上滚动，支承起、拨道装置。夹轨轮组由内、外两个夹轨轮和夹轨油缸 3 组成。夹轨轮组的作用原理如同夹轨钳，当夹轨油缸的活塞杆缩回时，两个夹轨轮合拢，即可夹住钢轨头。

　　夹轨轮沿着钢轨头侧面滚动，夹轨轮缘在钢轨头下颚处，不起道时轮缘与轨头下颚之间有一定的间隙。起道时压力油液进入起道油缸小腔，活塞杆缩回，拉起道架向上移动，通过夹轨轮把整个轨排提起。起道高度根据线路维修要求，由电液位置伺服系统自动控制。起道装置的最大起道量为 150 mm，最大起道力为 250 kN。

　　在钢轨接头处起道时，鱼尾板妨碍夹轨轮夹住钢轨头，会使某一夹轨轮组失去作用，但另一对夹轨轮组仍能把轨排提起，不会影响正常起道作业。

　　如果因某种原因起、拨道装置偏离钢轨时，装在摆动架 12 上的接近开关 15 离开钢轨的距离增大，即可发出信号，停止起道。此时，需要辅助人员推拉摆架，使夹轨轮重新夹住钢轨头。

　　夹轨轮组结构如图 10.1.5 所示，滚针轴承 8 装在套 9 上，套 9 用平键与夹轨轮轴 14 连接。夹轨轮轴 14 上装有上、下两道滚针轴承 8 和 13，中间装压力轴承 10，夹轨轮轴装在轴承套 12 内，轴向用螺母 6 紧固，防止夹轨轮轴 14 与轴承套 12 之间轴向窜动。轴承套 12 的上部是外螺纹，下部有 4 条槽，把轴承套 12 拧入夹钳体 2 内，旋转轴承套 12 即可调整夹轨轮轴伸出夹轨钳体的长度。调整完毕后用压板 5 插入轴承套 12 下部槽中，再用螺钉把压板固定在夹钳体上，使轴承套固定不能转动。

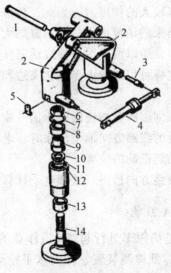

图 10.1.5　夹轨轮组

1、3—销轴；2—夹钳体；4—夹轨油缸；5—压板；6—螺母；7—挡圈；8、13—滚针轴承；
9—套；10—压力轴承；11—挡圈；12—轴承套；14—夹轨轮轴

夹轨轮轴的伸出长度要使前夹轨轮组与轨头下颚之间保持 1～10 mm 的间隙，后夹轨轮缘与轨头下颚之间保持 1～5 mm 的间隙。

起、拨道作业完毕后，把起、拨道装置升到上死点，通过气缸 8 推动挂钩 7，使挂钩钩住钩座 13，以防止高速运行时起、拨道装置下降。

（二）拨道装置

拨道装置由拨道油缸、拨道轮和摆架组成，如图 10.1.6 所示。拨道油缸装在车架的纵梁上，车架承受拨道反作用力。拨道轮是双缘轮，拨道力靠轮缘传递。拨道轮装在摆架上，拨道油缸推、拉摆架，通过拨道轮推、拉钢轨，使整段轨排横向移动。

拨道原理如图 10.1.6 所示，两个拨道油缸相背安装，其油路串联，因此，拨道时一个油缸用推力，另一个油缸用拉力。最大拨道力为 150 kN，最大拨道量左、右各 150 mm。

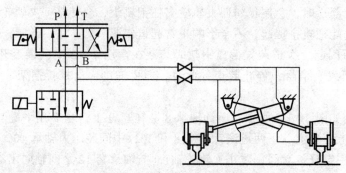

图 10.1.6 拨道装置工作原理图

由于起、拨道力较大，并且其反作用力由车架承担，所以起、拨道只能在捣固车停止时进行，可见起、拨道装置也是间歇步进式工作。为了减少捣固车的作业走行阻力，在走行工况，起、拨道装置对钢轨不能有较大的作用力，为此，拨道油缸的大、小腔均接通回油路，作业走行时从走行油马达回油路来的油液进入拨道油缸的大、小腔，由于回油有 0.3 MPa 的压力，拨道油缸的推力大于拉力，所以两个拨道油缸活塞杆都伸出，使拨道装置向外摆动，拨道轮外缘离开钢轨头外侧。这样可以减少由于钢轨飞边和钢轨接头处信号连接线所造成的走行阻力。

当线路方向有偏差时，电液伺服阀有相应的液压信号输出，拨道油缸推、拉摆架，使轨道向左或是向右移动，直到该处的线路方向偏差消除时，电液伺服阀的输出液压信号为零，拨道油缸停止动作，则轨道移动到正确的位置。

拨道量的大、小相方向由线路方向检测装置和电子计算机自动检测和计算。

（三）线路检测装置及 GVA 系统

精确进行线路及水平检测是捣固车进行起、拨道作业的前提条件。08-32 型捣固车装有线路方向偏差检测装置、纵向高低检测装置、横向水平检测装置、激光矫直装置及检查记录装置。

随 08-32 型捣固车引进的 GVA 控制系统由 8 位 CPU（6502）为核心组成。其主要功能是根据预先输入的轨道理论几何数据，包括公里标、曲线半径、超高、基本起道量、坡度等数据，自动计算出捣固车起道、拨道和抄平时所要参与控制的 5 种给定值，替代烦琐的人工给定，以实现半自动作业，提高作业效率。近年来控制系统经株洲时代电子公司改进，GVA控制系统的性能得到进一步提高。总体来说，08-32 型捣固车的线路状态检测装置和 GVA 系统可以满足作业的要求。

第二节　道砟清筛机

道砟清筛机是用来清筛道床中道砟的作业机械。它将脏污的道砟从轨枕底下挖出，进行筛分后，将清洁道砟回填至道床，将筛出的污土清除到线路外。随着清筛机械的发展，道砟清筛机的功能不断增多，如可用清筛机进行垫砂、铺土工纤维布等作业。本节主要介绍 RM80型全断面道砟清筛机。

一、总体构成

RM80 型全断面道砟清筛机由动力装置、车体、转向架、工作装置和操纵控制系统等组成，如图 10.2.1 所示。

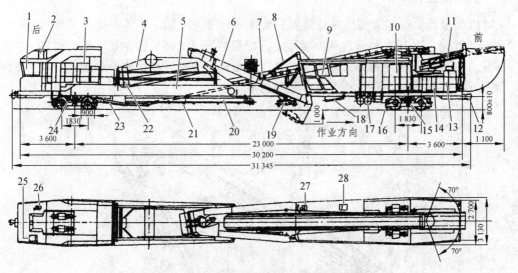

图 10.2.1　RM80 型全断面道砟清筛机

1—后驾驶室"2"；2—空调装置；3—后机房；4—筛分装置；5—车架；6—挖掘装置；7—主污土输送带；
8—液压系统；9—前驾驶室；10—前机房；11—回转污土输送带；12—车钩；13—油箱；14—工具箱；
15—转向架；16—车轴齿轮箱；17—气动元件；18—举升器；19—起拨道装置；
20—道砟回填输送带；21—后拨道装置；22—道砟导向装置；
23—道砟清扫装置；24—制动装置；25—后司机座位；
26—后双声报警喇叭；27—前双声报警喇叭；
28—前司机座位

RM80 型全断面道砟清筛机采用前方弃土式总体布置的设计方案。车架安装在两台带动力驱动的转向架上。车架平台上两端设有前、后驾驶室和前、后机房。驾驶室内装有用于行驶、作业操纵的各种控制仪表、元件等。机房内安装着由柴油发动机、主离合器、弹性联轴器、万向传动装置、分动齿轮箱等组成的动力传动系统。车架中部设有道床挖掘装置、道砟筛分装置、道砟分配回填装置及污土输送装置。车架下则装有举升器、起拨道装置、左右道砟回填输送带、后拨道装置和道砟清扫装置等。气、液、电控制系统的管道与线路布置在车架的主梁上。

动力装置为两台 DEUTZ 公司制造的 BF12L513C 型风冷柴油机，功率为 2×348 kW，分别安装车体前部和后部。前发动机驱动前转向架，还驱动所有输送带、液压系统。后发动机驱动后转向架，还驱动挖掘链、振动筛等机构。

RM80 型全断面道砟清筛机是内燃机驱动、全液压传动的大型养路机械。

这类机器利用挖掘链的扒齿切割道床上的道砟与道砟振动筛分的原理来工作。清筛机作业时，机器在线路轨道上低速行驶。通过穿过轨排下部、呈五边形封闭的挖掘链，靠扒齿将道砟挖起并经导槽提升到筛分装置上。脏污道砟通过振动筛的筛分后，符合标准、清洁的道砟，经道砟溜槽、导板及回填输送带回填到线路上。碎砟及污土经主污土输送带、回转污土输送带输送到线路两侧或卸到污土车上。

二、工作装置

（一）挖掘装置

RM80 型全断面道砟清筛机挖掘装置安装在两台转向架间的车体中部，主要功用是将污脏道砟挖掘出来，并提升和输送到振动筛上。挖掘装置是清筛机的主要工作机构之一。

如图 10.2.2 所示，挖掘装置由驱动装置、挖掘链、水平导槽、提升导槽、护罩、下降导槽、调整油缸、拢砟板、防护板及道砟导流总成等组成。

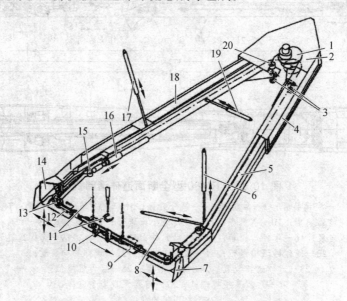

图 10.2.2　RM80 型全断面道砟清筛机挖掘装置

1—驱动装置；2—护罩；3—导槽支枢；4—道砟导流总成；5—提升导槽；6—提升导槽垂直液压缸；7—拢砟板；8—提升导槽水平液压缸；9—水平导槽；10—挖掘链；11—起重装置；12—弯角导槽；13—下角滚轮；14—防护板；15—中间角滚轮；16—张紧液压缸；17—下降导槽垂直液压缸；18—下降导槽；19—下降导槽水平液压缸；20—上角滚板

清筛机运行时，挖掘链在水平导槽与弯角导槽连接处断开，提升导槽和下降导槽分别被提升并放置到车体两侧，用链条锁紧。水平导槽被安放到车体下部的举升器上。

清筛机作业时，将水平导槽放到预先在道床下挖好的基坑中，提升导槽和下降导槽由车体两侧放下到相应位置，用起重装置将水平导槽吊起与两弯角导槽连接牢固。连接挖掘锭井通过张紧油缸调整链条松紧后，挖掘链才能进行挖掘作业。

（二）筛分装置

RM80 型全断面道砟清筛机的筛分装置采用双轴直线振动筛，其功用是：对从道床上挖掘出来的道砟进行筛分。筛分后，振动筛上合乎标准粒度的道砟，经道砟回填分配装置回填到道床上，筛下的碎石、砂与污土，由污土输送装置装入污土车或被抛弃到线路限界以外。

筛分装置安装在挖掘装置与后驾驶室之间的车架上。它的下部安装有道砟分配装置、道砟回填输送带和污土输送带等部件。

1．道砟回填分配装置

经过筛分后的清洁道砟从振动筛末端左右两通道落下后，通过道砟回填分配装置，重新回填到道床上。道砟回填分配装置由左、右侧道砟分配板和左、右道砟回填输送装置等两大部分组成。左、右侧道砟分配板用于分配清洁的道砟，即分配直接落到道床上或落到回填输送带后再撒落到道床上的道砟量；左、右道砟回填输送装置将落到输送带上的清洁道砟输送到挖掘链后，并均匀地撒布到两钢轨外侧的道床上。回填的清洁道砟离枕下未挖掘的脏污道砟距离不大于 1 500 mm。

左、右侧道砟分配板安装在振动筛分装置末端振动筛中、下层筛网与后箱壁间，左、右两侧道砟流动通道的下方。流动通道的下方呈方形漏斗状，下部设有一个由液压油缸控制的轴，轴上固定着 α 形道砟分配板。当操纵液压阀使油缸活塞杆动作时，通过摇臂使轴转动，从而带动 α 形道砟分配板以改变漏斗下方流向轨道和输送带的落砟量。

2．道砟回填输送装置

（1）道砟回填输送带。道砟回填输送带是通用型带式输送机，它由输送带、驱动滚筒、改向滚筒、托辊、张紧装置、清扫器、机架和挡板等组成。左、右两条输送带构造相同，机架作对称安装布置。

（2）输送带摆动装置。回填的道砟需要均匀地撒布到道床上，它由输送带摆动装置来完成。道砟回填输送带摆动装置。

（3）自动控制机构。左、右道砟回填输送带作业时，可以固定不动，也可以摆动。摆动时，靠自动控制机构来实现。输送带摆动自动控制机构，摆动自动控制机构是靠感应开关，控制液压电磁换向阀实现自动操纵道砟回填输送带左右摆动的。

3．污土输送装置

污土输送装置的功用是将振动筛筛出的污土卸到机器前或邻线的污土车中，或直接抛弃到线路外。污土输送装置包括：主污土输送带、输送装置支架、回转污土输送带等。

回转污土输送带作业时，距轨面最大高度 4 800 mm，最大抛土距离距轨道中心线 5 500 mm。

（1）主污土输送带。主污土输送带以与水平方向 13° 倾角布置在振动筛下和前驾驶室上方，全长约 21.07 m。它在构造上与道砟回填输送带基本相同，由驱动滚筒、改向滚筒、托辊、张紧装置、清扫器等组成。主污土输送带中有几种与道砟回填输送带不同的部件。

（2）输送装置支架。主污土输送带下段支架靠输送装置支架与机器主梁连接起来。输送装置支架是用结构件组装的，它用前、后支架及中间吊架支承在主梁上。输送装置支架两侧焊有 V 形槽板和侧边板，使振动筛下产物全部落到主污土输送带上。支架下部呈漏斗状，接收来自筛上斜槽孔中超粒度的道砟。支架上部斜溜槽板位于挖掘装置提升导槽导流排碴孔的下面，只要导流排碴孔打开。挖掘出的道砟将全部通过主污土输送带弃掉。

（3）回转污土输送装置。回转污土输送装置安装在机器前部车架上方。清筛机运行时，它被折叠收放在车架平台前，并锁住，清筛机作业时，液压油缸将其撑起并回转到所需的弃土位置。

回转污土输送装置包括：回转污土输送带、支承回转装置和定位锁紧机构等。

（三）辅助装置

RM80 型清筛机设有辅助装置和供选择设备。辅助装置有：道砟清除装置，简易平碴装置，前后司机室取暖、通风、空调设备，内部通信系统，撒砂装置，机器前后端制动灯、旋转顶灯和 UIC 双音气动报警系统。供选择设备有：速度记录仪和两套随车制动阀。

第三节　动力稳定车

动力稳定车是铁道先进的大型养路机械。其作用是大、中修后的铁道线路通过动力稳定车作业能够迅速地提高线路的横向阻力和道床的整体稳定性，从而为取消线路作业后列车慢行创造了条件。这对于日益繁忙的高速、重载和大运量的铁路干线运输来说，意义十分重大。

一、总体结构及工作原理

（一）总体结构

动力稳定车可模拟列车运行对轨道的压力和振动，使道砟在水平振动力和垂直压力的共同作用下，重新排列进一步密实，轨道产生有控制地均匀下沉。动力稳定车一次作业后，线路横向阻力便恢复到作业前的 80% 以上，有效地提高了捣固作业后的线路质量，为列车的安全运行创造了必要的条件。

目前，我国线路作业常用 WD320 型动力车，主要构成如图 10.3.1 所示。其动力为道依茨公司 BF12L513C 型风冷柴油机，功率为 348 kW。区间运行时为液力机械传动，最高速度 80 km/h。作业走行采用液压驱动，走行速度 0 ~ 2.5 km/h。

动力稳定装置位于稳定车中部，区间运行时，稳定装置提起并在车架上锁定。作业时稳定装置放下，其走行轮和夹钳轮夹住轨头。在液压马达驱动下，稳定装置的 2 个激振器产生强烈的同步水平振动，并使轨道产生同样的振动；稳定装置的垂直液压缸也给钢轨施加向下压力。稳定车在慢速走行的过程中，即可使轨道均匀地下沉到预定量。

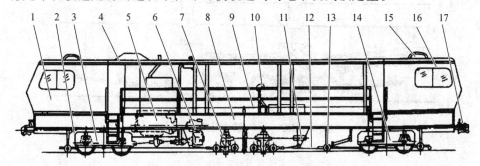

图 10.3.1　WD320 型动力稳定车

1—后司机室；2—主动转向架；3—制动系统；4—顶棚；5—柴油机；6—走行传动系统；7—稳定装置；
8—车架；9—双弦测量系统；10—电气系统；11—液压系统；12—单弦测量系统；13—气动系统；
14—从动转向架；15—空调与采暖设备；16—前司机室；17—车钩缓冲装置

（二）工作原理

动力稳定车是模拟列车运行时对轨道产生的压力和振动等综合作用而工作的。

在作业前，首先将单、双弦测量系统中的各测量小车降落到钢轨上，并给各测量小车和中间测量小车的测量杆施加垂直载荷，将单弦测量系统中的 3 个测量小车同一侧的走行轮顶紧基准钢轨的内侧，张紧单弦和双弦。然后，再将稳定装置降落到钢轨上，使稳定装置与轨排成为一个整体。使动力稳定车处于作业状态。

在作业时，由一台液压马达同时驱动两套稳定装置的两个激振器，使激振器和轨道产生强烈的同步水平振动。轨道在水平振动力的作用下，道砟重新排列和密实。与此同时，稳定装置的垂直油缸分别给予两侧钢轨施加向下的压力，使轨道均匀下沉，并达到预定的下沉量。

在作业过程中，动力稳定车是连续移动进行作业的。轨道的预定下沉量是自动实现的。在中间测量小车两侧的测量杆上，各有一个高度传感器。高度传感器分别与双弦测量系统中的每条钢弦连接，它们每时每刻地测量着每条钢弦到轨面的高度值。计算机把测得的高度值与轨道的预定下沉量的差值，转换为相对应的电信号，控制液压系统中的比例减压阀、使稳定装置的垂直油缸对每条钢轨产生不同的下压力。最终使轨道达到预定的下沉量。

由上述可知，动力稳定车的工作原理就是，激振器使轨排产生水平振动的同时，再由稳定装置的垂直油缸对每条钢轨自动地施加必要的下压力，轨道在水平振动力和垂直下压力的共同作用下，道砟重新排列达到密实，并使轨道有控制地均匀下沉。

动力稳定车一次作业后，线路的横向阻力值便恢复到作业前的 80% 以上，从而有效地提高了捣固作业后的线路质量，为列车的安全运行创造了必要的条件。

二、稳定装置

稳定装置是动力稳定车的主要作业装置，熟悉和掌握其组成、结构、工作原理及技术参数等，对正确操纵和维护保养该装置十分重要。

稳定装置由液压马达、传动轴、稳定装置Ⅰ、稳定装置Ⅱ和四杆机构等部分组成，其安装如图 10.3.2 所示。

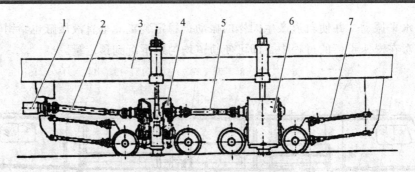

图 10.3.2　稳定装置安装示意图

1—液压马达；2—传动轴；3—车架；4—稳定装置Ⅰ；5—中间传动轴；
6—稳定装置Ⅱ；7—四杆机构

稳定装置Ⅰ和Ⅱ组成如图 10.3.3 所示，各由 2 只垂直油缸 2、1 个激振器 3、2 个夹钳轮 5、4 只夹钳油缸 4、2 只水平油缸 6 和 4 个走行轮 7 等部分组成。

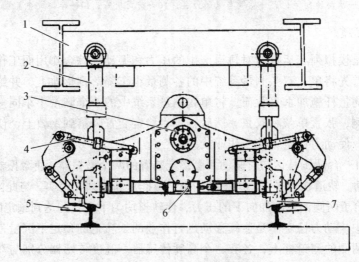

图 10.3.3　稳定装置组成图

1—车架悬挂梁；2—垂直油缸；3—激振器；4—夹钳油缸；5—夹钳轮；
6—水平油缸；7—走行轮

两稳定装置位于车架中部的下方，通过带有橡胶减振器的纵向四杆机构和垂直油缸柔性地连接在车架上，两激振器之间用中间传动轴连接。

在作业时，由一台液压马达通过传动轴同时驱动两个激振器，使其产生同步水平振动。调节液压马达的转速，可以改变激振器的振动频率。振动频率和振幅分别由安装在稳定装置上的频率传感器和加速度传感器检测。在作业过程中，一旦作业走行突然停止，振动也自动停止。

为了保证动力稳定车运行安全，作业结束后，必须将稳定装置提起，并用锁定机构牢固地锁定在车架上。

稳定装置的工作原理是模拟列车对轨道的动力作用原理而设计的。其工作原理如图 10.3.4 所示。

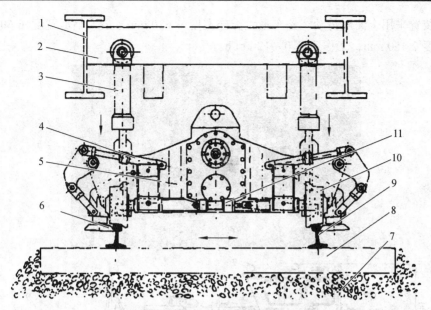

图 10.3.4　稳定装置工作原理示意图

1—车架主梁；2—悬挂梁；3—垂直油缸；4—夹钳油缸；5—激振器；6—夹钳轮；
7—道砟；8—轨枕；9—钢轨；10—走行轮；11—水平油缸

在稳定装置工作之前，应使两稳定装置与轨排成为一体。将其带轮缘的走行轮，用水平油缸紧靠在两条钢轨的内侧，用夹钳油缸把夹钳轮夹紧在钢轨的外侧，使稳定装置处于工作状态。

工作时、稳定装置在动力稳定车的牵引下低速走行。液压马达驱动两激振器高速同步旋转，产生水平振动。在水平振动力的作用下，轨排也产生水平振动，并把振动力直接传递给道砟。道砟在此力的作用下受迫振动，相互移动、充填和密实。与此同时，位于每条钢轨同侧的两只垂直油缸，自动地对每条钢轨施加所需要的垂直下压力，使轨道均匀下沉。稳定装置的工作原理就是：在水平振动力和垂直下压力的联合作用下，轨道均匀下沉，达到预定的下沉量，从而提高了线路的横向阻力值和稳定性，保证了行车安全。

第四节　配砟整形车

配砟整形车用于将道砟补充到缺砟处，还可按标准断面的要求将道床整平成形。它能使道砟在一定范围内沿线路纵向或横向移动，把道砟分配到钢轨两侧及枕盒中以满足捣固作业的要求。配砟整形车常与铺轨机、清筛机、起拨道机、捣固车、动力稳定车等配套，组成新建、大修或维修施工的各种机械化机组。一般配砟整形车放在捣固车前，进行配砟及初步整形；也可放在捣固车后，进行整形作业。本节主要介绍 SPZ-200 型配砟整形车。

一、总体结构及工作原理

国内线路施工常用的 SPZ-200 型配砟整形车主要由车体、发动机、传动系统、工作装置及操纵系统等组成（见图 10.4.1）。其发动机为 BF8L413F 型风冷柴油机，功率 210 kW。走行及工作装置采用全液压传动。该车最大配砟宽度 3 620 mm，最大整形宽度 6 600 mm，最大清扫宽度 2 450 mm，工作速度 0～12 km/h。

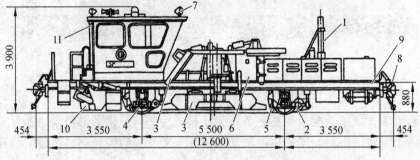

图 10.4.1　SPZ-200 型配砟整形车

1—发动机；2—传动装置；3—作业装置；4—走行装置；5—制动系统；6—液压系统；
7—电气系统；8—牵引装置；9—车架；10—清扫装置；11—驾驶室

配砟整形车工作原理：配砟整形车的工作装置由中犁、侧犁和清扫装置组成。其工作原理就是由中犁和侧犁完成道床的配砟及整形作业，使作业后的道床布砟均匀。并按线路的技术要求使道床断面成形。清扫装置将作业过程中残留于轨枕及扣件上的道砟清扫干净，并收集后通过输送带移向道床边坡，达到线路外观整齐、美观。

二、工作装置

配砟整形车的工作装置包括中犁、侧犁和清扫装置。中犁和侧犁用于完成道床的配砟及整形作业，使作业后的道床布砟均匀，并按线路的技术要求使道床断面成形。清扫装置将作业过程中残留于钢轨、轨枕及扣件上的道砟清扫干净。

（一）中　犁

中犁装置的结构如图 10.4.2 所示。

1. 主架与升降油缸

主架是中犁装置的基础，它是由底板、吊板及中心轴组焊在一起的焊接结构件，底板上焊接一用槽钢制成的正方形"圈梁"，以保证主架具有足够的刚度。主架上部通过升降油缸悬吊在机体的门架上，下部底板上用 4 根相互平行的连杆悬挂于车架上，这种典型的"平行四

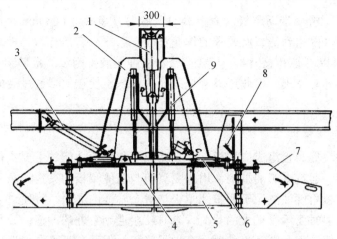

图 10.4.2 中犁装置结构图

1—升降油缸；2—主架；3—连杆；4—中犁板；5—护轨罩；6—翼犁板油缸；
7—翼犁板；8—机械锁；9—中犁油缸

连杆机构"能保证中犁装置在升降过程中始终平行于轨面。同时连杆机构承受了中犁装置在作业时的外界阻力。升降油缸则是中犁装置升降的执行元件，在油缸小腔进油口处装有可调式节流阀，以使中犁装置升降平稳，到位准确。在底板前端两侧垂直焊接两块导向板，其间距比车架外侧宽度约大 5 mm，导向板的作用是限制中犁装置的横动量。

2．中犁板与中犁板油缸

4 块中犁板与线路中心线呈 45° 角 X 形对称布置，用中犁板油缸悬吊在主架的吊板上，中犁板沿主架中心轴和护轨罩上导流板的导槽上下移动，最大行程为 450 mm，中犁板像个"闸"，通过四块板不同的开闭组合来实现道砟的不同方向的流向，因此中犁板是道床配砟作业的主要执行元件之一。

（二）侧 犁

侧犁主要用于道床边坡的整形作业，配合中犁可进行道砟的配砟作业，具体作业功能有：

（1）将道床边坡道砟沿轨道方向运送，使道床边坡道砟分布均匀。

（2）按道床断面的技术要求最终完成对道床的整形作业。

两个侧犁装置左右对称地布置在车体两侧，其结构如图 10.4.3 所示。

1．滑板与翻转油缸

滑板为钢板焊接而成的矩形箱形结构，其一端与车体铰接，用翻转油缸悬挂于车体的左右两侧，滑板既可以起支承侧犁装置的作用，又可以作为侧犁板伸缩滑动的导向机构。操纵翻转油缸可将侧犁置于作业所需的任意高度。由于翻转油缸小腔进油口处装有节流阀，可保证侧犁下落平稳。当配砟整形车处于区间运行位时，翻转油缸复位，将侧犁翻起，并锁定于车体门架处的保险钩上。

2．滑套与滑套油缸

滑套为断面呈矩形的方套结构，两端焊有加强钢带，以增加滑套的强度，滑套在滑板内伸缩移动。主侧犁板铰接在其下方，与滑套联成一体，主侧犁板由犁板角度调节油缸定位。

当滑套油缸伸缩时，滑套带动犁板沿滑板滑动，最大位移量为 660 mm，操纵滑套油缸。调节滑套的伸距，即可以达到侧犁所要求的作业宽度。当在路肩处有障碍物时（如：路标、电杆、信号标等），可以不必升起侧犁，只要调节滑套伸距及（侧犁）翼犁板角度，即可不碰撞障碍物。由于不必升起犁板，因此可以避免道砟的堆积，使在侧犁通过后的道床边坡保持平顺的断面形状。

3．主侧犁板与翼犁板

主侧犁板与两块翼犁板组成侧犁板，它是完成侧犁作业功能的主要执行元件。翼犁板铰接于主侧犁板两侧，通过翼犁油缸的作用改变翼板与主侧犁板的夹角，从而实现道砟在边坡上的不同流向。犁板角度油缸用于调整侧犁板与滑套轴线的夹角，可使道床边坡成形为给定坡度。侧犁板在作业时要承受很大的载荷，有时还会遇到意外的冲撞，必须具有足够的强度和刚度，为此在主侧犁板和翼犁板外侧焊有加强筋板，保证犁板不会变形。为提高侧犁的使用寿命，在主侧犁板下端两侧及翼犁板下端外侧装有耐磨钢制成的刃口，磨损到限后可以更换，一般情况下可使用 150～200 km。

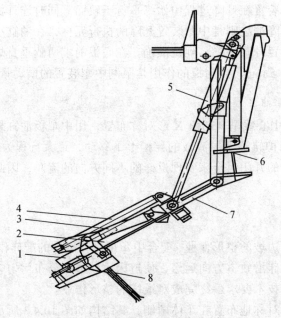

图 10.4.3　侧犁结构

1—滑板；2—滑套；3—犁板角度调节油缸；4—滑套油缸；5—翻转油缸；
6—主侧犁板；7—（侧犁）翼犁油缸；8—（侧犁）翼犁板

（三）组合分配道砟功能

SPZ-200 型配砟整形车具有双向配砟及整形功能，操作人员在驾驶室内操纵中犁、侧犁无论是前进还是后退，均可使道床达到令人满意的配砟整形效果。

1．中　犁

中犁装置的中犁板通过不同启闭的组合可以完成八种工况的配砟作业，8 种工况下的道砟流向，如图 10.4.4 所示。

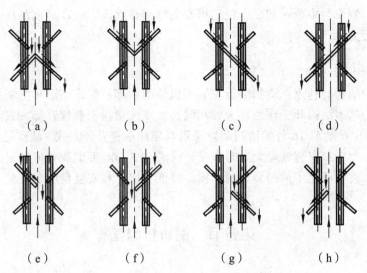

图 10.4.4　中犁板组合工作及道砟流向示意图

2.侧　犁

通过改变侧犁装置的翼犁板角度,可以完成 4 种工况的运砟及边床整形作业,如图 10.4.5 所示。

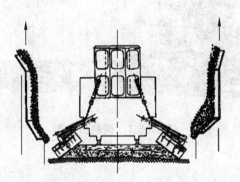

（a）将道砟从边坡移至枕端　　（c）将道砟沿线路方向运送

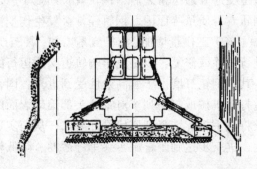

（b）将道砟从枕端移至边坡　　　（d）整平路肩面

图 10.4.5　侧犁工况图

除此以外，侧犁与中犁一起配合使用可在无缝线路地段完成砟肩准高作业，以提高无缝线路道床横向阻力。

（四）清扫装置

清扫装置的结构与特点：清扫装置安装于机器的后部，配砟整形车的清扫装置有两种结构形式，它们的基本结构和工作原理大致相同，主要区别在于悬挂升降方式。SPZ-200 型配砟整形车，早期生产的前 16 台的清扫装置采用双导柱垂直升降方式，缺点是：清扫装置悬臂大，结构复杂，加工和安装难度大。改型设计后的 SPZ-200 型配砟整形车采用平行四连杆式悬挂升降方式，大大简化了清扫装置的结构，降低了加工和安装精度。

第五节　钢轨打磨车

本章节将以 PGM-48 型钢轨打磨列车为例（见图 10.5.1），介绍了钢轨打磨车的结构、工作原理以及打磨砂轮的基本知识。

图 10.5.1　钢轨打磨车

一、钢轨打磨

钢轨是轨道交通的主要部件，钢轨与列车的车轮直接接触，其质量的好坏直接影响到行车的安全性和平稳性。轨道交通开通运营之后，钢轨就长期处于恶劣的环境中，由于列车的动力作用、自然环境和钢轨本身质量等原因，钢轨经常会发生伤损情况（如裂纹、磨耗等现象），造成了钢轨寿命缩短、养护工作量增加、养护成本增加，甚至严重影响行车安全。因此，就必须及时对钢轨伤损进行消除或修复，以避免影响轨道交通运行的安全。这些修复措施如钢轨涂油、钢轨打磨等，其中钢轨打磨由于其高效性受到世界各国铁路的广泛应用。

钢轨打磨主要是通过打磨机械或打磨列车对钢轨头部滚动表面的打磨，以消除钢轨表面不平顺、轨头表面缺陷及将轨头轮廓恢复到原始设计要求，从而实现减缓钢轨表面缺陷的发展、提高钢轨表面平滑度，进一步达到改善旅客乘车舒适度、降低轮轨噪声、延长钢轨使用寿命的目的。

二、钢轨打磨原理

钢轨打磨是利用安装在打磨小车的砂轮磨头对钢轨表面进行打磨，砂轮磨头有多组，安装角度各不相同，并且可以进行调整，多组砂轮磨头就可以将正确的轨头轮廓拟合出来，通过对钢轨的打磨就可以打磨出正确的轨头轮廓。

钢轨打磨主要分为预防性打磨和修理性打磨。修理性打磨的特点是打磨速度低，反复进行，基本去除钢轨表面伤损或波磨，不能去除深度裂纹，主要是针对状态较差钢轨的打磨方式，目的是消除钢轨顶面严重的波磨及曲线下股钢轨飞边，尽可能恢复钢轨标准断面，延长钢轨使用寿命，打磨遍数一般为 5~10 遍。预防性打磨则是一次快速打磨，完全去除包含微裂纹的薄层，同时，形成或保持理想的轮廓，主要是针对状态较好钢轨的打磨方式，目的是消除钢轨顶面不平顺，改善轮轨关系，提高轨面平顺性，延长钢轨使用寿命，打磨遍数一般为 3~4 遍。

三、钢轨打磨车结构

（一）钢轨打磨列车组成

PGM-48 型钢轨打磨列车由 1 号车（或叫控制车或叫 A 端车）、2 号车（也叫生活车）和 3 号车（叫末端车或 B 端车）3 节车组成，1 号车（见图 10.5.2）和 3 号车分别位于列车的两端，2 号车（见图 10.5.3）位于列车中部。1 号车由司机室、主动力室、辅助发电机室、电气控制室 4 部分组成；3 号车由司机室、动力室、物料间、电气控制室 4 部分组成；2 号车由卧室、厨房间、盥洗间、休息娱乐室 4 部分组成。此外钢轨打磨列车还包括了转向架、车架、牵引装置、打磨装置、防火装置、检测系统、液压系统、电气系统、气动系统、动力传动系统及制动系统等基本构成。

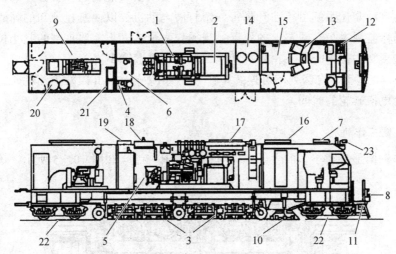

图 10.5.2　钢轨打磨车 1 号车组成

1—康明斯 KTA38 柴油机；2—Rato 8P6-1500 发电机；3—16 个打磨电机；4—液压油箱和油泵及打磨系统；
5—液压泵；6—液压油箱；7—空调；8—软管盘；9—辅助发电系统；10—波磨小车；11—轨廓测量系统；
12—司机控制部分；13—打磨控制计算机系统；14—燃油箱；15—电气控制间；16—加压装置；
17—发动机水冷却系统；18—行走系统-机油冷却器；19—打磨系统-机油冷却器；
20—机油桶；21—蓄电池（康明斯 KTα38 柴油机）；
22—行走转向架；23—汽笛及灯系

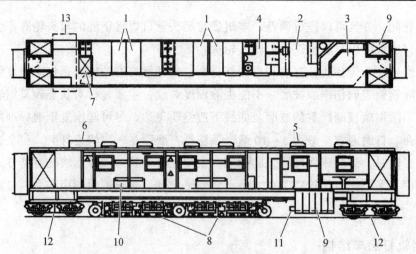

图 10.5.3　钢轨打磨车 2 号车组成

1—卧铺间；2—厨房；3—饭厅；4—洗漱间；5—空调系统；6—空气加压系统；7—液压油箱（打磨系统）；
8—16 个打磨电动机；9—消防水箱；10—生活水箱；11—水泵（消防控制用）；
12—转向架（非动力转向架）；13—水泵（生活水用）

PGM-48 型钢轨打磨列车的特点：

（1）PGM-48 型钢轨打磨列车可在大于 100 m 的曲线上进行打磨作业，打磨小车轮对的轴距为 4.76 m，因此可在标准轨距的曲线条件下有足够的横向移动量，保证安全通过曲线。

（2）PGM-48 型钢轨打磨列车配备着迄今为止与其他钢轨打磨列车相比最复杂又最易操作的计算机控制系统，它由一台图形界面主控计算机及由其控制的 4 台分开的计算机组成。

（3）障碍自动避让系统可单独升降每一个打磨电动机，以便避让预知的障碍，安装在轴上的光学编码器监视本车在线路上的位置，当操作人员输入不需要打磨的起止位置，当打磨列车经过这些预知的位置时，砂轮将自动地、单独地升起和下降。

（4）PGM-48 型钢轨打磨列车可连续工作 6 h，但砂轮在 6 h 内发生消耗时，这个连续工作时间则不含更换砂轮的时间。

（二）打磨工作机构

打磨工作机构是打磨小车的主要工作机构，如图 10.5.4 和图 10.5.5 所示。该机构的整体

摇篮　　打磨电动机　　摇架

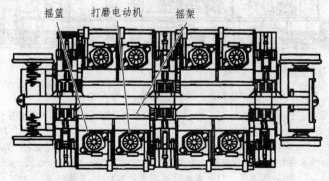

图 10.5.4　打磨小车

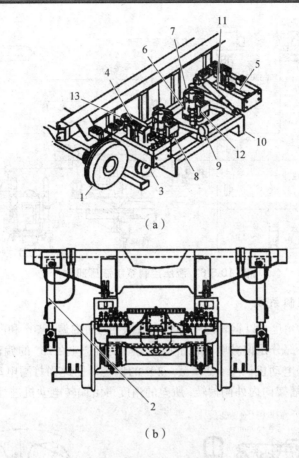

（a）

（b）

图 10.5.5　打磨小车结构

1—走行轮；2—打磨小车提升油缸；3—轨距轮；4—轨距轮升降油缸；5—轨距轮伸缩油缸；6—摇篮；
7—打磨电动机；8—打磨砂轮；9—打磨电动机摆角马达；
10—摇架；11—摇架角位移驱动油缸

型式是打磨工作小车，故亦称打磨机构即打磨小车。打磨车上所有的机械设备与动力机构等的配置目的，最终都是为了保证打磨小车能够状态良好地从事打磨作业。所以，打磨小车是打磨作业的执行机构，是钢轨打磨车的关键组成部件，在打磨车上具有重要的地位与作用。同时打磨车所要求的打磨动作、质量、效率和打磨工艺的先进性等最终都要由打磨小车来体现。

打磨机构工作原理：

打磨机构是打磨车的重要组成部分，是实现打磨功能的执行机构，其机构复杂，包含机、电、液、计算机等。按照功能可分为液压系统，角度控制，电动机旋转，计算机等几部分构成。它们相互关联，共同作用实现对钢轨各部位磨削的功能。

（三）打磨结构液压系统

打磨液压系统包括液压泵驱动电动机、液压泵、紧急液压泵、减压阀、储能器、散热器等组成（见图 10.5.6）。

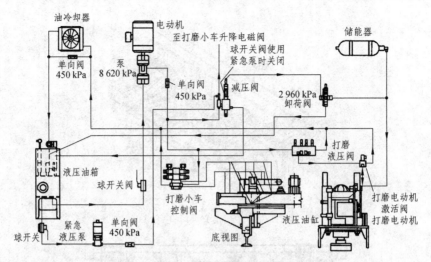

图 10.5.6　液压控制系统液压部件

（四）打磨角度控制系统

打磨电动机的实际角度（以钢轨的中心线为依据）为向内偏 + 50° 和向外偏 – 45°。打磨角度是由两部分构成，一部分是偏转电动机带动打磨电动机产生 ± 25° 的偏转，另一部分是由打磨电动机摇架带动打磨电动机产生 + 25° 至 – 20° 的偏转。因此当打磨电动机的所需角度超过 ± 25° 后就需要相应的摇架向内外侧偏转，所差的角度再由偏转电动机进行修正（见图 10.5.7）。

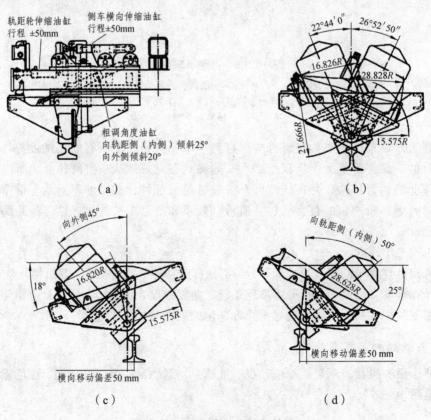

图 10.5.7　打磨角度控制情况

思考题与习题

1. 铁路大型养路机械有哪些？熟悉各机型的组成和工作原理？
2. 铁路轨道及线路病害。

第十一章 其他工程机械

第一节 混凝土机械

一、混凝土搅拌机

（一）混凝土搅拌机的分类

混凝土拌和机是将一定配合比的水泥、砂石、水和外加剂、掺合料拌制成具有一定均质性、和易性要求的混凝土拌和物的机械设备。

混凝土拌和机按照进料、搅拌、出料是否连续，可分为周期作用式和连续作业式两大类。

周期作用式混凝土拌和机按其搅拌原理可分为自落式和强制式两种。自落式搅拌原理是：物料由固定在旋转拌和筒内的叶片带至高处、靠自重下落而进行搅拌；强制式搅拌原理是：物料由处于不同位置和角度的旋转叶片强制其改变运动方向，产生交叉料流而进行搅拌。自落式搅拌原理决定了其搅拌作用不如强制式的强烈，而且搅拌筒转速不能提高，因为转速过高，离心力增大，使物料贴在筒壁上不能下落。所以自落式拌和机搅拌时间较长，生产率较低。

（二）混凝土搅拌机的总体构造

混凝土搅拌机一般由下列主要部分组成：① 搅拌装置。它是搅拌机的工作装置，由搅拌筒（搅拌轴）和搅拌叶片组成。② 上料机构。向搅拌筒装料的机构，一般有翻转式料斗、提升式料斗、固定式料斗等形式。③ 卸料机构。将搅拌好的混凝土拌和料从搅拌筒中卸出的机构，有斜槽式、倾翻式、螺旋叶片式等。④ 传动系统。动力装置和搅拌机各工作装置（如上料机构、搅拌筒和水泵等）之间的动力传动机构，一般有机械传动和液压传动两大类。⑤ 配水系统。根据混凝土配比要求，定量供给搅拌用水的装置，目前使用的有水泵-配水箱系统、水泵-水表系统和水泵-时间继电器系统等。

1. 自落式搅拌机

按搅拌筒结构可以分为鼓形、锥形反转出料，锥形倾翻出料等形式。但鼓形已属淘汰产品，它已由锥形反转出料搅拌机所代替。

锥形反转出料搅拌机的出料是通过改变搅拌筒的旋转方向来实现的，它省去了倾翻机构，在中、小容量范围内（0.15～1.0 m³）是一种较实用的机型。它适用于拌制骨料最大粒径在 80 mm 以下的塑性和低塑硬性混凝土，可供各种建筑工程和中、小型混凝土制品厂使用。目前我国生产的这种搅拌机，出料容量 0.15～0.35 m³ 的多为移动式；出料容量 0.5 m³ 的多为固定式。

锥形反转搅拌机是一种小型的自落式搅拌机,通过搅拌筒的旋转进行搅拌。搅拌筒(见图 11.1.1)为双锥形筒体,内壁焊有两对交叉布置的高位叶片 3 和低位叶片 7,分别与搅拌筒轴线成一定夹角。搅拌筒旋转时,叶片在使物料提升下落的同时,还使物料轴来回窜动,所以搅拌作用比淘汰的鼓筒搅拌机强烈,缩短了搅拌时间,提高了生产率和拌和物的均质性。

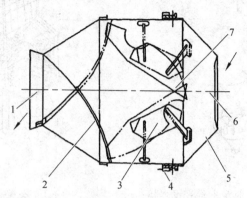

图 11.1.1 锥形反转出料搅拌机的搅拌筒

1—出料口;2—出料叶片;3—高位叶片;4—驱动齿圈;5—搅拌筒体;6—进料口;7—低位叶片

在搅拌筒出料锥体内壁,焊有一对出料叶片 2。改变搅拌筒的旋转方向,混凝土拌和物即由低位叶片推向出料叶片,并排出筒外。反转出料省掉了一套倾翻机构,结构简单,操作方便,但是反转出料是在负载下启动,启动电流大,不易做成大容量。

2.强制式搅拌机

强制式搅拌机按结构特点不同有涡桨式、行星转子式和行星转盘式 3 种。目前我国成批生产的主要是涡桨式搅拌机,出料容量为 0.25 m³、0.35 m³ 和 1.0 m³ 等几种。这种强制式搅拌机适用于拌制干硬性混凝土。

涡桨式搅拌机是一种构造简单的立轴强制式搅拌机,通过立轴旋转进行搅拌(见图 11.1.2)。搅拌筒呈盘形,物料在外环 1 和内环 2 之间的环形带中被搅拌,旋转立轴安装在盘的中央,带动装有搅拌叶片 4 的转子 3 旋转,靠强制搅拌的原理加上较高的转速产生强烈的搅拌作用,所以比自落式搅拌机搅拌质量好,生产率高;适用于各种稠度的混凝土拌和物,但更适用于拌制自落式搅拌机不能拌制的干硬性混凝土拌和物和轻骨料混凝土拌和物。涡桨式搅拌机由于回转中心附近的叶片的线速度很小,不能产生强烈的搅拌作用,所以必需设置内环,以避开低效区。这使搅拌盘的容积利用率降低,径向尺寸增大。

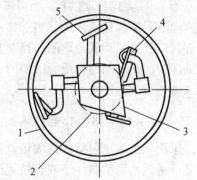

图 11.1.2 涡桨式搅拌机简图

1—搅拌盘外环;2—搅拌盘内环;3—转子;
4—搅拌叶片;5—刮板

二、混凝土搅拌站

混凝土搅拌站是由搅拌机及供料、贮料、配料、出料、控制等系统及结构部件组成,用于生产混凝土拌和物的成套设备,如图 11.1.3 所示。

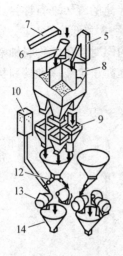
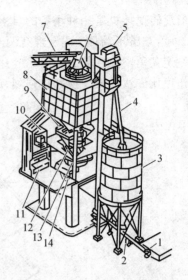

（a）2～3台装机的锥形倾翻出料式搅拌楼　　　　（b）1台装机的涡桨式搅拌楼

图 11.1.3　混凝土搅拌楼

1—水泥受料口；2—螺旋输送机；3—水泥筒仓；4—水泥溜管；5—斗式提升机；6—回转分料器；
7—骨料带式输送机；8—贮料仓；9—称量装置；10—水箱；11—操纵台；
12—集中料斗；13—搅拌机；14—混凝土贮料斗

（一）骨料的供料和贮料系统

　　骨料供贮系统包括骨料运输设备和骨料贮料仓。骨料运输设备是把料场上的砂石材料运送到各相应的骨料贮料仓的设备。贮料仓是直接向称量装置供料的中间仓库，它只需存放少量材料保证称量不中断即可。贮料仓中装有料位指示器（料满和料空两个指示器或连续料位指示器），以实现自动供料。当料满时，料满指示器发出指令，使运输设备停车；当贮料仓中的料面下降到最低位置后，料空指示器发出指令，使运输设备起动，向贮料仓装料。贮料仓的卸料口装有气动式扇形闸门控制卸料口开启程度，以调节给料量。粗骨料贮料仓常用两个反向回转的扇形闸门构成颚式闸门，以减小操作力。砂子贮料仓外壁还需加装附着式振动器用来破坏形成的沙拱。

（二）水泥的供料和贮料系统

　　水泥供贮系统包括水泥输送设备、水泥筒仓和水泥贮料斗。水泥筒仓中的水泥通过输送设备运送到水泥贮料斗，或直接运送到水泥称量斗中。为了使水泥均匀地卸入称量斗，采用给料机作为配料装置，一般采用螺旋输送机兼作配制和运输用。通常的水泥供贮系统由一条与骨料分开的独立的密闭通道提升、称量，单独进入搅拌机内，从根本上改变了水泥飞扬现象。水泥筒仓和贮料斗采用气动破拱器进行破拱，在水泥筒仓和贮料斗内装有料位指示器以便实现自动供料。

　　水泥输送设备分机械输送和气力输送两大类：

　　从筒仓到贮料斗或称量斗的输送，大多采用机械输送。散装水泥车向水泥筒仓卸料采用气力输送，水泥筒仓上装有一根输送管道和吸尘器，利用散装水泥车上的输送泵即可把水泥输送到筒仓内。当使用袋装水泥时，需要一套袋装水泥气力抽吸装置进行气力输送。

（三）配料系统

配料系统是对混凝土的各种组成材料进行配料称量，用以控制混凝土配合比的系统。配料系统由配料装置（给料闸门或给料器等）、称量装置和控制部分组成。称量过程分为粗称和精称两个阶段。粗称可以缩短称量时间，精称可以提高称量精度。

（四）搅拌系统

自落式和强制式搅拌机均可作为搅拌站的主机。混凝土搅拌站通常只装一台搅拌机，但也有装两台的。

如搅拌站不配置搅拌机，就成为中心配料站，中心配料站利用混凝土搅拌输送车进行搅拌。

用混凝土搅拌站进行集中搅拌具有许多优越性：① 混凝土的集中搅拌便于对混凝土配合比作严格控制，保证了质量。从根本上改变了现场分散搅拌配料不精确的情况。② 混凝土的集中搅拌有利于采用自动化技术，可使劳动生产率大大提高，节省劳动力，降低成本。③ 采用集中搅拌不必在施工现场安装搅拌装置、堆放沙石、贮存水泥，从而节约了场地，避免了原材料的浪费。

三、混凝土搅拌输送车

混凝土搅拌输送车是一种远距离输送混凝土的专用车辆。实际上就是在汽车底盘上安装一套搅拌机构、卸料机构等设备，并具有搅拌与运输双重功能的专用车辆。它的特点是在输送量大、远距离的情况下，能保证混凝土质量的均匀。一般是在混凝土制备点与浇筑点距离较远时使用，特别适用于道路、机场、水利等大面积的混凝土工程及特殊的机械化施工中。

图 11.1.4 为 JY-3000 型混凝土搅拌输送车结构总图，它由装卸料系统、搅拌筒及其驱动装置、操纵卸料装置、供水系统和机架等组成。

搅拌筒通过支撑装置斜挂在机架上，可以绕其轴线转动，搅拌筒的后上方只有一个筒口分别通过进出料装置进料或排料。工作时，发动机通过液压传动系统及齿轮、链轮终端减速传动驱动搅拌筒，搅拌筒正转时进行装料或搅拌，反转时则卸料；搅拌筒的转速和转动方向是根据搅拌输送车的工序，由工作人员操纵液压阀手柄加以控制。

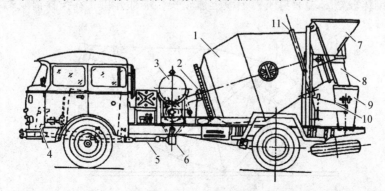

图 11.1.4　JY-3000 型混凝土搅拌车结构

1—搅拌筒；2—轴承座；3—水箱；4—分动箱；5—传动轴；6—下部伞齿轮箱；
7—进料斗；8—卸料斗；9—引料槽；10—托轮；11—滚道

搅拌输送车的供水系统主要用于清洗搅拌装置。如要做干料注水搅拌运输，由于需要供给搅拌用水，应适当增大水箱容积。

机架是内钢板成型后焊接的水平框架和垂直门形支架组成的，搅拌装置的各部分都组装在它上面，形成一个整体，最后通过水平框架与运载底盘大梁用螺栓连接。由于整个搅拌装置是安装在汽车底盘上，并要求在载运中进行搅拌工作，因而这种搅拌装置与一般混凝土搅拌机比较，在结构和工作原理上都有它的一些特点。

（一）装卸料系统

装卸料系统由料斗、固定卸料槽及调节装置等组成，如图 11.1.5 所示。

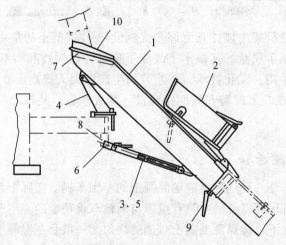

图 11.1.5　卸料槽

1—主卸料槽；2—辅助卸料槽；3—黄油嘴；4—活动转臂；5—螺杆导向；6—螺杆；
7—卸料槽橡胶底板；8—连接轴；9—肘节；10—卸料槽橡胶接口

（二）搅拌筒

搅拌输送车的搅拌筒（见图 11.1.6）绝大部分都是采用梨形结构。整个搅拌筒的壳体是一个变截面而不对称的双锥体，外形似梨，从中部直径最大处向两端对接着一个不等长的截头圆锥。底端锥体较短，端面封闭；上段锥体较长，端部开口。在搅拌筒底端中心轴线上安

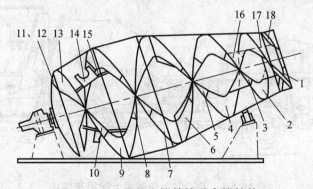

图 11.1.6　混凝土搅拌输送车搅拌筒

1～13—搅拌叶片；14、15—辅助叶片；16—密封叶片；17—进料导管；18—筒口叶片

装着中心支撑轴。上段锥体的过渡部分有一条环形滚道，它焊接在垂直于搅拌筒轴线的平面圆轴上。整个搅拌筒通过中心轴各环形滚道倾斜挂置，再固定于机架上的调心轴承和一对支撑滚轮所组成的三点支撑结构上，所以搅拌筒能平稳地绕其轴线转动。在搅拌筒底端面上安装着传动件，与驱动装置相接。在搅拌筒滚道圆轴上部，通常设有钢带护绕，以限制搅拌筒在汽车颠簸时向上跳动。

（三）供水系统

供水系统由电动机 7、驱动水泵 6 对搅拌筒内加水，图 11.1.7 为搅拌车的供水系统。在进行干式搅拌时，进水由 C 阀 15 控制，水从支承轴中心孔向搅拌筒内注入；另一路由排水龙头 8 控制，通过 D 阀 10 从进料口加水，D 阀 8 开启后，清洗水管 9 便可对搅拌车进行清洗。

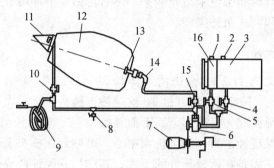

图 11.1.7　混凝土搅拌输送车供水系统

1—E 盖；2—F 盖；3—搅拌水箱；4—A 阀；5—B 阀；6—水泵；7—电动机；8—排水龙头；
9—清洗水管；10—D 阀；11—装料头；12—搅拌筒；13—钟式喷嘴；
14—球形接头；15—C 阀；16—清洗水水箱

第二节　桩工机械

一、概　述

桩是一种人工基础，其主要作用是在软土地基上支承建筑物（承载桩），也用于透水地基中防渗（板桩）。桩基础比其他形式的基础具有更大的承载能力，而且施工也较为方便。因此，在工业与民用建筑、港口和码头、公路和铁道桥梁、海上井台的基础施工中得到广泛应用。

按驱动方法的不同，桩工机械可分为落锤、气锤、柴油锤和电动锤 4 种类型。

落锤就是将一个重铁块，悬挂在桩架顶端定滑轮的钢丝绳上，由机动绞车将其提升到一定的高度后再让它自由落下，靠锤的自重冲击桩头。

气锤是利用蒸汽或压缩空气的能量，使气缸中的活塞产生往复运动而冲击桩头，使桩沉入土中。

柴油锤的基本部分为一个特制的二冲程柴油机，它依靠柴油在气缸中燃烧膨胀时所做的功将冲击锤头提升到一定的高度，然后再让锤头自由落下冲击桩头。它与气锤相比，有效率高、使用方便、设备轻便、易于搬运的优点，故目前使用较广泛。

电动锤是利用电动机驱动一个振捣器，在垂直方向产生振动，然后将激振力传给桩头，使之下沉，故它又称为振动桩锤。电动锤也适用于拔桩。

另外，液压振动桩锤是今后大型桩锤的主要发展方向。液压锤的工作原理与蒸汽锤大致相仿，但速度要大于蒸汽锤。它没有蒸汽锤排放蒸汽时产生的刺耳的啸叫声，噪声指数较低。

本节主要对柴油锤、液压振动锤、振动沉拔桩机以及灌注桩机进行介绍。

二、柴油锤

柴油桩锤的工作原理和二冲程柴油机基本相同，它不是依靠外来的能量来工作的，而是利用柴油在气缸内燃烧时的膨胀力来抬升锤头，然后自由落下冲击桩头。

柴油桩锤有导杆式和筒式两种类型。

（一）导杆式柴油桩锤

导杆式柴油桩锤（见图 11.2.1）是由活塞 2 和 3、气缸 10、导杆 4、油泵 16、顶横梁以及桩帽 17 等部分组成。下端开口的气缸 10 就是冲击锤头，它可沿两根导杆 4 上下移动。活塞是桩锤的基座，桩锤锤底 1 呈球形，其下面是桩帽 17。若桩锤与桩的中心线略有偏斜，则锤底的球面支承仍可保证冲击力作用于桩帽中心。桩帽套在桩头上，其作用是保护桩头不被打坏。顶横梁 6 用销子固定在两根导杆的上端，其作用是保证两导杆的平行位置和挂住起落架 8。活塞顶的中部有喷油嘴 12，它通过活塞中间的油路 14 与油泵 16 相通。油泵上面有摇臂（见图 11.2.2），当气缸下行至其外侧的压销 11 碰及摇臂的斜面时，油泵就泵油。

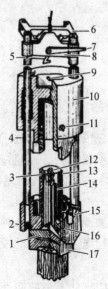

图 11.2.1　导杆式柴油桩锤的构造

1—锤底；2、3—活塞；4—导杆；5—钩；6—顶横梁；
7—杠杆；8—起落架；9—销轴；10—气缸；
11—压销；12—喷油嘴；13—活塞顶部；
14—油路；15—摇臂；16—油泵；
17—桩帽

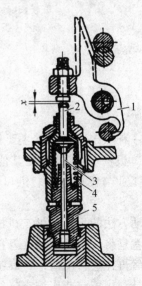

图 11.2.2　高压油泵

1—摇臂；2—推杆；3—油泵芯子；
4—弹簧；5—出油阀

导杆式柴油桩锤的工作原理如下：

启动时通过桩架上的绞盘并利用起落架 8 上面的钩勾住销轴 9 将气缸 10 吊起，然后拉动杠杆 7、使气缸脱钩下落。当气缸碰及活塞下面的锤底时，其冲击动能便通过桩帽传给桩体，使桩体下沉。与此同时，气缸中的空气由于受压缩，其压力和温度很高，当气缸外侧的压销碰及油泵的摇臂斜面时，油泵柱塞下行而泵油。高压油通过油路 14 从活塞顶中部的喷油嘴 12 向气缸内喷入，于是喷入的雾化柴油与高温高压的空气混合并迅速燃烧，燃烧产生的膨胀力推动气缸向上升，当气缸上升到脱离活塞时，燃烧后的废气自行排入大气，同时换进新鲜空气。当气缸上升的动能消失后，在其自重作用下又重新下落，开始下一个工作循环，如此重复至关闭油门才停止工作。气缸上升的高度可通过改变油门的喷油量来控制。

（二）筒式柴油桩锤

导杆式柴油桩锤燃烧时的膨胀力只能推动气缸上行，而其下行仅仅依靠气缸的自重，故冲击动能小，并存在耐用性差等缺点，目前正在逐步被筒式柴油桩锤所取代。筒式柴油桩锤与导杆式柴油桩锤正相反，其冲击锤头不是气缸，而是长形的上活塞 2（见图 11.2.3）。气缸 3 是一个上端开口的长圆筒，其下端与下活塞 6 连接，下活塞安置在桩头上，用以传递上活塞 2 的冲击力。上活塞的底面呈球形，与下活塞上的球槽相吻合。燃油箱 1 装在气缸外壁的中部，下部装着油泵 5，油泵上有一个伸入气缸内的油泵操纵压块 7，用于自动控制油泵喷油。

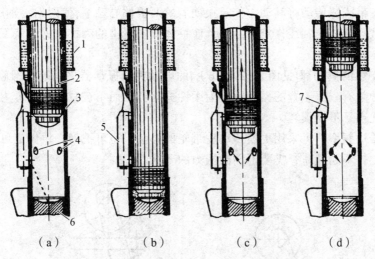

（a）　　　　　（b）　　　　　（c）　　　　　（d）

图 11.2.3　筒式柴油桩锤的工作原理图

1—燃油箱；2—上活塞；3—气缸；4—吸、排气孔；5—油泵；
6—下活塞；7—油泵操纵压块

筒式柴油桩锤的工作过程如下：

开始启动时，借助于桩架上的绞车并通过起落架将上活塞提升至一定的高度，当碰及气缸壁上的限制碰块时，启动钩便脱离上孔塞，于是活塞靠自重下落。上活塞在下落的过程中，首先碰及油泵操纵压块 7，使油泵 5 向下活塞 6 的中央槽内喷油[见图 11.2.3（a）]，然后关闭吸、排气孔 4，使气缸内的空气被压缩。当上活塞落到下活塞上时，便将冲击动能传给桩体，使桩体下沉，与此同时，下活塞球槽内的雾化柴油与气缸内被压缩后高温高压的空气混合而迅速自行燃烧[见图 11.2.3（b）]。燃烧形成的膨胀力一方面对下活塞施压，加速桩体下沉；另一方面推动上活塞上升[见图 11.2.3（c）]。当上活塞上升到越过吸、排气孔位置时，气缸内燃烧后的废气便排出缸外。活塞继续上行，气缸内形成负压，于是新鲜空气便从吸、排气孔进气缸内。当活塞上行到其能量消失时[见图 11.2.3（d）]，活塞又靠自重下落，开始第二个工作循环。

三、振动桩锤

振动沉桩法和冲击沉桩法相比，具有效率较高、设备简单、费用较低、桩头不易损坏、沉桩时横向位移小及所用桩锤质量轻、体积小、搬运方便等优点。此外，这种方法还可用于拔桩。振动桩锤按其工作原理的不同，可分为振动锤和振动冲击锤两种类型。

（一）振动锤

振动锤的构造和工作原理与振捣器基本相似，不过是将振捣器的振捣板改为打桩用的桩帽而已。

振动锤如图 11.2.4 所示，它由振动器 2、电动机 4、桩夹 1 以及三角皮带或传动机构 3 等主要部分组成。

简单的振动锤[见图 11.2.4（a）]的电动机用螺栓直接固定在振动器外壳的上端面上。电动机通过三角皮带或链传动将其动力传至振动器的两根偏心轴上，使两偏心轴反向同步回转。这样，振动器就沿着桩的轴线作定向振动，使桩体周围土壤的摩擦阻力显著下降，桩体靠其自重而下沉。

具有弹簧支承的振动锤[见图 11.2.4（b）]的电动机与振动器之间装有螺旋弹簧 5，以做减振装置。这种装有减振装置的振动锤称为柔性振动锤，而不装减振装置者为刚性振动锤。柔性振动锤的优点是不易损坏。

为了调整振动频率，可采用更换传动皮带轮的办法，也可把偏心块做成可调的，以适应在不同的土壤上打不同桩时，需要不同激振力的要求。

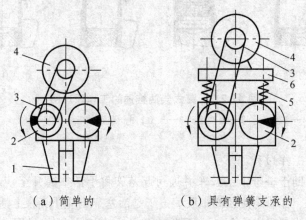

（a）简单的　　　　　（b）具有弹簧支承的

图 11.2.4　振动锤简图

1—桩夹；2—振动器；3—传动机构；4—电动机；5—螺旋弹簧；6—载荷平板

（二）振动冲击锤

沉桩入土既靠振动，又靠冲击，故沉桩效率比振动锤高。振动冲击锤适用于在黏性土壤和坚硬的土层上打桩和拔桩。

振动冲击锤的优点是具有较大的振幅和冲击力，功率消耗小；缺点是冲击时噪声大，电动机由于受频繁的冲击作用而容易损坏。

四、液压锤

液压锤是以液压能作为动力，举起锤体然后快速泄油，或同时反向供油，使锤体加速下降，锤击桩帽并将桩体沉入土中。液压锤正被广泛地用于工业、民用建筑、道路、桥梁以及水中桩基施工（加上防水保护罩，可在水面以下进行作业）。同时，液压锤通过桩帽这一缓冲装置，直接将能量传给桩体，一般不需要特别的夹桩装置，因此可以不受限制地对各种形状的钢板桩、混凝土预制桩、木桩等进行沉桩作业。液压锤还可以不受限制地对各种形状的钢板桩、混凝土预制桩、木桩等进行沉桩作业。另外，液压锤还可以相当方便地进行陆上与水上的斜桩作业，比其他桩锤有独到的优越性。

（一）液压锤的分类

液压锤可分为单作用和双作用两种类型。单作用液压锤是指锤体被液压能举起后，按自由落体的运动方式落下。双作用液压锤在锤体被举起的同时，向蓄能器内注入高压油，锤体下落时，蓄能器内的高压油促使锤体加速下落，使锤体下落的加速度超过自由落体加速度。

（二）液压锤的构造

液压锤由本体机械部分、液压系统和电气控制系统构成。图 11.2.5 为液压锤结构简图，图 11.2.6 为下锤体部分。现以 10 t 液压锤为例对各组成部分分别加以说明。

（1）起吊装置。起吊装置主要由滑轮架、滑轮组与钢丝绳组成，通过打桩架顶部的滑轮组与卷扬机相连。利用卷扬机的动力，液压锤可在打桩架的导向架上下滑动。滑轮组的倍率可根据液压锤的质量确定。

（2）导向装置。导向装置与柴油锤的导向夹卡基本相似，它用螺栓将导向装置与壳体和桩帽相连，使其与导向架的滑道相配合，锤可沿导向架上下滑动。由于液压锤的工作环境极其恶劣，导向装置的卡爪磨损到一定程度后应及时修补或更换，以确保安全。

（3）液压装置保护罩。液压装置保护罩用来保护液压锤上部的液压元件、液压油管和电气装置。由于液压锤的工况复杂、使用环境恶劣，难免会发生这样或那样的碰撞，因此液压装置必须有可靠的保护。液压装置保护罩还可以连接起吊装置和壳体。液压装置保护罩还有另一个重要的作用，即作配重使用。当锤体下落打击桩帽时，桩帽对锤体有一个向上的反力，这个反力会使锤体和液压缸发生不规则的抖动或向上反弹，这种干扰会影响液压系统正常的工作循环，同时对桩、桩架造成不良影响。液压装置保护罩的质量起到类似配重的作用，可以缓解和减少其不规则的抖动或反弹，从而提高整体工作性能。使用者往往只注意到它的保护和连接作用，却忽视了它提高整机工作稳定性的功能。

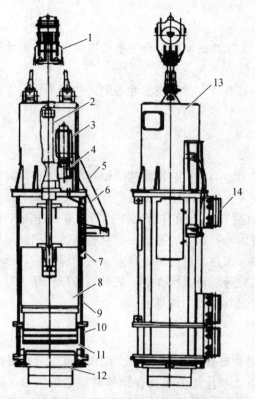

图 11.2.5 日本 NH 系列液压锤结构简图

1—起吊装置；2—液压缸；3—蓄能器；4—液压控制装置；5—油管；6—控制电缆；7—无触点开关；
8—锤体；9—壳体；10—下壳体；11—下锤体；12—帽桩及缓冲垫；
13—液压装置保护罩；14—导向装置

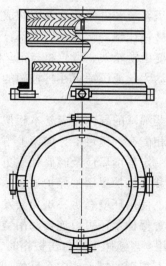

图 11.2.6 下锤体

（4）锤体。液压锤通过锤体下降打击桩帽，将能量传给桩，实现桩的贯入下沉。锤体是沉桩的主要工作部分。锤体的上部与液压缸活塞杆头部由法兰连接。由于该处周期性冲击荷载较大，受力情况也较复杂，因此锤体和活塞杆的连接应十分可靠，除去对螺栓强度有特殊的要求外，还应通过加工工艺加以保证。锤体一般由 45 钢制成。

（5）壳体。壳体把上部的液压装置保护罩和下壳体连在一起，在它外侧安装着导向装置、无触点开关、液压油管和控制电缆的夹板等。锤体上下运动锤击沉桩的全过程均在壳体内完成，壳体板较厚，除去有足够的强度与刚度之外，还有一定的隔音作用。

（6）下壳体。下壳体将桩帽罩在其中，上部与壳体上部相连，下部支在桩帽的树脂垫上。

（7）下锤体。图 11.2.6 所示为下锤体。下锤体上部有两层缓冲垫，与柴油锤下活塞的缓冲垫作用一样，防止过大的冲击力打击桩头。液压锤工作时，下锤体受力情况最恶劣，冲击荷载大，材料多选用锻件。

（8）桩帽及缓冲垫。打桩时桩帽套在钢板桩或混凝土预制桩的顶部，除去导向作用外，与缓冲垫一起既保护桩头不受到破坏，也使锤体及液压缸的冲击荷载大为减少。在打桩作业时，应注意经常更换缓冲垫。

五、灌注桩机

随着经济建设的发展，基础工程逐步向大型化的方向发展。这就要求建筑物的基础支承力越来越大，即要求桩的直径增大，埋入土层的深度加深。用一般的冲击或振动的方法来沉桩，难以满足工程设计的要求，而且在工作中所造成的噪声及振动等公害也难以完全克服。近年来，采用现场钻孔灌注混凝土的施工新技术，已取得了良好的效果。这种基础称为钻孔灌注桩，而所用的机械叫作灌注桩钻孔机。

钻孔法灌注混凝土施工的基本原理如图 11.2.7 所示。首先将底部装有刃齿的钢管压入土中，这叫下套管（或管柱）。为了减少套管压下时的土壤阻力，缩短作业时间，在钻孔机下面安装着摆动装置（见图 11.2.8）。用夹紧油缸将套管夹紧，再用两个摆动油缸的协同动作使套管往复摆动，于是套管在压力作用下边摆边压入土中。

当套管压入一定的深度时，要不断挖除套管内的土壤[见图 11.2.7（a）]，这种联合动作一直使套管到达支承土层为止。

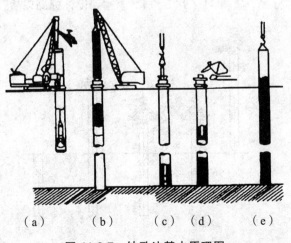

（a）　　（b）　　（c）（d）　　（e）

图 11.2.7　钻孔法基本原理图

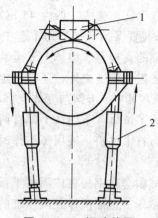

图 11.2.8　摆动装置

1—夹紧油缸；2—摆动油缸

孔钻完后，将已编好的笼形钢筋架和混凝土灌注导管吊入孔中[见图 11.2.7（b）、（c）]，并定好位置。然后将混凝土灌入孔内[见图 11.2.7（d）]，且随着灌注混凝土数量的增加，逐步拔出灌注混凝土用的导管。最后拔出导管，混凝土灌注桩也就形成了[见图 11.2.7（e）]。

钻孔的方法一般分为挤土成孔、螺旋钻孔、冲抓成孔和回转成孔 4 种。

（一）挤土成孔设备

挤土成孔是把一根与孔径相同的钢管打入土中，然后把钢管拔出，即可成孔。挤土成孔设备是由桩架和振动桩锤组成。沉、拔管通常是用振动桩锤，而且是采取边拔管边灌注混凝土的方法，这样能大大提高灌注质量。

图 11.2.9 是振动灌注成孔桩的示意图。在振动桩锤 1 的下部装有一根与桩径相同的桩管 4，桩管上部有混凝土的加料口 3，桩管下部为一活瓣桩尖 5。桩管就位后开始振动桩锤，使桩管沉入土中。这时活瓣桩尖由于受到端部土压力的作用，紧紧闭合。一般桩管较轻，所以常常要加压使桩管下沉到设计标高，如图 11.2.9（b）所示。达到设计标高以后，根据要求可放钢筋笼，

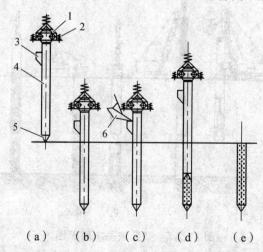

（a）　　（b）　　（c）　　（d）　　（e）

图 11.2.9　振动灌注桩工艺过程

1—振动桩锤；2—减振弹簧；3—加料口；4—桩管；5—活瓣桩尖；6—上料斗

然后用上料斗 6 将混凝土从加料口注入桩管内，如图 11.2.9（c）所示。这时再启动振动桩锤，逐渐将桩管拔出。拔出时活瓣桩尖在混凝土重力的作用下打开，混凝土落入孔内，由于一面拔管一面振动，所以孔内混凝土浇筑得很密实，如图 11.2.9（d）所示，最后形成桩。

采用振动挤土成孔的方法还可以施工爆扩桩，即在成孔后，在孔底放置适量的炸药，然后注入混凝土。引爆后，孔底扩大，混凝土靠自重充满扩大部分，然后放置钢筋笼浇筑其余部分混凝土。

采用挤土的方法一般只适于直径 50 cm 以下的桩，对于大直径桩采用取土成孔的方法。

（二）螺旋钻孔机

螺旋钻孔机分长螺旋钻机与短螺旋钻机两种，用于干作业螺旋钻孔桩的施工。长螺旋钻的钻杆全部被连续的螺旋叶片所覆盖，就像输送水泥的螺旋推进器一样。切削土层时，被切土屑或是沿叶片斜面向上滑行，或是沿叶片斜面成球状向上滚动，逐渐从螺旋钻机出土槽中排出，成孔相当迅速，直径 4 400 mm 的桩，采用长螺旋钻进作业，一般不到 10 min 即可成孔，一个台班可成桩 20 根左右。

短螺旋钻的钻头只有几个叶片，但螺旋叶片的直径较大，国产短螺旋钻叶片的最大直径有 1 800 mm。短螺旋钻切土时，被切土块沿着螺旋叶片上升，逐渐堆满整个螺旋钻头，形成一个"土柱"。然后提钻甩土，其工作方法与前节介绍的回转斗钻机基本一样，因此使用短螺旋钻机的桩架，只要将螺旋钻头改换成回转斗就成了回转斗钻机。

螺旋钻机按底盘行走的方式可分成履带式、步履式和汽车式 3 种。按驱动方式主要有电动与液压传动 2 种。电动主要用于步履式桩架，液压传动用于履带桩架。

钻孔成桩可采用长螺旋钻孔法，它由长螺旋钻孔机来完成。长螺旋钻孔机如图 11.2.10 所示，它装在履带式桩架上。

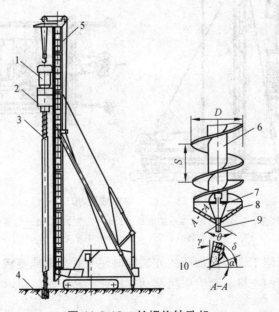

图 11.2.10　长螺旋钻孔机

1—电动机；2—减速器；3—钻杆；4—钻头；5—钻架；6—无缝钢管；7—钻头接头；
8—刀片；9—定心尖；10—切削刃

长螺旋钻孔机主要由行走底盘、桩架、动力头、螺旋钻杆、钻头等构成。长螺旋钻孔机大都采用电力驱动。因为钻机经常是在满负荷的工况下工作，而且常常由于土质的变化或操作不当（如钻进过量）而过载。电动机应适合于满载的工况运转，同时具有较好的过载保护装置。钻机上部的减速器大都采用立式行星减速器。在减速器朝向桩架的一侧装有导向装置，使钻具能沿钻架上的导轨上下滑动。钻杆的作用是传递扭矩并向上输土。钻杆的中心是一根无缝钢管，在管外焊有螺旋叶片。螺旋叶片的外径 D 等于桩孔的直径，螺旋叶片的螺距一般取为（0.6~0.7）D。钻杆的长度应略大于桩孔的深度。当钻杆较长时，可以分段制作，各段钢管之间用法兰相连，螺旋叶片采用搭接形式。

钻头是钻具上带有切削刃的部分。钻头的形式是多种多样的，常用的一种构造如图 11.2.10 右侧放大图所示。钻头的刀片是一块扇形钢板 8，它用接头 7 装在钻杆上，以便于更换。在刀板的端部装有切削刃 10。切削软土时应装硬质锰钢刀刃，切削冻土时必装合金刀头。切削刃的前角 γ 为 20° 左右，后角 α 为 8°~12°。钻头工作时，左右刃应同时进行切削，为了使切下来的土能及时输送到输土螺旋叶片上，钻杆端部有一小段双头螺旋部分。在钻头的前端装有定心尖 9。定心尖 9 起导向定位作用，防止钻孔歪斜。这种钻机可钻 8~15 m 的深孔，钻进速度可选 1.5~2 m/min。

（三）冲抓成孔机

在施工中，对硬土层、砂夹石、土夹石的土层的成孔，多采用冲抓成孔。冲抓成孔机如图 11.2.11 所示。

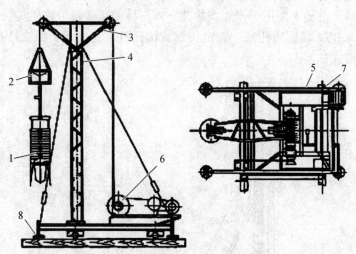

图 11.2.11　冲抓成孔机

1—冲抓斗；2—脱钩架；3—架顶横梁；4—机架立柱；5—机架底盘；
6—卷扬机；7—走管；8—螺旋支腿

冲抓成孔用全套管施工，即用加压的方法同时使套管摆动或旋转，迫使套管下沉，然后用冲抓斗取出套管下端的土壤。套管采用摆动方法或旋转方法，可以大大减小土壤和套管间的摩擦力。

冲抓斗成孔机由桩架、冲抓斗、套管摆动（或旋转）装置组成。套管由 4 个主要部件组成，其工作过程如下：

冲抓斗的初始状态是张开状态。放松卷扬机，冲抓斗以自由落体方式向套管内落下切土。向上收缩钻用钢丝绳，提升滑轮，与动滑轮相连接的连杆使抓斗片合拢。卷扬机继续收缩，冲抓斗被提出套管。桩机回转，松开卷扬机。动滑轮靠自重下滑，带动专用钢绳向下，使抓斗片打开卸土。

冲抓斗有两瓣式和四瓣式两种（冲抓斗的形式见图 11.2.12）。两瓣式适用于土质松软的场合，抓土较多；四瓣式适用于硬土层，抓土较少。钻机所用的套管有不同的长度，分别有 1 m、2 m、3 m、4 m、5 m、6 m 等。套管之间采用径向的内六角螺母连接接。

冲抓斗在使用时的特点是：

（1）在一般地质条件下都可施工，对地层的适用范围广。

（2）振动、噪声都较小。

（3）可根据支持层的长度自由确定桩长。

（4）在软地基上采用套管可施工，孔口不易塌方。

（5）桩径可在 0.6～2.5 m 的范围内选择。

（6）桩深最大可达 50 m，桩的承载能力比较高。

其缺点是设备成孔的速度较慢，设备比较笨重。

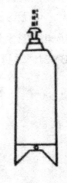

（a）用于含砂砾石的双瓣锥　　　　（b）强齿式四瓣锥　　　　（c）用于一般砂土的双瓣锥

图 11.2.12　冲抓斗的形式

第三节　公路施工机械

一、路面路基物料拌和设备

基层是直接位于沥青面层下用高质量材料铺筑的主要承重层，或直接位于水泥混凝土面板下用高质量材料铺筑的结构层。底基层是在沥青路面基层下铺筑的次要承重层，或在水泥混凝土路面垫层下铺筑的辅助层。路面的基层按结构组合设计要求，选用沥青稳定碎石、沥青贯入式、级配碎石、级配砂砾等柔性基层；水泥稳定土或粒料、石灰与粉煤灰稳定土或粒料的半刚性基层；碾压式水泥混凝土、贫混凝土等刚性基层；以及上部使用柔性基层，下部使用半刚性基层的混合式基层。

道路路基的填筑工程物料用量极大，需采用大规模生产方式才能满足要求。常用的路基稳定土生产方式和设备有两种，一种是就地破碎路基表层土并添加改性材料进行拌和，所使用的机械是稳定土拌和机；另一种是在固定地点对原始工程土拌和改性材料，再运送到铺筑点去，使用的设备是稳定土厂拌设备。使用稳定土厂拌设备更有利于控制质量。

道路路面铺筑材料质量要求很高，常采用厂拌设备定点拌和。兼顾到移动性，水泥混凝土生产一般采用拌和站，沥青混合料则由专门的沥青混合料搅拌楼（站）生产。

（一）稳定土拌和机

稳定土拌和机又称路拌机，是一种在施工现场低速行驶过程中，就地破碎土壤，并与稳定剂（石灰或水泥等）均匀拌和的机械。在道路工程中，稳定土拌和机主要用于基层稳定土的现场拌和作业，形成符合设计要求的改性基层。它可以切削、拌和 I ~ V 级工程土，效率较高，可应用在等级公路的基层施工中；还可以换装铣削滚筒，进行沥青或水泥路面的铣刨作业。

稳定土拌和机由发动机与底盘系统、拌和工作装置和稳定剂喷洒控制系统等组成。

为了满足拌和深度、宽度和拌和速度的要求，稳定土拌和机的发动机功率通常较大，现代拌和机的发动机功率多为 200 ~ 350 kW。

稳定拌和机的传动系统主要有机械和全液压传动两种，机械传动效率较高；全液压传动功率密度大，可无级调速，易实现自动化和过载保护，操纵方便省力。全液压（液力）传动是稳定土拌和机的发展方向。现在，越来越多的稳定土拌和机采用全液压传动。如图 11.3.1 所示为 WBY21 型稳定土拌和机外形图，其传动形式为全液压式。

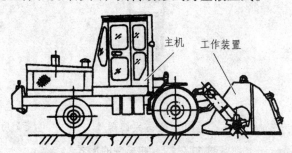

图 11.3.1　WBY21 型稳定土拌和机外形图

1. 主　机

稳定土拌和机的主机除传动系统有自己独特的要求外，其余类似于专用底盘，因此，主机部分主要结合国内外典型机种，阐述其传动系统的结构和工作原理。

动力传动由行走传动系统和工作装置传动系统组成。行走传动系统必须满足运行与作业速度的要求；工作装置（转子）传动系统必须满足因拌和土壤性质不同而转速不同的要求；同时，拌和机在拌和作业过程中，被拌材料的种类及物理特性的变化会引起其外阻力的变化，这就要求其传动系统能根据机器外阻力的变化自动调节其行走传动系统与转子传动系统之间的功率分配比例；另外，当转子遇到埋藏在被拌材料中的大石块、树根等类杂物的突然冲击载荷时，则要求传动系统有过载安全保护装置。

一般稳定土拌和机的主机部分除了传动系统，还包括行走系统、转向系统、制动系统、驾驶室等。

行走系统包括车架、前桥、后桥等。车架是采用型钢和板材拼焊而成的结构件，其前端设有配重支座，中间为等宽梁架，后端是向左右伸出的工作装置悬挂支架，左右纵梁由多根横梁相接成的具有足够刚度的车架组成。后桥选用徐州桥箱厂引进法国 SO-MA 公司的两级减速驱动桥，与车架刚性连接。前桥为转向桥，通过平衡支撑与车架沿轴线方向衔接。转向系统采用全液压转向。

2．工作装置

工作装置又称拌和装置，主要由转子、转子架、转子升降油缸、罩壳后斗门开启油缸等组成。参见图 11.3.1 及图 11.3.2。

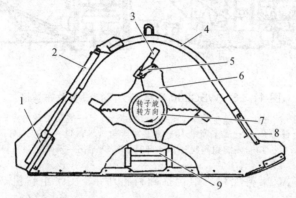

图 11.3.2　稳定土拌和机转子及罩壳结构示意图

1—后斗门；2—后斗门开启油缸；3—刀片；4—转子罩壳；5—压板；6—刀盘；
7—转子轴；8—前斗门；9—深度调节垫片

在运输状态，转子通过转子升降油缸被抬起，罩壳支承在转子两端的轴颈上，因此也被抬起；在工作状态，转子通过转子升降油缸被放下来，罩壳便支承在地面上，此时，转子轴颈则借助于罩壳两侧长方形孔内的深度调节垫片支承在罩壳上。因此，在自身质量和转子质量的共同作用下，罩壳紧紧地压在地面上，形成一个较为封闭的工作室，拌和转子在里面完成粉碎拌和作业。转子架一般为框架结构，铰接于车架的悬挂端部，用来支承工作转子及使转子相对于地面作升降运动。

（二）稳定土厂拌设备

现代道路铺筑工程中，稳定土材料的用量约等于公路工程所用沥青混合料和水泥混凝土材料两者之和。采用中心站集中拌和法制备路基稳定土时使用稳定土厂拌设备作业，其特点是拌和加工配比精度高，拌和均匀，拌和质量一般要优于路拌机的作业质量。当对改性基层土性质有较高要求时，一般采用稳定土厂拌设备。当前，在高速公路及高等级公路大量兴建的情况下，稳定土厂拌设备的市场需求甚至多于沥青混合料拌和设备及水泥混凝土拌和设备。

稳定土的厂拌过程不涉及加热，故称冷拌和。

稳定土厂拌设备是专门用于拌制各种以水硬性材料为结合剂的稳定混合料的搅拌机组，主要适用于集中拌和道路、机场和广场等基层和底基层的稳定土材料。它具有设备比较完善，可根据设计要求拌和各种不同配合比的稳定土材料，且土壤和稳定剂的配合比准确，拌和均匀，成品料质量稳定，便于计算机自动控制和生产率高等优点，是修筑高等级公路基层和底基层的必备设备之一。但它需要较多的配套机械设备，如汽车、装载机、摊铺机等，施工成本较高。

现以 WBC200 型（见图 11.3.3）为例，介绍稳定土厂拌设备的组成和工作原理。

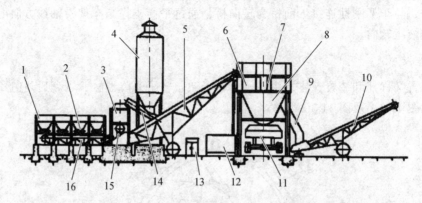

图 11.3.3 WBC200 型稳定土厂拌设备总布置图

1—配料料斗；2—皮带给料机；3—小粉料仓；4—粉料筒仓；5—斜置集料皮带输送机；6—搅拌机；
7—平台；8—混合料储仓；9—溢料管；10—堆料皮带输送机；11—自卸汽车；12—供水系统；
13—控制柜；14—螺旋输送机；15—叶轮给料机；16—水平集料皮带输送机

（1）集料配料机组。集料配料机组包括配料料斗 1、皮带给料机 2、水平集料皮带输送机 16 等。

集料配料时，利用装载机或其他上料机具，将需要拌和的不同粒径的集料，分别装进不同的配料料斗 1 内，每个配料料斗下都设有皮带给料机 2，皮带给料机由调速电动机驱动，按施工技术要求的配合比进行配料；配好的物料落到水平集料皮带输送机 16 上，由其输送到斜置集料皮带输送机 5 上。

（2）结合料（稳定剂）供给系统。结合料供给系统主要包括粉料筒仓 4，螺旋输送机 14、小粉料仓 3 和叶轮给料机 15 等。

结合料通过运输车上的气力输送装置输送到粉料筒仓 4 中，粉料筒仓的出料口与螺旋输送机 14 的进料口相连接，进入螺旋输送机的结合料被输送到小粉料仓 3 中；小粉料仓的出口装有叶轮给料机 15，叶轮给料机由调速电动机驱动，按施工技术要求的配合比进行配料；配好的粉料落到斜置集料皮带输送机上。

（3）斜置集料皮带输送机。斜置集料皮带输送机将配好的各种集料和结合料直接输送到搅拌机 6 中。

（4）供水系统。供水系统的作用是向搅拌机中喷水，以控制和调节被拌和混合料的含水率。供水系统由水箱、水泵、三通阀、节流阀、流量计、管路和喷水管等组成。供水量由手动节流阀控制，用流量计显示。

（5）搅拌机。搅拌机采用双轴强制连续搅拌式。当搅拌轴旋转时，由斜置集料皮带输送机输入搅拌机的各种物料，在旋转叶桨的作用下，一边被拌和，一边被推向出料方向，这样可保证连续进料、搅拌和出料。

（6）混合料储仓。拌和好的成品混合料从搅拌机的出料端直接卸入混合料储仓 8 内暂时存放。混合料储仓主要包括立柱、平台、料斗、溢料管和启闭斗门的液压传动机构等组成。

当混合料储仓装满拌和好的成品混合料时，可用手动控制液压系统打开放料门，将混合料卸入自卸汽车运往施工工地。

（7）堆料皮带输送机。当自卸汽车不足或需要堆料时，放下混合料储仓内的液动导料槽，使搅拌机拌和好的成品混合料通过导料槽卸入溢料管 9，流进堆料皮带输送机 10 中，由堆料皮带输送机进行堆料存放，使用时再运往施工工地。

稳定土厂拌设备主要由矿料（土壤、碎石、砂砾、粉煤灰等）配料机组、集料皮带输送机、粉料配料机、搅拌机、供水系统、电器控制柜、上料皮带输送机、混合料储仓等部件组成。

（三）沥青混合料厂拌设备

沥青混合料搅拌设备是一种将不同粒径的骨料和填料按规定的比例掺在一起，用沥青作结合料，在规定的温度下拌和成均匀混合料的专用机械设备。常用的沥青混合料有沥青混凝土、沥青碎石、沥青砂等。

沥青混合料拌和生产的基本特征是：在拌和过程中，必须对拌和材料进行烘干或加热，故称热拌和。沥青混凝土搅拌设备的分类、特点及适用范围见表 11.3.1。

表 11.3.1　沥青混凝土搅拌设备的分类、特点及适用范围

分类形式	分类	特点及适用范围
生产能力	小　型	40 t/h
	中　型	30～350 t/h
	大　型	400 t/h
搬运方式	移动式	装置在拖车上，可随施工地点转移，多用于公路施工
	平固定式	装置在几个拖车上，在施工地点拼装，多用于公路施工
	固定式	不搬迁，又称沥青混凝土工厂，适用于集中工程、城市道路施工
工艺流程	间歇强制式	按我国目前规范要求，高等级公路建设应使用间歇强制式搅拌设备，连续滚筒式搅拌设备用于普通公路建设
	连续滚筒式	

沥青混合料生产工艺流程有间歇式和连续式两种。

1．间歇强制式搅拌工艺

间歇强制式搅拌设备的结构及工艺流程的特点：初级配的冷骨料在干燥筒内采用逆流加热方式烘干，热能利用好。加热矿料与沥青的比例能达到相当精确的程度，也易于根据需要随时变更矿料级配和油石比，所拌制出的沥青混凝土质量好。其缺点是工艺流程长，设备庞杂，建设投资大，对除尘装置要求较高，除尘装置的投资占设备总造价的 30%～40%。

间歇强制式沥青混合料搅拌设备由冷骨料储仓及配料机、带式输送机、烘干筒、热骨料提升机、热骨料筛分及计量装置、石粉供给及计量装置、沥青供给系统、搅拌器、除尘装置、成品料储仓和操作控制室等组成，如图 11.3.4 所示。

2．连续滚筒式搅拌工艺

连续滚筒式沥青混凝土搅拌工艺：动态计量、级配的冷骨料和石粉连续地从搅拌滚筒的前部进入，采用顺流加热方式烘干、加热，在滚筒的后部与动态计量、连续喷洒的热态沥青

混合，采用跌落搅拌方式连续搅拌出沥青混凝土。

连续滚筒式搅拌设备主要由冷骨料储仓、给料器、粉料及沥青供给装置、搅拌流通筒、除尘装置和成品储仓等组成，如图 11.3.5 所示。

与间歇强制式沥青混凝土搅拌设备相比较，连续滚筒式的冷骨料烘干加热，与粉料、沥青搅拌在同一搅拌滚筒内完成，故工艺流程简化，搅拌设备简单，制造和使用费用低。混凝土拌制时粉尘难以逸出，容易达到环保标准。但由于骨料的加热采用热气顺着料流的方向进行，故热能利用率较低，拌制好的沥青混凝土含水量较大，且温度也较低（110～140 ℃）。

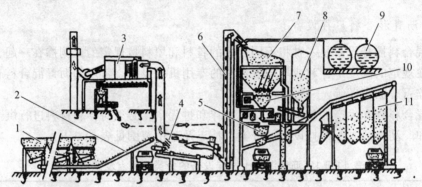

图 11.3.4　间歇强制式沥青混合料搅拌设备总体结构

1—冷骨料储仓及给料器；2—带式输送机；3—除尘装置；4—冷骨料烘干筒；5—搅拌器；6—热骨料提升机；
7—热骨料筛分及储仓；8—石粉供给及计量装置；9—沥青供给系统；
10—热骨料计量装置；11—成品料储仓

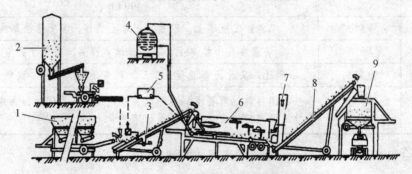

图 11.3.5　连续滚筒式搅拌设备

1—冷骨料储仓及给料器；2—粉料供给装置；3—带式输送机；4—沥青供给装置；5—油石比控制仪；
6—搅拌滚筒；7—除尘装置；8—成品料输送机；9—成品料储仓

二、路面摊铺机

（一）沥青混合料摊铺机

1. 概　述

沥青混合料摊铺机是进行混合料机械化摊铺作业的主要设备。拌和好的混合料运到路基上的铺摊点后，摊铺机按施工技术要求进行摊铺，并同时进行初步的捣实和整平，形成一定的宽度、厚度、横截面形状和密实度要求的路面层或表基层。由于可以提高路面铺筑质量、加快施工进度、减少碾压次数及降低劳动强度，沥青混合料摊铺机广泛应用于公路、站场、机场和码头的路面铺筑，在沥青混合料摊铺机基础上派生出的多功能混合料摊铺机还应用于道路路基表基层级配稳定土的分层铺筑和高速铁路路基表层级及道砟层的铺筑。

沥青混合料摊铺机大体上可以按照下面方式进行分类：

（1）最大摊铺宽度。可分为小型（<3.6 m，用于养护和狭窄道路），中型（4~6 m，用于一般公路路面），大型（7~9 m，用于高等级公路），超大型（≥12 m，主要用于高速公路等）。

（2）走行方式。现代摊铺机走行多为自行式，其行走系统有履带式、轮胎式两种。

（3）传动方式。沥青混合料摊铺机可分为机械式和液压式两类。现代大型摊铺机都采用全液压传动方式，可简化结构、方便总体布置、且便于无级调速和采用电液全自动控制，获得较高的性能指标。

（4）其他。熨平板的延伸方式分为机械加长式和液压伸缩式，大型摊铺机多采用前者，刚度较好；小型摊铺机多采用后者，调整方便。熨平板的加热方式有电加热、液化气加热和燃油加热等 3 种形式。

施工时，装有混合料的自卸车倒车至摊铺机前端，直到自卸车后轮靠在摊铺机最前端的顶推辊上。自卸车车斗顶升，部分混合料被卸入摊铺机前部料斗内；同时自卸车挂空挡。摊铺机一边将料斗内的物料逐渐输送到后部进行分料摊铺，一边以稳定的速度顶推着自卸车前进。自卸车逐渐将混合料全部卸下并离开，下一辆自卸车又向摊铺机继续供料。

摊铺机料斗内装置的刮板输送器将沥青混合料陆续刮送至尾部摊铺室内，再由螺旋分料器将物料横向摊开，随着摊铺机推着汽车同步向前缓慢行驶，摊开的混合料被装在摊铺机尾部的振捣器初步捣实，接着被熨平器按摊铺宽度及厚度要求加以整平成型。最后经压路机碾压后就基本完成了路面铺筑，沥青混合料摊铺施工如图 11.3.6 所示。

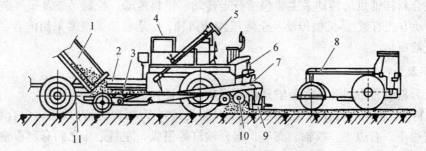

图 11.3.6　沥青混合料摊铺施工

1—自卸车；2—接料斗；3—刮板输送器；4—发动机；5—方向盘；6—熨平器升降装置；
7—调整杆；8—压路机；9—熨平器；10—螺旋摊铺器；11—顶推滚轮

2．总体结构

沥青混合料摊铺机由柴油机、动力传动系统、供料装置、工作装置、控制系统、车架与走行底盘等构成。各种型号的沥青混合料摊铺机除了走行底盘有轮胎式与履带式的区分外，其他部分类似。

1）总体概述

图 11.3.7 为履带式沥青混合料摊铺机的总体构造示意图。机架为具有足够强度的焊接钢结构件，与走行部为刚性连接（无弹性悬挂）。机架前部为料斗，底部设有刮板输送器，最前

端为顶推辊。内燃机一般安装在摊铺机中部，其动力输出经分动箱直接驱动液压系统的油泵，并由若干液压马达驱动各装置及系统。分料装置与振捣熨平装置装配为一体，横置于车架后部，其两侧各由牵引杆与主车架相连，保证总体刚度，并在需要时调整工作角度。分料与振捣熨平装置的工作宽度可根据路面施工要求进行调整。

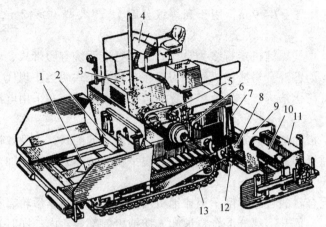

图 11.3.7　履带式沥青混合料摊铺机总体示意图

1—液压独立驱动双排刮板输送器；2—液压独立控制闸门；3—带吸音罩的发动机；4—操纵台；
5—带差速器和制动器的变速箱；6—轴承集中润滑装置；7—振捣梁升降液压油缸；
8—侧臂（牵引杆）；9—具有共振振动器和熨平板加热器的振捣熨平装置；
10—振捣熨平装置伸缩液压油缸；11—伸缩振捣熨平装置；
12—独立液压驱动双排螺旋分料器；
13—具有橡胶板和永久润滑的履带行走装置

沥青混合料摊铺机的传动系主要包括行走传动、供料传动、控制系统及熨平装置的动力传动等。传动方式有液压-机械传动及全液压传动两种，中小型摊铺机多采用前者，大型摊铺机均采用全液压传动。

2）供料及分料装置

供料及分料装置由料斗、刮板输送器及螺旋分料器构成。

（1）前料斗。前料斗位于摊铺机的前部，是接受运料车的卸料及存放沥青混合料的容器。前料斗由左边斗、右边斗、铰轴、支座、起升油缸等组成，左右边斗之间有刮板输送器，运料车卸入前料斗的混合料由刮板输送器送到螺旋分料器前，随着摊铺机的前行作业，前料斗中部的混合料逐渐减少，此时需升起左右边斗，使两侧的混合料滑落移动到中部，以保证供料的连续性。

（2）刮板输送器。刮板输送器位于前料斗的底部，是摊铺机的供料机构，刮板输送器将前料斗内的混合料向后输送到螺旋分料器的前部。小型摊铺机设置一个刮板输送器，中、大型摊铺机设置两个输送器，便于控制左右两边的供料量。在前料斗的后壁还设置有供料闸门，调节闸门高低可调节供料量。刮板输送器由驱动轴、张紧轴、刮板链、刮板等组成。

（3）螺旋分料器。螺旋分料器设在摊铺机后方摊铺室内（见图 11.3.8），其功能是把刮板输送器输送到摊铺室中部的热混合料左右横向输送到摊铺室全幅宽度。螺旋分料器由两根大螺距、大直径叶片的螺杆组成，其螺杆旋向相反，以使混合料内中部向两侧输送，为控制料位高度，左右两侧设有料位传感器。螺旋叶片采用耐磨材料制造，或进行表面硬化处理。左右两根螺旋轴固定在机架上，其内端装在后链轮或齿轮箱上，由左右两个传动链或锥齿轮分别驱动（液压传动的螺旋轴亦通过链传动或齿轮传动）。为适应不同摊铺厚度的需要，有的摊铺机螺旋分料器可调节离地高度。螺旋轴左右两侧各成独立系统，既可同时工作，又可单独工作。

3）熨平装置

熨平装置是摊铺机的主要工作装置，其功能是将输送到摊铺室内全幅宽度的热混合料摊平、捣实和熨平。一般摊铺机的熨平装置由牵引臂、刮料板、振捣梁、熨平板、厚度调节机构、拱度调整机构等组成。熨平板和振捣梁设置在螺旋分料器的后部，最前端设有刮料板，熨平板两端装有端面挡板，熨平板、前刮料板和左右端面挡板所包容的空间称摊铺槽或摊铺室，端面挡板可使摊铺层获得平整的边缘。

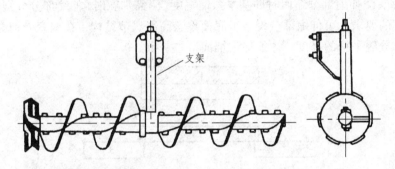

图 11.3.8　装配式螺旋分料器

左右两牵引臂铰接在机架中部，整个熨平装置靠提升油缸悬挂在机身后部，自动调平装置的控制油缸装在牵引臂和机架的铰接点位置，用以自动调整熨平板与地面的仰角。整个机构形成一套悬挂装置。工作时，熨平装置于铺层上呈浮动状态。

熨平板后部外端设有左右两个厚度调节机构，一般采用垂直螺杆结构形式（见图11.3.9），靠旋动螺杆调整摊铺厚度。

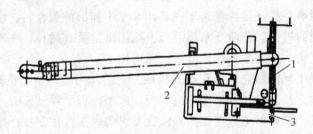

图 11.3.9　熨平板厚度调节机构

1—厚度调节机构；2—侧壁；3—熨平板

振捣器位于刮料板和熨平板之间，悬挂在偏心轴上。液压马达通过传动装置驱动偏心轴转动，使振捣梁作往复运动，对混合料进行初捣实。一般采用定量的齿轮泵和齿轮马达，马达的正向或反向旋转由换向阀控制，其正反方向旋转和偏心装置的配合可以改变振捣梁的振幅。振捣器只能调幅（有级或无级调整行程），但不能变频。一般振频为 30 Hz，振幅有 4 mm 和 8 mm 两级。

　　机械偏心振动器安装在熨平板框架内。振捣熨平板分左右两块，两根偏心轴安装其内并以万向节连接。

　　两根偏心轴的偏心轮错开 180°，液压马达驱动偏心轴，左右两块熨平板交替对摊铺层施振。这种振动器的振频和振幅均为定值，高振频可达 70 Hz，一般振幅为 4 ~ 5 mm，偏心轴转速为在 1 000 ~ 1 500 r/min。

　　垂直液压振动器与机械偏心式振动器的不同之处在于，其液压马达驱动的垂直振动体弹性悬挂在熨平板框架上部，使熨平板产生共振。其恒定振幅为 4 mm 或 5 mm、振频可在 0 ~ 75 Hz 间无级调节。

　　液压伸缩式熨平装置因其摊铺宽度可随时调整，在宽度变化频繁的路段如城市道路等有较好的适应性能，其结构有两件式和 3 件式两种。3 件式是通常采用较多的一种结构形式，如图 11.3.10 所示，伸缩部分缩回时即基本摊铺宽度，当需加宽时，伸缩部分分别向两边伸缩。为达到平整度的要求，可伸缩部分熨平板底面设有高度调节结构，在改变摊铺宽度时必须及时调整伸缩部分熨平板的高度，才能保证铺面平整一致。

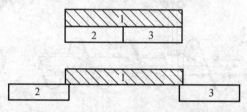

图 11.3.10　液压伸缩熨平板结构示意图

（二）水泥混凝土摊铺机

1．用途及分类

　　水泥混凝土路面具有较高的抗压、抗弯、抗磨耗能力，及较好的水稳定性、热稳定性、抗蚀性等优点，已广泛应用于高等级公路及机场跑道的修建中。由于水泥混凝土摊铺机能够保证水泥混凝土路面施工质量和施工进度，应用越来越多。

　　水泥混凝土摊铺机是将从搅拌输送车或自卸卡车中卸出的混合料，沿路基按给定的厚度宽度及路型进行摊铺的机械。目前，水泥混凝土摊铺机主要有两种，一种是轨模式摊铺机，另一种是滑模式摊铺机。本文主要介绍滑模式摊铺机

　　滑模式水泥混凝土摊铺机是连续作业式机械，它由动力传动、主机架、4 条履带支腿总成、螺旋布料器、虚方控制板、振捣棒、捣实板、成型模板、浮动模板、边模板、自动找平和自动转向系统组成。其摊铺工艺流程为：螺旋布料器→虚方控制板→振动棒→捣实板→成型模板→浮动模板→自动磨光机→拖布，摊铺完成后，拉毛、喷洒养生剂、切缝等工序由另外的机械完成。

　　下面主要介绍滑模式水泥混凝土摊铺机的构造。

2．滑模式水泥混凝土摊铺机的构造

　　滑模式水泥混凝土摊铺机的最大特点是在铺筑混凝土路面时，依靠机器本身的模板，就能按照要求的路面宽度、厚度和拱度进行挤压成型，不需另设轨道和模板。不同滑模式摊铺机的基本结构和作业装置原理相差不大，其主要结构简述如下。

1）总体结构

滑模式水泥混凝土摊铺机由主机架系统、行走-转向系统、动力传动系统、作业装置、自动控制系统、辅助系统等构成。图 11.3.11 为 CMI 公司生产的 SF350 型四履带滑模式混凝土摊铺机简图。操纵台位于主机架的中部，发动机、齿轮分动箱和液压泵安装在主机架的中后方位置。主机架通过 4 个可自由升降的液压缸支承在 4 个履带式行走装置上。SF350 型滑模式混凝土摊铺机装有一台 8 缸 V 型增压柴油机，额定功率为 186 kW，全机液压驱动。

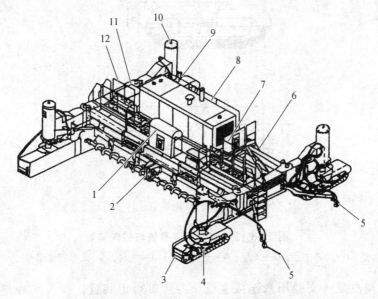

图 11.3.11　SF350 型混凝土摊铺机

1—控制室；2—螺旋摊铺器总成；3—履带总成；4—转向传感器总成；5—调平传感器总成；
6—伸缩式机架；7—扶梯；8—发动机；9—油箱；10—支腿立柱；
11—端梁；12—走台扶梯

2）行走系统与四支腿总成

行走系统是由履带行走装置及驱动装置组成，履带行走装置又通过支腿与主机架连接。履带行走装置如图 11.3.12 所示。

（1）行走装置。滑模式摊铺机均采用履带行走机构。多数情况下采用液压传动，即每条履带均由一台双向液压马达独立驱动，且同一侧履带的液压马达都是同步的。为了获得较低的作业速度（一般最佳作业速度为 3~5 m/min），一般采用高速液压马达与行星齿轮减速器相连，再通过链传动将动力传到履带主动轮。履带的长、宽尺寸依据摊铺机的功率大小、所需牵引力和着地比压等因素确定。国外大型摊铺机的履带长可达 3.05 m，宽可达 0.61 m；中型摊铺机的履带长可达 3.05 m，宽可达 0.305 m；而小型多功能摊铺机的履带长为 1.52 m，宽 0.254 m。

SF350 型摊铺机的履带行走装置主要由行走马达、第一级减速箱、行星齿轮减速箱、驱动链轮、履带、支重轮、张紧装置及行车架等组成。动力传递路线为：行走马达→第一级减速箱→行星齿轮减速箱→驱动轮轮毂。

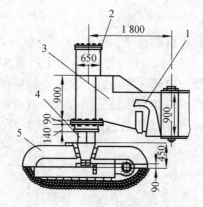

（a）履带行走系统

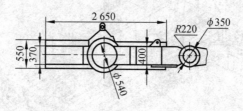

（b）转向装置

图 11.3.12　履带行走系统与转向装置

1—油路支承；2—支腿；3—连接箱体；4—支柱；5—履带行走装置

（2）四支腿总成。支腿用来连接主机架与履带行走装置，并可实现整机的升降、转向等。

SF350 型滑模式摊铺机的支腿长达 1.75 m，最大升降行程 1 067 mm，由于在提升过程中可能因重载而偏斜，所以在支腿圆筒内设置了一根导向支柱。此导向支柱与轭板焊接在一起，当机器达到最低位置时，支柱顶部承受载荷，使油缸活塞杆卸荷。由于支柱与轭板焊在一起，转向时同行走机构一起转动，因而它必须承受转向油缸的推力，带动履带转向，所以将支柱设计成正方形空心结构。支腿转向油缸的活塞杆与转向臂铰接，活塞缸体与支腿连接箱体铰接。转向时，转向油缸带动行走机构偏转而整个机架不动，所以转向接盘应与支腿圆筒作相对转动，但与支柱之间不能有转动，故将转向接盘设计成内方外圆的结构。为了安装此转向接盘，支腿圆筒内加工一个台阶，再在此转向接盘顶部用螺栓固定上一个凸台，与支脚圆筒台阶配合，以便于拆装、维修。

3）工作装置

滑模式混凝土摊铺机的工作装置主要由螺旋布料器、计量刮平装置、振捣系统及摊铺成型系统等组成，如图 11.3.13 所示。

（1）螺旋布料器。螺旋布料器的作用是将运料车卸在路基上的混凝土料均匀摊铺开。布料螺旋左右对称，可分别正、反转。布料螺旋可从中间向两边摊铺布料，两边向中间集料或从一边向另一边移料。由于采用液压马达驱动，可实现无级调速。

摊铺宽度变化时，螺旋布料器叶片轴可加长或缩短，拆装比较方便。SF350 型滑模式摊铺机螺旋布料器每个加长节长度约 490 mm，外径为 450 mm。

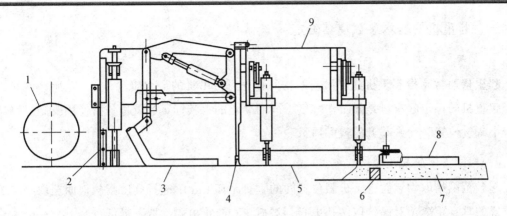

图 11.3.13　滑模式摊铺机工作装置

1—螺旋摊铺器；2—刮平板；3—内振捣器；4—成型盘；
6—挡头；7—铺层；8—定型盘；9—副机架

（2）计量刮平装置。刮平板安装在螺旋摊铺器的后面，它的功用是初步刮平混凝土，并控制混凝土的厚度，并将适量的混凝土料供给后部的其他工作装置以及将多余的料推向前方。

（3）振捣系统。在混凝土摊铺过程中起振捣作用的有内部振捣装置和外部振捣装置。

内部振捣装置由升降机构、多根振捣棒及液压操纵系统组成。在摊铺过程中，平行布置的振捣棒组向下进入混凝土内部，通过振动能量使水泥混凝土摊铺层均匀密实。振捣棒内装有偏心块，由液压马达驱动旋转，产生频率可调的振动。

外部振捣机构的作用是将振动密实的混凝土铺层表面上的粗骨料捣入混合料铺层之中，即"提浆"。以便于修整出光滑平整的面层。

（4）成形整平装置。经过布料、计量刮平、振捣后已摊铺均匀的混凝土摊铺层，还要通过成型整平，形成符合设计规范要求的混凝土面层。成型整平装置由成型盘、浮动抹光板、起铺板、侧模板及驱动控制部分组成。

混凝土摊铺时，应对成型整平装置进行仔细调整，以免影响混凝土摊铺层的成型质量。

第四节　起重机械

起重机是一种以间歇作业方式对物体进行升降和水平移动的起重机械设备。它可以减轻人们繁重的体力劳动，提高生产效率；它可在生产过程中进行某种特殊工艺的操作，实现机械化和自动化，在工厂、车站、码头、仓库、矿山、水电站、建筑工地等，都有着广泛的应用。

起重机的参数是表征其技术性能的指标，也是设计和选用起重机的依据。它主要包括：起重量、幅度（或外伸距）、起升高度、工作速度、生产率、轨距（或跨度、轮距）和基距（或轴距）、工作级别、起重机外形尺寸、自重和轮压等。

一、起重机的基本参数及其确定

1. 额定起重量

起重量通常是指起重机允许吊起的物品连同可分吊具的最大质量（t）。轮胎、汽车、履带等起重机的额定起重量是随工作幅度不同而变化的，其标定起重量是指使用支腿且臂架处于最小幅度位置时允许起升的最大质量。

2. 起升范围和起升高度

起升范围指取物装置上下极限位置间的垂直距离（m）；起升高度指从地面至取物装置上限位置的垂直距离（对吊钩取钩孔中心，对抓斗和起重电磁铁取其最低点），单位 m。

3. 工作速度

工作效率主要包括运行速度、抬升速度、变幅速度、旋转速度。

4. 生产效率

起重机的生产效率是起重机装卸和吊运物品的综合指标。通常综合起重量、工作行程、工作速度等基本参数用一个基本参数——生产效率表示，单位 t/h。

二、起重机的主要机构

（一）起升机构

起升机构用来实现货物的升降，是任何起重机不可缺少的基本机构。起升机构的好坏将直接影响到整台起重机械的工作性能。

起升机构主要由驱动、传动、卷绕、取物与制动等装置组成。此外，根据需要还可装设各种辅助装置，如起升和下降高度限制器、起重量限制器、速度限制器、起重量指示器与排绳装置等。目前使用的起重机一般均具有以上的各机构，有些还具有更为先进的计算机控制及辅助装置。

起升机构按驱动方式可分为人力驱动和动力驱动。一般工程上使用的起重机由于荷载相对较大、工作速度较快等均采用动力驱动的方式。因起重量、起升速度和起升高度等参数的不同，桥式起重机小车有多种传动方案。可分为闭式传动（见图 11.4.1）和带有开式齿轮传动（见图 11.4.2）的两类。一般起重机的起升机构多采用双联卷筒。

起升机构由原动机、制动器、减速器、卷筒、钢丝绳、滑轮组和吊钩组等组成。原动机旋转时，通过减速器带动卷筒旋转，缠绕在卷筒上的钢丝绳，通过滑轮组，带动吊钩做垂直上下的直线运动，从而实现重物的起升或下放运动。

为了能使重物在空中停止在某一位置，在起升机构中必须设置制动器和停止等控制部件。为了适应不同吊重对作业速度的不同要求和安装作业准确就位的要求，起升速度应能调节，并具有良好的微动控制性能。微动速度一般较小。

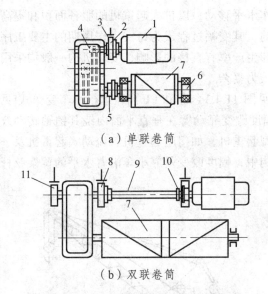

（a）单联卷筒

（b）双联卷筒

图 11.4.1　闭式传动起升机构构造形式

1—电动机；2、8—带制动轮的联轴器；3—制动器；
4—减速器；5、10—联轴器；6—轴承座；
7—卷筒；9—浮动轴；11—制动轮

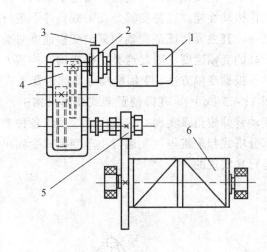

图 11.4.2　带有开式齿轮传动的起升机构

1—电动机；2—带制动轮的联轴器；3—制动器；
4—减速器；5—开式齿轮；6—卷筒

（二）回转机构

使起重机的回转部分相对于非回转部分实现回转运动的装置称为回转机构。回转机构是臂架型回转起重机的主要工作机构之一，它的作用是使已被起升在空间的货物绕起重机的垂直轴线作圆弧运动，以达到在水平面内运输货物的目的。回转机构与变幅机构配合工作，可使服务面积扩大到相当宽的环形面积。回转机构与运行机构配合工作，可使服务范围扩大到与桥架型起重机一样。

港口装卸和水电站施工用的门座起重机以及建筑施工用的塔式起重机等都是臂架型回转起重机。货物的水平运输大多依靠回转机构与变幅机构的协同工作来完成，而运行机构一般用以调整工作位置，扩大服务范围。所有流动式起重机几乎都是臂架型回转起重机，如汽车式、轮胎式、履带式、铁路式及浮式起重机等。

起重机的回转机构由小齿轮、大齿圈、回转支承等组成。回转支承的内圈与行走底盘连接，外圈与回转平台连接，液压马达驱动回转小齿轮与回转支承内齿做啮合传动。

（三）变幅机构

在回转类型的起重机中，从取物装置中心线到起重机回转中心线的距离称为起重机的幅度。在非回转的臂架型起重机中，从取物装置中心线到臂架铰轴的水平距离，或其他典型轴线的距离称为起重机的幅度。用来改变幅度的机构，称为起重机的变幅机构。

根据工作性质的不同，变幅机构分为调整性的（非工作性的）与工作性的两种。

调整性变幅机构只在装卸开始前的空载条件下变幅，使起重机调整到适于吊运物品的幅度。在物品运转过程中，幅度不再调整，变幅过程是非工作性的，其主要特征是工作次数少，一般都采用较低的变幅速度。

　　工作性变幅机构可使物品沿起重机的径向作水平移动，以扩大起重机的服务面积和提高工作机动性能。这种变幅是在带载条件下进行的，其变幅过程成为每一工作周期的主要工序之一。其主要特征是变幅频繁。变幅速度对装卸生产率有直接的影响，变幅机构一般均采用较高的变幅速度。因此这类变幅机构在构造上较为复杂。

　　根据变幅方法，变幅机构分为仰俯臂架式[见图 11.4.3（a）和（b）]和运行小车变幅式[见图 11.4.3（c）]。在仰俯臂架式变幅机构中，幅度改变靠动臂在垂直平面内绕其销轴转动改变动臂仰俯角来实现。它被广泛应用于各种类型起重机，如门座起重机、流动式起重机及一部分塔式起重机等。在运行小车变幅式变幅机构中，幅度改变是靠小车沿着水平的臂架弦杆运行来实现的。

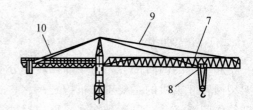

（b）钢丝绳变幅机构

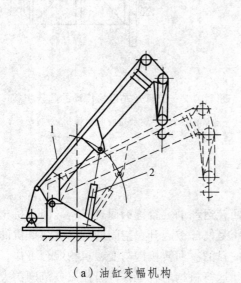

（a）油缸变幅机构　　　　　　　　　　　　　　（c）小车牵引变幅机构

图 11.4.3　起重机变幅机构

1、6、7—吊臂；2—变幅油缸；3—变幅钢丝绳；4—悬挂吊臂绳；5—变幅卷筒；
8—变幅小车；9—拉杆；10—平衡臂

（四）起重机重要零部件

1．钢丝绳

　　钢丝绳是广泛应用于起重机中的挠性构件，具有承载力大、卷绕性好、运动平稳无噪声、工作可靠等优点。钢丝抗拉强度极限可达 1.4～2 GPa，其中 1.7 GPa、1.85 GPa 较常用。钢丝按力学性能分为特号、Ⅰ号、Ⅱ号 3 种。特号韧性最好，用于载人的升降机；Ⅰ号韧性较好，用于一般起重机；Ⅱ号成本较低，用作捆扎绳。钢丝表面分镀锌和光面两种，前者防腐性能好，但由于镀锌的影响，其破断拉力和挠性有所降低。

2．滑轮组

　　滑轮组是起重机械的重要部件，在起升机构里大量采用。滑轮组是由钢丝绳依次绕过定滑轮和动滑轮组成的一种装置，具有省力和增速的作用。滑轮组按作用分为省力滑轮组和增速滑轮组两种。增速滑轮组主要用于液压或气力机构中，利用油或气缸工作装置获得数倍于活塞行程的速度，如叉车的门架货叉伸缩机构和轮式起重机的吊臂伸缩机构。起重机械的起升机构和普通臂架变幅机构，多采用省力滑轮组，该种滑轮组能以较少的力吊起较大的重物。省力的大小，用滑轮组的倍率 m 表示。滑轮组的倍率 m 在数值上等于滑轮组承载分支数与绕进卷筒上驱动分支数之比。

3．制动器

为保证起重机工作的安全和可靠，在起升机构中必须装设制动器，而在其他机构中视工作要求也要装设制动器。起升机构中用制动器使重物的升降运动停止并使重物保持在空中，或者用制动器来调节重物的下降速度。而在回转和走行机构中则可用制动器保证在一定行程内停住机构。制动器的主要作用有：① 支持重物，当重物的起升和下降动作完毕后，使重物保持不动；② 停止，消耗运动部分的动能，使其减速直至停止；③ 下降制动，消耗下降重物的位能以调节重物的下降速度。

三、起重机用途及种类

起重机按构造分为桥架型起重机、缆索型起重机和臂架型起重机 3 大类。根据用途和使用场合的不同，起重机有多种形式，其共同的特点是整机结构和工作机构较为复杂，工作时能独立和同时完成多个工作动作。

（一）桥架型起重机

桥架型起重机的取物装置悬挂在可沿桥架运行的起重小车或运行式葫芦上，主要有桥（梁）式起重机、门式起重机和半门式起重机 3 种类型。

1．桥（梁）式起重机

桥（梁）式起重机包括梁式起重机和桥式起重机。梁式起重机是电葫芦小车运行在工字钢主梁上的轻小型起重设备，一般由单根主梁和两根端梁组成，如图 11.4.4（a）所示，适用于起重量较小、工作速度较低的场合；桥式起重机是起重小车运行在焊接主梁上的起重设备，主梁一般由 1 根、2 根及 4 根组成，端梁一般由 2 根或 4 根组成，如图 11.4.4（b）所示。主梁一般为箱形结构，其箱形截面由上盖板、下盖板、主腹板及副腹板组成。箱形截面主梁具有承载能力高、截面尺寸组合灵活等特点。桥式起重机多用于起重量大、工作速度较高的工作场所。

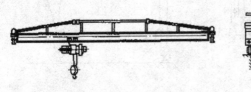
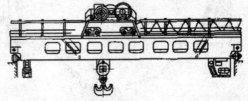

（a）梁式起重机　　　　　　　　　　（b）桥式起重机

图 11.4.4　桥架型起重机

2．门式起重机

门式起重机是桥架两端通过两侧支腿支承在地面轨道基础上的桥架型起重机。类似"门"

的形状，过去常常称为龙门起重机。门式起重机如图 11.4.5 所示，广泛应用于工厂、货场、码头和港口的各种物料装卸和搬运工作的场合。

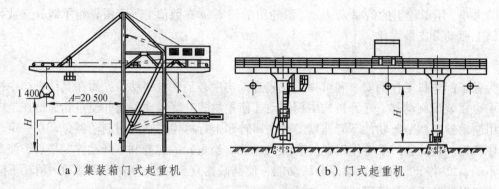

（a）集装箱门式起重机　　　　　　（b）门式起重机

图 11.4.5　门式起重机

（二）缆索型起重机

缆索型起重机主要有缆索起重机和门式缆索起重机两种类型，如图 11.4.6 所示。其构造特点是取物装置的起重小车沿着架空的承载索运行。应用在起重量不大、跨度较大、地势复杂、起伏不平或各种类型起重机难以驶达的工作场地，如林场、煤厂、江河、山区和水库等。

1．缆索起重机

缆索起重机如图 11.4.6（a）所示。承载索的两端分别固定在主、副塔架的顶部，塔架固定在地面的基础上。小车在钢丝绳索上运行，起升卷筒和运行卷筒安装在主塔架上，另一侧副塔架上装有调整钢丝绳索张力的液压拉伸机。

缆索起重机一般是为已确定的工地专门制作的，它的结构和工作性能决定与它所服务工地的轮廓尺寸和工作性质。

2．门式缆索起重机

门式缆索起重机如图 11.4.6（b）所示。承载索的末端分别固定在桥架两端，桥架通过两侧支腿支承在地面轨道上，可在轨道上行走，实际工程中应用较少。

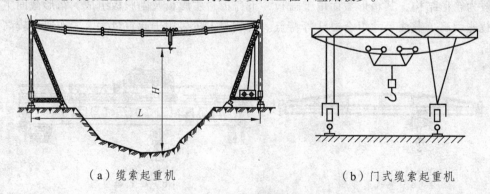

（a）缆索起重机　　　　　　　　　　（b）门式缆索起重机

图 11.4.6　缆索型起重机

（三）臂架型起重机

臂架型起重机的取物装置悬挂在臂架的顶端或悬挂在可沿臂架运行的起重小车上。臂架起重机种类繁多，广泛应用于各工程领域，主要有门座起重机、塔式起重机、铁路起重机、流动式起重机、浮式起重机、桅杆起重机及悬臂起重机等。

1．门座起重机

门座起重机如图 11.4.7 所示，是一种沿地面轨道运行，下方可通过铁路车辆或其他地面车辆的门形座架的可回转臂架型起重机，多用于港口装卸货物。

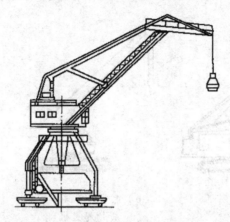

图 11.4.7　门座起重机

2．塔式起重机

塔式起重机是臂架安装在塔身顶部的可回转臂架型起重机，具有臂架长、起升高度大的特点，广泛应用于建筑领域和桥梁施工中。图 11.4.8（a）为水平臂架式塔机，它的变幅是通过臂架上的小车运动来实现的。图 11.4.8（b）为动臂式塔机，它的变幅是通过改变其臂架的仰俯角大小来实现。

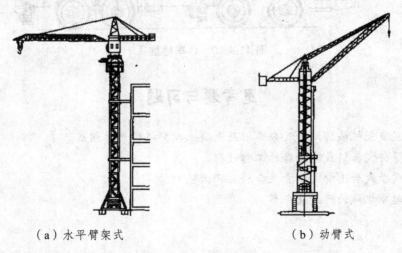

（a）水平臂架式　　　　　　　　（b）动臂式

图 11.4.8　塔式起重机

3．流动式起重机

可以配备立柱或塔架，能在带载或空载情况下沿无轨路面运行，依靠自重保持稳定的臂架型起重机。流动式起重机是工程实际中使用较多的一类机械，按底盘形式不同分为：

（1）履带起重机：以履带为运行底架的流动式起重机，参见图 11.4.9。履带底盘与地面接触面积大，接地比压小，适合于地面条件差和需要移动的工作场所的重物装卸和设备安装工作。

（2）轮式起重机：装有充气轮胎，以特制底盘为运行底架的流动式起重机，有汽车起重机和轮胎起重机（见图 11.4.10）两种，其特点是移动方便、起重量大，适用于频繁移动工作场所的重物装卸和设备安装工作。

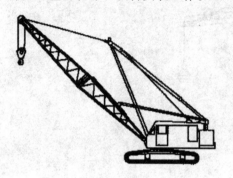 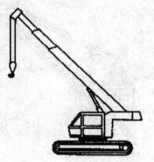 

（a）上部回转式桁架臂　　　　（b）上部回转式伸缩臂　　　　（c）带立柱安装式臂架和
　　履带起重机　　　　　　　　　　履带起重机　　　　　　　　　副臂的履带起重机

图 11.4.9　履带起重机

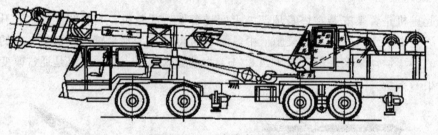

图 11.4.10　汽车起重机

思考题与习题

1. 简述混凝土机械的用途及分类以及混凝土搅拌机的总体组成。
2. 简述导杆式和筒式柴油锤的工作过程。
3. 简述间歇式和连续式沥青混合料生产工艺的特点。
4. 简述起重机械的用途及分类。

第十二章　工程机械选型配套

第一节　土方工程机械选型配套

土方工程一般都在露天的环境下作业，所以施工条件比较艰苦。人工开挖土方，工人劳动强度大，工作繁重。土方施工经常受各地气候、水文、地质、地下障碍物等因素的影响，不可确定的因素也较多，施工中有时会遇到各种意想不到的问题。土方工程施工有一定的危险性，应加强对施工过程中安全工作的领导。土方工程机械启动前应将离合器分离或将变速杆放在空挡位置。机械在慢速行驶时人员不得上下机械和传递物件，上坡不得换挡，下坡不准空挡滑行。若在深沟、基坑或陡坡施工地点作业，必须有专人指挥，才能施工。几台机械在一起作业时，前后左右应保持一定的安全作业距离。

一、土石方工程机械配套选型的原则和依据

（一）选型配套原则

（1）选用配套机械设备，其性能和参数，应与工程施工条件、施工方案和工艺流程相符合，与开挖地段的地形和地质条件相适应，且能满足开挖强度和开挖质量的要求。

（2）开挖过程中各工序所采用的机械，要注意相互间的配合，应能充分发挥其生产效率，确保生产进度。

（3）选用配套机械设备，应首先确定开挖工序中起主导、控制作用的机械。其他机械随主导机械而定，其生产能力应略大于主导机械的生产能力。

（4）对选用的机械设备，要从供货渠道、产品质量、操作技术、维修保养、售后服务和环保性能等方面进行综合评价，确保技术可靠，经济适用。

（二）选型方法

1．分析施工过程

土石方开挖和填筑等工程，施工过程包括准备工作、基本工作和辅助工作。

（1）准备工作。施工工作面的清理和剥离、基坑排水、道路修筑等工作。

（2）基本工作。钻孔、爆破、挖掘、装载、运输、卸料、平整和压实等工作。

（3）辅助工作。配合基本工作进行的工作，主要包括道路平整和修复，风、水、电保障等工作。

2．拟定施工方案和选择施工机械

土石方工程施工，一般有多种方案可供选择。在拟定施工方案时，应首先选用基本工作的主要设备。即按照施工条件、工程进度和工作面的参数选择主要机械，然后根据主要机械

的生产能力和性能选用配套机械。选择施工机械时，可参考类似工作的施工经验和有关机械手册。

（1）根据作业内容选择施工机械的种类。

（2）根据上坝料和道路条件选择机械。

（3）根据运距和道路条件选择机械：

① 履带式推土机的推运距离为 15 ~ 30 m 时，可获得最大的生产率。推运的经济运距一般为 30 ~ 50 m，大型推土机的推运距离不宜超过 100 m。

② 轮胎装载机用来挖掘和特殊情况下作短距离运输时，其运距一般不超过 100 ~ 150 m；履带式装载机不超过 100 m。

③ 牵引式铲运机的经济运距一般为 300 m。自行式铲运机的经济运距与道路坡度大小、机械性能有关，一般为 200 ~ 300 m。

④ 自卸汽车在运距方面的适应性较强。

（三）施工机械产量指标

1．施工机械完好率、利用率和生产效率的确定

我国现行的定额以机械设备的台班（时）产量为基本指标。机械设备的实际生产能力与其完好率、利用率和生产效率有关。上述"三率"是评定机械化施工管理水平的主要指标。"三率"的高低取决于机械设备的质量、作业条件、生产调度、维修保养和机械设备的修配能力以及操作人员的技术水平等。确定机械设备的产量指标时，要遵照现行定额，结合工程的具体情况，进行分析综合选用。

2．机械设备的作业效率

施工机械的作业效率反映机械在施工时的有效利用程度，一般可用时间利用系数 k_t 来表示。影响 k_t 的因素很多，确定 k_t 的最好方法是现场测定机械的时间利用情况，并求得机械设备的台班（时）作业效率。一般情况可参照类似工程或参照表 12.1.1 选用。

3．常用配套机械产量指标

（1）常用机械设备年产量和作业天数见表 12.1.2。

（2）常用挖掘机械完好率、利用率参考指标见表 12.1.3。

表 12.1.1　施工机械时间利用系数 k_t

作业条件	施工机械时间利用系数 k_t				
	最　好	良　好	一　般	较　差	很　差
最　好	0.84	0.81	0.76	0.70	0.63
良　好	0.78	0.75	0.71	0.65	0.60
一　般	0.72	0.69	0.65	0.60	0.54
较　差	0.63	0.61	0.57	0.52	0.45
很　差	0.52	0.50	0.47	0.42	0.32

表 12.1.2 常用开挖机械年产量、作业天数参考指标

机械名称	计算内容	年产量		全年作业天数指标
		单位	指标	
正铲单斗挖掘机 4 m³ 以上	每 m³ 斗容的挖土量	10^4 m³	4.0~11	135~184
轮式装载机、铲运机 3 m³ 以上	每 m³ 斗容的挖土量	10^4 m³	0.6~1.2	123~184
推土机	每马力推土量	m³	160~320	135~172
自卸汽车	每 t 载重能力运输量	m³	952~3 000	160~197
露天液压凿岩台车	进尺	10^4 m	2.2~6.0	400 台班
移动式空气压缩机	工作小时	h	1 650~2 100	172~200

表 12.1.3 常用挖掘机械完好率、利用率参考指标

机械名称	完好率/%	利用率/%	机械名称	完好率/%	利用率/%
挖掘机	80~95	55~75	露天凿岩台车	78~92	57~85
推土机	75~90	55~70	装载机	75~95	60~90
铲运机	70~95	50~95	空压机	80~95	70~85
自卸汽车	75~95	65~80	机动翻斗车	80~95	70~85

二、机械设备的配套计算

在土石方工程施工中，不仅每一个工序配置的机械应符合适用要求，而且在机型、性能、数量和管理上，都应按施工要求进行组合配套，才能经济合理地实现机械化施工。

（一）凿岩穿孔机械与挖掘机的配套计算

凿岩穿孔机械与挖掘机的配套，应根据工程具体情况和施工工艺而定。一般在梯段开挖时钻孔机械与挖掘机械的工作参数和生产能力应当匹配。对于深槽开挖和陡峻而狭窄的边坡开挖，要视有无其他工序而定（若其他工序，则不一定考虑钻孔机械与挖掘机直接配套）。

1. 配套要求

（1）配套机械的生产能力应相一致。凿岩机械钻孔所爆破的石方量应能满足挖掘机的生产能力。

（2）凿岩机械的工作参数（孔径、孔深及爆破后的岩石块径等）应能满足挖掘机械工作性能要求（铲斗斗容、挖掘高度和深度等）。

2. 配套计算

凿岩穿孔机械与挖掘机的配套数量根据爆破设计和挖掘机的生产能力计算。按爆破设计计算钻孔延米数，进入计算凿岩机的需要量。

按梯段开挖爆破设计的孔、排距和装药结构参数计算凿岩机械需要数量，可按下式计算：

$$N = L/v \tag{12.1.1}$$

$$L = 12.73 Q q k_{su} / d^2 \rho k_{zh} \tag{12.1.2}$$

式中　N——凿岩机械需要量，台；

　　　L——开挖岩石为 Q 时需要的钻孔进尺，m；

　　　v——钻进速度（生产率），m/台班（台月）；

　　　Q——岩石开挖速度，m³/班（月）；

　　　q——岩石单位耗药量，kg/m³；

　　　k_{su}——钻孔损失系数，$k_{su} = 1.05 \sim 120$；

　　　d——药包直径，cm；

　　　ρ——装药密度，g/m³；

　　　e——炸药换算系数；

　　　k_{zh}——装药深度系数，即装药长度与深度之比（见表 12.1.4）。

由表 12.1.5 可求得不同斗容的一台挖掘机工作一个台班需要的钻孔延米数。此表是按照 $k_{zh} = 0.5$、$k_{su} = 1.2$、$q = 0.5$、$\rho = 0.9$ 计算的，如设计中这几项系数不同时，则依表 12.1.5 所列系数进行修正。根据所选凿岩机钻进速度，可选用凿岩机械的需用量。

表 12.1.4　一台挖掘机工作一个台班需要的钻孔延米数

药包直径/mm	挖掘机斗容/m³			
	1.0	2.0	3.0	4.0
60	68	125	180	235
70	50	92	132	172
80	38	70	101	132
90	30	55	80	104
100	24	45	65	84
110	20	37	54	70
120	17	31	45	59
130	14	27	38	50
140	12	23	33	43
150	11	20	29	38

表 12.1.5　钻孔延米校正系数值

装药程度		钻孔损失		单位耗药量		炸药密度	
k_{zh}	校正 k_1	k_m	校正 k_2	$q/(kg/m^3)$	校正 k_3	$\Delta/(kg/m^3)$	校正 k_4
0.40	1.25	1.06	0.88	0.30	0.6	0.65	1.38
0.45	1.11	1.08	0.90	0.35	0.7	0.70	1.29
0.50	1.00	1.10	0.92	0.40	0.8	0.75	1.20
0.55	0.91	1.12	0.93	0.45	0.9	0.80	1.13
0.60	0.83	1.14	0.95	0.50	1.0	0.85	1.06
0.65	0.77	1.16	0.97	0.55	1.1	0.90	1.00
0.70	0.72	1.18	0.98	0.60	1.2	0.95	0.95
0.75	0.67	1.20	1.00	0.65	1.3	1.00	0.90
0.80	0.63	1.22	1.02	0.70	1.4	1.05	0.86
0.85	0.59	1.24	1.04	0.75	1.5	1.10	0.82

（二）挖掘机与汽车的配套

1．配套要求

（1）以挖掘机为主导机械。按照工作面的参数和条件选用挖掘机，再选用与挖掘机相配套的汽车。

（2）汽车斗容与挖掘机的斗容比 α 应适当。大斗容的挖掘机不应配用小型汽车，否则不但生产效率不高，汽车也易损坏。运距较远时，小斗容挖掘机也可配大一些的汽车。斗容比值 α 见表 12.1.6。

表 12.1.6　α 的合理值

运　　距	< 1.0	1.0～2.5	3.0～5.0
挖掘机	3～5	4～7	7～10
装载机	3	4～5	4～5

（3）配备汽车数量应充分考虑开挖工程的特点，一般要考虑以下几点：

① 装车工作面狭窄，易造成汽车待装。

② 装载工序受其他工序干扰时，时间利用率降低。

③ 出渣道路的好坏，将影响汽车的通行能力。

2．配套计算

挖掘机配套汽车的数量，除按生产率计算外，一般可按定额指标进行匡算。

挖掘机配置汽车数量可参考表 12.1.7。

表 12.1.7　单台挖掘机配套汽车数量参考表（单位：台）

挖掘机	汽车/t	运距/km					
		0.5	1.0	2.0	3.0	4.0	5.0
1 m³	8	3	3	4	5	6	6
	10	3	3	4	4	5	5
	12	2	3	3	4	4	5
2 m³	8	4	5	7	8	9	10
	10	4	5	6	7	8	9
	12	3	4	5	6	7	8
	15	3	4	5	5	6	7
	20	3	3	4	4	5	5
3 m³	10	4	5	8	9	10	
	12	4	5	7	8	10	

挖掘机	汽车/t	运距/km					
		0.5	1.0	2.0	3.0	4.0	5.0
3 m³	15	3	4	6	6	7	9
	20	3	4	4	5	5	6
	25	3	3	4	4	5	5
	32	2	2	3	3	4	4
4 m³	15	4	5	6	8	9	10
	20	4	4	5	6	7	8
	25	4	4	5	5	5	6
	32	3	3	4	5	5	6
	45	2	2	3	3	4	4
6 m³	32	5	5	6	6	6	7
	45	3	3	4	4	5	5

第二节　公路工程机械选型配套

公路工程施工机械设备优化配套是公路工程施工的一项重要内容,特别是对于大型工程项目而言显得尤为重要。合理的配置方案除了能保证工程按期完成,还能节能减耗降低成本,从而给施工方带来良好的经济效益。因此,对公路工程施工的设备配套进行优化研究,不仅具有很好的理论指导意义,还有其实际的实用性意义。

一、公路工程机械选型配套原则

(一)选用原则

在公路工程建设中,选用合理的机械设备应结合施工特点、生产需要以及施工单位的具体情况,采用大型和先进设备应针对项目工程量大的情况,反之可采用中小型机械和现有设备。机械的选择须遵循技术先进、经济合理和生产适用的基本原则,在提高劳动生产率的同时兼顾减轻施工人员的劳动强度。总的来说,选用机械设备需要考虑的技术指标具体表现为6个方面,即适应性强、技术先进、经济性好、可靠性高、环保性优、维修方便等。

(二)配套原则

公路工程现代化机械施工不是单一的机种工作,而是一种程序化的机械施工,不同功能的施工设备相互配合,合理的配套组合可提高工程的效率,最大限度地降低成本,取得良好的经济效益。

（1）应先主导后配套。工程项目决定主导设备，也决定着施工的方式、方法，而主要设备基本决定了工程进度和配套设备，在很大程度上影响着配套设备是否能够发挥良好生产效率，因此，配套设备应在主导机械确定之后再进行选择。

（2）配套设备应少而精。只要满足正常施工要求，应尽量减少配套设备以利于提高生产效率、节约成本。

（3）配套设备能力应相互配套。在施工过程中会出现设备配置不均衡，导致在施工过程中整套设备无法有效发挥其最大工作能力。

（4）合理的施工作业方案。有利于多个系列的机械组合并列施工，以避免在施工过程中某一设备因故障停工而影响整个配套系统工作，造成停工现象。

（5）优化设备组合。为了追求经济效益最大化，便于管理和维修，同一型号的设备应尽在同一作业中使用，为了适应不同的工作使用单机作业，其装置、设备和必要的保养人员也应相配套。

二、机械配套计算

下面介绍在沥青路面摊铺施工中，以摊铺机为主导机械的设备配套模式。

（一）沥青摊铺机组配套

1．摊铺机组摊铺能力的确定

摊铺能力的确定要考虑主导机械沥青摊铺机组的配套方法。必须先计算沥青摊铺机组的最小摊铺能力 $Q_{\min}$。

$$Q_{\min} \geqslant \frac{2 \times 10^3 \times 10^{-2} \times \sum_{i=1}^{3} Lh_i B\gamma_i}{TtK_h} \qquad （12.2.1）$$

式中　$Q_{\min}$——摊铺机组的最小摊铺能力，t/h；

　　　L——施工段总长度，km；

　　　h_i——沥青混凝土路面各摊铺层的厚度（$i = 1$，2，3），cm；

　　　B——沥青混凝土路面单侧路面宽度，m；

　　　γ_i——沥青混凝土路面各摊铺层的密实度，t/m³；

　　　T——有效施工工期，d；

　　　t——每日计划工作时间，h；

　　　K_h——时间利用系数。

根据计算出的最小摊铺能力 $Q_{\min}$，选择合适的摊铺机，确定摊铺机组的摊铺能力 Q_t。

2．摊铺机数量及摊铺速度的确定

摊铺机工作面个数与最小摊铺速度应满足如下关系

$$M_t v_{\min} \geqslant \frac{100Qt}{60Bh_{ave}\gamma_{ave}} \qquad （12.2.2）$$

式中　M_t——摊铺工作面个数；

$v_{\min}$——摊铺机最小摊铺速度，m/min；

h_{ave}——路面面层 3 层平均厚度，cm；

γ_{ave}——路面面层 3 层的平均密实度，t/m³。

一般而言，摊铺机的摊铺速度应小于 4 m/min，并与设备参数、材料特性相匹配。速度太快，摊铺的路面易出现拉痕、初始压实度不足等现象；而速度太慢又会影响施工进度。

（二）沥青搅拌站配套

沥青搅拌站的生产能力必须大于摊铺机组的摊铺用料量，以便给摊铺机组提供足够的沥青混合料，保证摊铺的高效连续运行。

$$Q_{\text{j}} = \frac{60G}{t} K_{\text{h}} \geqslant Q_{\text{t}} \tag{12.2.3}$$

式中　Q_{j}——沥青搅拌站的生产能力，t/h；

G——搅拌站每次卸下沥青混凝土的质量，t；

t——搅拌一次所需总时间，min；

Q_{t}——沥青摊铺机的摊铺能力，t/h。

根据式（12.2.3）可以计算出沥青搅拌站每次卸下的沥青混凝土质量 G，从而直接选择相应搅拌能力的搅拌站。

（三）压实机械配套

1．初压机

沥青搅拌站每小时搅拌多少吨沥青混合料，压路机就应压实多少吨沥青混合料；摊铺机每小时摊铺多少吨沥青混合料，初压压路机就应压实多少吨沥青混合料。因此，初压压路机台数与最小工作速度应满足

$$M_1 v_{1\min} \geqslant \frac{2n_1 Q_{\text{j}}}{0.6\gamma_{\text{ave}} h_{\text{ave}} (B_1 - b_1)} \tag{12.2.4}$$

且满足

$$M_1 v_{1\min} \geqslant \frac{2n_1 B v_{\text{t}}}{B_1 - b_1} \tag{12.2.5}$$

式中　M_1——每个摊铺工作面初压机的台数；

$v_{1\min}$——初压机的最小工作速度，m·min⁻¹；

n_1——初压压实遍数；

B_1——初压压路机的压实密度，m；

b_1——初压压路机的压实重叠宽度，m。

2．复压机

摊铺机每小时摊铺多少吨沥青混合料，复压压路机就应压实多少吨沥青混合料；初压压路机每小时压实多少吨沥青混合料，复压压路机就应复压多少吨沥青混合料。因此，复压压路

机台数与最小工作速度应满足

$$M_2 v_{2\min} \geqslant \frac{2 n_2 B v_{\rm t}}{B_2 - b_2}$$

（12.2.6）

且满足

$$M_3 v_{3\min} \geqslant \frac{M_2 v_2 n_3 (B_2 - b_2)}{n_2 (B_3 - b_3)}$$

（12.2.7）

式中　　M_2——每个摊铺工作面复压机的台数；

$v_{2\min}$——复压机的最小工作速度，$\rm m \cdot min^{-1}$；

n_2——复压压实遍数；

B_2——复压压路机的压实密度，m；

b_2——复压压路机的压实重叠宽度，m。

3．终压机

摊铺机每小时摊铺多少吨沥青混合料，终压压路机就应压实多少吨沥青混合料；复压压路机每小时压实多少吨沥青混合料，终压压路机就应终压多少吨沥青混合料。因此，终压压路机台数与最小工作速度应满足

$$M_3 v_{3\min} \geqslant \frac{2 n_3 B v_{\rm t}}{B_3 - b_3}$$

（12.2.8）

且满足

$$M_3 v_{3\min} \geqslant \frac{M_2 v_2 n_3 (B_2 - b_2)}{n_2 (B_3 - b_3)}$$

（12.2.9）

式中　　M_3——每个摊铺工作面终压机的台数；

$v_{3\min}$——终压机的最小工作速度，$\rm m \cdot min^{-1}$；

n_3——终压压实遍数；

B_3——终压压路机的压实密度，m；

b_3——终压压路机的压实重叠宽度，m。

（四）运料汽车配套

所需汽车最小数量 $N_{\min}$

$$N_{\min} \geqslant \frac{Q_{\rm j} T_0}{60 G_0}$$

（12.2.10）

且满足

$$N_{\min} \geqslant \frac{\gamma_{\rm ave} B h_{\rm ave} v_{\rm t} T_0}{100 G_0}$$

（12.2.11）

式中　　$N_{\min}$——所需的最少运料汽车数量；

T_0——运料汽车装料、运料、卸料，返回一个工作循环的最大或最小时间，min；

G_0——运输汽车的额定载重量，t。

确定出所需汽车最小数量 N_{min} 后，还应增加 2~4 辆运料车在摊铺机或者搅拌站前等待，最终确定所需车辆数量。

思考题与习题

1. 简述土方工程机械的选型配套原则。
2. 简述公路工程机械的选型配套原则。

参考文献

[1] 王进. 工程机械概论[M]. 北京：人民交通出版社，2011.

[2] 黄士基，赵奇平，王宁. 土木工程机械[M]. 北京：中国建筑工业出版社，2010.

[3] 张青，宋世军，张瑞军. 工程机械概论[M]. 北京：化学工业出版社，2016.

[4] 李启月. 工程机械[M]. 长沙：中南大学出版社，2007.

[5] 杜海若，黄松和，管会生等. 工程机械概论[M]. 成都：西南交通大学出版社，2008.

[6] 刘忠，杨国平. 工程机械液压传动原理、故障诊断与排除[M]. 北京：机械工业出版社，2009.

[7] 周龙保. 内燃机学[M]. 北京：机械工业出版社，1999.

[8] 陈家瑞. 汽车构造（上）[M]. 北京：人民交通出版社，2002.

[9] 陈家瑞. 汽车构造（下）[M]. 北京：人民交通出版社，1997.

[10] 唐经世. 工程机械底盘学[M]. 成都：西南交通大学出版社，1999.

[11] 沈松云. 工程机械底盘构造与维修[M]. 北京：人民交通出版社，2002.

[12] 王健. 工程机械构造[M]. 北京：中国铁道出版社，1995.

[13] 郑训等. 工程机械通用总成[M]. 北京：机械工业出版社，2001.

[14] 寇长青. 工程机械基础[M]. 成都：西南交通大学出版社，2001.

[15] 狄赞荣. 施工机械概论[M]. 北京：人民交通出版社，1995.

[16] 高忠民. 工程机械使用与维修[M]. 北京：金盾出版社，2002.

[17] 许光君，李成功. 工程机械概论[M]. 沈阳：东北大学出版社，2014.

[18] 唐经世，高国安. 工程机械（上）[M]. 北京：中国铁道出版社，1998.

[19] 周萼秋. 现代工程机械应用技术[M]. 长沙：国防科技大学出版社，1997.

[20] 张世英. 筑路机械工程[M]. 北京：机械工业出版社，1998.

[21] 郁录平. 工程机械底盘设计[M]. 北京：人民交通出版社，2004.

[22] 周春华. 土、石方机械[M]. 北京：机械工业出版社，2001.

[23] 杨林德. 软土工程施工技术与环境保护[M]. 北京：人民交通出版社，2000.

[24] 张照煌. 全断面岩石掘进机及其刀具破岩理论[M]. 北京：中国铁道出版社，2003.

[25] 刘军，维尔特. TB880E 全断面岩石掘进机概述[J]. 建筑机械，2000（7）.

[26] 王梦恕. 工程机械施工手册 7 隧道机械施工[M]. 北京：中国铁道出版社，1992.

[27] 周爱国. 隧道工程现场施工技术[M]. 北京：人民交通出版社，2004.

[28] 朱广兵. 喷射混凝土研究进展[J]. 混凝土，2011（4）.

[29] 关宝树. 隧道工程施工要点集[M]. 北京：人民交通出版社，2003.

[30] 邓爱民. 商品混凝土机械[M]. 北京：人民交通出版社，2000.

[31] 石博强，饶绮麟. 地下辅助车辆[M]. 北京：冶金工业出版社，2006.

[32] 铁道部工程设计鉴定中心. 高速铁路隧道[M]. 北京：中国铁道出版社，2006.

[33] 于金帆，苗丽雯等. 现代铁路工程师手册[M]. 北京：当代音像出版社，2004.

[34] 洪开荣. 山区高速公路隧道施工关键技术[M]. 北京：人民交通出版社，2011.

[35] 铁路隧道工程施工技术指南 TZ204-2008[M]. 北京：中国铁道出版社，2009.

[36] 陈宜通. 混凝土机械[M]. 北京：中国建材出版社，2002.

[37] 王小宝. 湿式混凝土喷射机的类型及发展[M]. 工程机械，2000（2）.

[38] 朱广兵. 喷射混凝土研究进展[J]. 混凝土，2011（4）.

[39] 铁道部科学研究院西南研究所. 转子活塞式混凝土喷射机：中国专利，92232716.5.

[40] 孙胜喜. 叶轮喂料压气送料装置：中国专利，CN 2253736Y.

[41] 何满潮，袁和生等. 中国煤矿锚杆支护理论与实践[M]. 北京：科学出版社，2004.

[42] 程润喜. 全长粘结型锚杆用砂浆试验与施工研究[J]. 商品混凝土，2004（3）.

[43] 刘祥恒，温成国，朱多一. 自进式中空锚杆在Ⅳ~Ⅴ类围岩洞挖的应用[J]. 广东水利电力职业技术学院学报，2005，3（4）.

[44] 胡长仁. 水力膨胀式锚杆处理综采面片帮[J]. 煤炭科学技术，1990（12）.

[45] 周现奇. 混凝土湿喷机泵送液压控制系统特性研究[D]. 长沙：中南大学硕士学位论文，2011.

[46] 李云江，荣学文等. 湿喷机的现状和发展趋势[J]. 铜业工程，2003（2）.

[47] 刘惠敏，王国彪，刘和平. PJⅠ型混凝土喷射机械手[J]. 工程机械，1999（8）.

[48] 刘在政，刘金书，马慧坤. HPS3016型混凝土喷射机械手[J]. 工程机械，2011，42（8）.

[49] 董新宇. 三一重工 HPS30 型混凝土湿喷机[J]. 今日工程机械，2010（8）.

[50] 康宝生. 一种新型隧道施工用拱架安装机[J]. 隧道建设，2011，31（5）.

[51] 罗克龙，管会生，蒲青松. 拱架安装机械手正向运动学研究及工作空间仿真[J]. 工程机械，2012，43（4）.

[52] 王梦恕，宋廷坤，王潜. 工程机械施工手册[M]. 北京：中国铁道出版社，1992.

[53] 王虹，李炳文. 综合机械化掘进成套设备[M]. 徐州：中国矿业大学出版社，2008.

[54] 李锋，刘志毅. 现代采掘机械[M]. 北京：煤炭工业出版社，2007.

[55] 赵济荣. 液压传动与采掘机械[M]. 徐州：中国矿业大学出版社，2008.

[56] 王启广. 采掘设备使用维护与故障诊断[M]. 徐州：中国矿业大学出版社，2006.

[57] 王启广，李炳文，黄嘉兴. 采掘机械与支护设备[M]. 徐州：中国矿业大学出版社，2006.

[58] 张洪，贾志绚. 工程机械概论[M]. 北京：冶金工业出版社，2006.

[59] 田劼. 悬臂掘进机掘进自动截割成形控制系统研究[D]. 徐州：中国矿业大学，2009.

[60] 许斌. 新型悬臂掘进机振动截割机构的动力学分析研究[D]. 长春：吉林大学，2006.

[61] 鹿守杭. 纵轴式悬臂掘进机的动态特性分析[D]. 西安：西安科技大学，2008.

[62] 张洪，贾志绚等. 工程机械概论[M]. 北京：冶金工业出版社，2006.

[63] 黄长礼，刘古岷. 混凝土机械[M]. 北京：机械工业出版社，2001.

[64] 李自光. 桥梁施工成套机械设备[M]. 北京：人民交通出版社，2003.

[65] 唐经世. 铁路客运专线工程机械文集[M]. 北京：中国铁道出版社，2005.

[66] 陈龙剑，赵梅桥，何建豫，胡国庆. MBEC900 型轮胎式运梁台车[J]. 桥梁建设，2007（S2）：119-121+129.

[67]　陈剑龙. 铁路客运专线混凝土箱梁制梁运梁架梁施工设备[M]. 北京：中国铁道出版社，2007.

[68]　孙立功. 桥梁工程[M]. 成都：西南交通大学出版社，2008.

[69]　栾显国. 铁路客运专线施工与组织[M]. 成都：西南交通大学出版社，2006.

[70]　王修正等. 工程机械施工手册（3）[M]. 北京：中国铁道出版社，1986.

[71]　寇长青. 建筑机械基础[M]. 长沙：中南工业大学出版社，1994.

[72]　陈宜通. 混凝土机械[M]. 北京：中国建材工业出版社，2002.

[73]　刘古岷等. 桩工机械[M]. 北京：机械工业出版社，2001.

[74]　寇长青等. 铁道工程施工机械[M]. 北京：机械工业出版社，2001.

[75]　倪志锵. 铁道工程机械化施工[M]. 北京：中国铁道出版社，1981.

[76]　黄方林. 现代铁路运输设备[M]. 成都：西南交通大学出版社，2003.

[77]　郑训等. 路基与路面机械[M]. 北京：机械工业出版社，2001.

[78]　周蓴秋等. 现代工程机械[M]. 北京：人民交通出版社，1997.

[79]　张铁. 液压挖掘机结构原理及使用[M]. 山东：石油大学出版社，2002.

[80]　刘瑜. 公路工程施工机械选择与配套方法探讨[J]. 机电信息，2012（03）：62-63.

[81]　周智勇，刘洪海. 摊铺机为主导机械的施工设备配套模式研究[J]. 筑路机械与施工机械化，2015（04）：84-87.